国家林业和草原局普通高等教育"十三五"规划教材
热带作物系列教材

橡胶树栽培与管理

杜华波　主编

中国林业出版社

内 容 简 介

本教材吸收和借鉴了国内外生产实践和科学研究领域最新成果,力求为热区农业高校开设热带作物相关特色课程教学提供教学参考。本教材内容包括绪论、橡胶树栽培基础、橡胶树良种繁育、胶园建立、胶园管理、产胶与采胶、橡胶树的寒害和风害7章。

图书在版编目(CIP)数据

橡胶树栽培与管理 / 杜华波主编. —北京:中国林业出版社,2020. 10
国家林业和草原局普通高等教育"十三五"规划教材 热带作物系列教材
ISBN 978-7-5219-0786-5

Ⅰ. ①橡… Ⅱ. ①杜… Ⅲ. ①橡胶树-栽培技术-高等学校-教材 Ⅳ. ①S794. 1

中国版本图书馆 CIP 数据核字(2020)第 173811 号

中国林业出版社·教育分社

策划编辑:肖基浒   责任编辑:曹鑫茹
电 话:(010)83143560   传 真:(010)83143516
E-mail:jiaocaipublic@163. com

出版发行:中国林业出版社(100009 北京市西城区德内大街刘海胡同 7 号)
          电话:(010)83143500
          http://www.forestry.gov.cn/lycb.html
经   销:新华书店
印   刷:北京中科印刷有限公司
版   次:2020 年 10 月第 1 版
印   次:2020 年 10 月第 1 次印刷
开   本:787mm×1092mm 1/16
印   张:12. 25
字   数:320 千字
定   价:30. 00 元

热带作物系列教材编委会

《橡胶树栽培与管理》
编写人员

主　　编：杜华波

副 主 编：何素明　穆洪军　郭方祥

编写人员：(按姓氏笔画排序)

丁丽芬(云南农业大学)

曲　鹏(云南农业大学)

刘宗亮(云南省热带作物研究所)

杜华波(云南农业大学)

李　芬(云南农业大学)

李艺坚(中国热带农业科学院橡胶研究所)

李学俊(云南农业大学)

何素明(云南农业大学)

宋国敏(云南农业大学)

陈红梅(云南农业大学)

周艳飞(云南农业大学)

郭方祥(西双版纳州农垦管理局)

陶建祥(云南天然橡胶产业集团江城有限公司)

穆洪军(云南省热带作物研究所)

序

  热带作物是大自然赐予人类的宝贵资源之一。充分保护和利用热带作物是人类生存和发展的重要基础，对践行"绿水青山就是金山银山"有着极其重要的意义。

  在我国热区面积不大，约 $48 \times 10^4 km^2$，仅占我国国土面积的 4.6%（约占世界热区面积的 1% 左右），然而却蕴藏着极其丰富的自然资源。中华人民共和国成立以来，已形成了以天然橡胶为核心，热带粮糖油、园艺、纤维、香辛饮料作物以及南药、热带牧草、热带棕榈植物等多元发展的热带作物产业格局，优势产业带初步形成，产业体系不断完善。热带作物产业是我国重要的特色产业，在国家战略物资保障、国民经济建设、脱贫攻坚和"一带一路"建设中发挥着不可替代的作用。小作物做成了大产业，取得了令人瞩目的成就。

  热带作物产业的发展，离不开相关学科专业人才的培养。20 世纪中后期，当我国的热带作物产业处于创业和建设发展时，以中国热带农业科学院（原华南热带作物科学研究院）和原华南热带农业大学为主的老一辈专家、学者，为急需专门人才的培养编写了热带作物系列教材，为我国热带作物科技人才培养和产业建设与发展做出了重大贡献。新时代热带作物产业的发展，专门人才是关键，人才培养所需教材也急需融入学科发展的新进展、新内容、新方法和新技术。

  云南农业大学有一支潜心研究热带作物和热心服务热带作物人才培养的教师团队，他们主动作为，多年来在技术创新和人才培养方面发挥了积极的作用。为人才培养和广大专业工作者使用教材，服务好热带作物产业发展，在广泛调研基础上，他们联合海南大学、中国热带农业科学院等单位的一批专家、学者新编写了热带作物系列教材。对培养新时代的热带作物学科专业人才，促进热带作物产业发展，推进国家乡村振兴战略和"一带一路"建设等具有重要作用。

  是以乐于为序。

朱有勇

2020 年 10 月 28 日

前言

1979 年，王秉忠等编写出版了适用于高等农业院校热带作物专业本科和专科学生学习的《橡胶栽培学》教材，1989 年进行了再版。1987 年，王秉忠等编写了中职热带作物学校的专业教材《橡胶栽培学》。1999 年本科热带作物专业并入农学专业，专业特色逐渐消失，相关专业特色课程建设减弱，《橡胶栽培学》教材不再出版。2004 年原热带作物学校(云南热带农业工程学校)升格为云南热带作物职业学院，开设了作物生产技术专业(热带作物方向)，2008 年云南热带作物职业学院周艳飞等出版了适宜于专科层次教学的"十二五"高职高专规划教材《云南橡胶树栽培》。2009 年，云南热带作物职业学院申请开设了目录外专业热带作物生产技术专业，《云南橡胶树栽培》是核心专业课程教材之一。2014 年，云南热带作物职业学院并入云南农业大学，2015 年开设应用本科农学专业(热带作物方向)，原专科教材已不适于本科专业教学，云南农业大学热带作物学院农学专业组结合专业人才培养方案，对接人才培养目标，经过多次课程建设专题研究，成立了农学专业(热带作物方向)岗位核心课程教材编写委员会，组织编写相关专业教材。

2016 年年初，编写组着手编写《橡胶栽培与管理》教材。教材在编写过程中吸收和借鉴了国内外生产实践和科学研究领域最新成果，力求系统全面、层次分明、条理清晰，加大了技能应用性方面内容。教材编写得到了生产和科研部门的大力支持，中国热带农业科学院橡胶研究所、云南省热带作物研究所、西双版纳景洪农场、云南天然橡胶产业集团江城有限公司等生产一线企业和科研院所的专家参与了教材编写，提供了很多生产和科研素材，体现了校企合作的特色。本教材除借鉴王秉忠《橡胶栽培学》和周艳飞《云南橡胶树栽培》的部分内容外，还参考了很多的书籍及论文，在此不一一列举，谨向相关作者表示真诚的谢意！

本教材由杜华波主编，具体编写分工如下：第 1 章绪论由杜华波、穆洪军、曲鹏编写；第 2 章橡胶树栽培基础由穆洪军、周艳飞编写；第 3 章橡胶树良种繁育由郭方祥、李艺坚编写；第 4 章胶园建立由何素明、陶建祥编写；第 5 章胶园管理由穆洪军、宋国敏、丁丽芬编写；第 6 章产胶与采胶由杜华波、刘宗亮编写；第 7 章橡胶树的寒害和风害由李学俊、陈红梅编写；全书由杜华波统稿、李芬校稿。

由于编者水平有限，难免内容上有些错误和疏漏，敬请相关人员及时将发现的问题直接与主编和相关编写人员联系，以便不断修改和完善。

目录

第1章 绪 论

【本章提要】

天然橡胶是重要的工业原料之一，具有很强的弹性、良好的绝缘性、耐曲折的可塑性、隔水隔气的气密性、抗拉伸和坚韧的耐磨性能等性质，广泛应用于工业生产各个领域。橡胶树栽培与管理阐述橡胶树栽培的生物学基础、气候环境条件、胶园建立及管理以及产品收获过程的相关理论及应用技术措施。

1.1 橡胶树栽培意义

天然橡胶用产胶植物上采集的胶乳制成，是可再生且无污染的自然资源。含有天然橡胶的植物有 2 000 多种，但目前只有巴西橡胶树（*Hevea brasiliensis*）具有商业价值，其栽培容易、采收方便、单产高、橡胶质量好、经济寿命长、生产成本低，目前产量占世界天然橡胶总产量的 99% 以上。巴西橡胶树生产的天然橡胶是一种以顺-1,4-聚异戊二烯（*cis*-1, 4-polyisoprene），分子式（C_5H_8）$_n$ 为主要成分的天然高分子化合物。

1.1.1 天然橡胶的用途

天然橡胶是一种重要的工业原料和战略资源，是四大重要工业原料之一，在国民经济和国防建设中占有重要地位。据统计，发达国家天然橡胶消费量与钢铁消费量的比例为（1~1.5）：100。天然橡胶具有很强的弹性、良好的绝缘性、耐曲折的可塑性、隔水隔气的气密性、抗拉伸和坚韧的耐磨性能等性质，是一种综合性能优良的弹性材料，被广泛用于工业、国防、交通、民生、医药和卫生等领域。据统计，世界上的橡胶制品达 7 万多种，如交通运输上用的轮胎，工业上用的运输带、传动带、各种密封圈，医用的手套、输血管，日常生活中使用的胶鞋、雨衣、暖水袋等都是以橡胶为主要原料制造的，国防使用的飞机、大炮、坦克，乃至尖端科技领域里的火箭、人造卫星、宇宙飞船、航天飞机等都需要大量的橡胶零部件。

橡胶树茎干是很好的木材，可用于生产地板、家具、碎料板和纸浆等。橡胶树种子既可用来繁育苗木，又可用来榨油，其种仁含油率在 50% 左右，油的成分和性质近似大豆油，同时含有丰富的不饱和脂肪酸，可作为食用油和保健食品原料，也可作涂料、油漆和肥皂等原料，在医药、饲料方面也有较大的市场空间。橡胶树胶乳中除了含有生产橡胶的橡胶粒子，还有百坚木皮醇、蛋白质、矿物质等可利用成分。橡胶树叶可直接还田肥土。

1.1.2　天然橡胶的优势

橡胶有天然橡胶和合成橡胶两类。合成橡胶以石油为原料，通过化学工艺合成，目前世界橡胶的2/3是合成橡胶。合成橡胶与天然橡胶有着相似的功能，在一些特殊专用性能上，如耐化学腐蚀、耐油脂性方面，合成橡胶比天然橡胶强，但天然橡胶的通用性能、抗撕裂性、高温条件下的耐腐性等都优于合成橡胶，且天然橡胶易与金属黏合，天然橡胶的某些独特作用是合成橡胶无法取代的，如制造全球畅销的子午线轮胎、超低断面轮胎、宇宙飞船等的悬挂胎，用于震区高层建筑、桥梁及重型机器的减震体等。天然橡胶也是制造飞机、载重汽车及越野汽车轮胎的最好原料，尤其是载量大、性能要求严格的，如高速喷气式飞机等的轮胎必须全部用天然橡胶制成。另外，天然橡胶原料不含亚硝胺，特别适于制造婴儿使用的橡胶奶嘴、玩具、手套等与食物接触的用品。近年来，橡胶加工工艺不断创新发展，成功地开发了环氧化天然橡胶和热塑天然橡胶等产品，拓宽了天然橡胶的用途，增强了与合成橡胶竞争的能力。此外，橡胶树产胶、排胶过程是一个生物合成的生理代谢过程，属于可再生资源利用过程，不直接消耗石油能源，没有环境污染；而合成1t合成橡胶需要3t石油，同时产生工业废弃物造成环境污染。作为合成橡胶原料的石油，资源也有限，从而促进了天然橡胶的发展。

1.1.3　天然橡胶的生态及社会价值

橡胶树作为多年生林木，以橡胶树为主的林木覆盖发挥了良好的生态价值。橡胶林是可持续发展的热带森林生态系统，是可再生无污染的自然资源。20世纪80年代，海南天然橡胶基地被联合国教科文组织"人与生物圈"委员会赞誉为建设以橡胶人工林生态取代低质低效的热带灌丛草地生态的最佳系统。以橡胶树为主的林木覆盖，起到了固定二氧化碳、释放氧气、绿化环境、涵养水源、保持水土等作用，形成了可持续发展的良好环境，不仅大大提高了森林覆盖率，还对改善环境条件，维护热区生态平衡发挥了重要作用。

仅以固定二氧化碳和释放氧气为例，据试验测定，$1hm^2$橡胶林$1d$可吸收二氧化碳$1\,000kg$，可制造氧气$730kg$，能为980位成年人提供$1d$的需氧量，橡胶林犹如天然的"氧吧"。此外，我国胶园每年应按计划更新面积$3×10^4hm^2$，按每公顷更新胶园生产$40m^3$橡胶原木计算，每年可提供$72×10^4m^3$板材，换句话说，至少可减少$72×10^4m^3$的天然林的砍伐，可见，天然橡胶产业发挥了显著的生态效益。

我国自1952年开始大规模发展天然橡胶生产以来，国产天然橡胶在替代进口，节省外汇，缓解国内消费市场需求压力，减轻对国外的依赖程度，支持经济建设，保证国家战略安全等方面做出了重要贡献。据统计，截至2015年年底，我国天然橡胶产业累计为国家提供干胶$1\,670×10^4t$，替代进口节约外汇100多亿美元，上缴国家利税达120多亿元。

天然橡胶产业发展吸纳了大量的人口就业。我国广大植胶区大多处在边疆少数民族聚居欠发达的低山高丘陵区，由于种种原因，当地政治、经济、文化等均比较落后。海南、云南两大植胶区100多万人从事橡胶种植、加工生产。天然橡胶产业的发展对当地社会经济发展发挥了巨大的辐射和带动作用，繁荣了当地的经济、教育和文化。

1.2 橡胶树栽培利用概况

1.2.1 橡胶树栽培利用简史

1.2.1.1 世界橡胶树栽培利用简史

自 1876 年魏克汉（Wickham）引种并分散到东南亚开始人工栽培橡胶树以来已有 140 多年的历史。随着世界工业的发展和橡胶需要量的剧增，天然橡胶生产发展很快，目前全世界有 63 个国家种植橡胶树，到 2018 年，世界种植橡胶树面积约 1 515.6×10⁴hm²，产量达到 1 371.1×10⁴t。世界橡胶树栽培的历史大体经历了 3 个时期。

（1）从野生转为引种试种时期

巴西橡胶树原产自巴西亚马孙河流域的热带雨林中，与其他树木混生，每公顷中仅有几株。1876 年，英国人魏克汉从巴西将野生橡胶树种子运回英国邱园，育成苗运往斯里兰卡、马来西亚、印度尼西亚等地试种，均获成功。

1887 年，新加坡植物园主任芮德勒发明了不伤橡胶树形成层的连续割胶法，使橡胶树能几十年连续采割，产量大幅度提高，延长了橡胶树的生产期，增加了商业性的赢利。1888 年，英国人邓禄普发明充气轮胎，1895 年，汽车开始投产，对橡胶的需求猛增，橡胶价格猛涨，刺激了橡胶树栽培产业发展。原来野生的巴西橡胶树从此变成了一种大面积栽培的重要经济作物。

（2）商业性栽培时期

20 世纪初，在汽车工业发展的推动下，天然橡胶首先在东南亚国家发展起来。最初开创种植橡胶树事业是马来西亚的华侨陈乔贤先生，陈氏于 1897 年建立了约 10hm² 胶园，1899 年种植 1 200hm²。在 1910 年前后，印度尼西亚也开始发展橡胶事业。1915 年，印度尼西亚茂物植物园荷兰人赫尔屯（Van Hetten）发明芽接法，使优良橡胶树品种得以繁殖推广。1923 年，又以优良母树枝芽繁殖的初生代无性系代替了未经选择的实生树。1950 年后，通过杂交培育的次生代无性系作为生产上使用的主要种植材料，极大地提高了橡胶树产量。经过 60 多年橡胶树选育种的工作，橡胶树产量从原来未经选择的实生树平均产干胶 450kg/hm²，提高到无性系产干胶 2 250kg/hm² 的水平，增加了 4 倍。世界橡胶的供应量，自 1920 年以后绝大部分来自东南亚各植胶国。随着汽车、航空等工业的发展，特别是汽车制造业的迅速发展，对天然橡胶的需求量与日俱增，橡胶树栽培经历了一个重要的发展时期。

（3）竞争性栽培时期

第二次世界大战期间，世界主要植胶国，即东南亚各国，受到日本帝国主义的侵略，使西方一些工业国家，如英国、美国等国，断绝了天然橡胶来源，严重地影响了本国工业和经济的发展，迫于这种形势，英、美等国开始积极发展合成橡胶。大战结束后，英、美等国虽然能得到天然橡胶的供应，但为了控制世界橡胶市场和满足橡胶的大量需要，仍大力发展合成橡胶。由于科技的发展，合成橡胶的专用性能强，生产成本低，适用范围较广，成为天然橡胶的主要竞争对手，改变了天然橡胶独占国际橡胶市场的地位，使天然橡胶价格大幅度下跌。自 1951 年以来，其价格出现了 9 次跌势，严重地制约了天然橡胶的生产。面对合成橡胶的挑战，天然橡胶各植胶国，从 20 世纪 50 年代后期开始加强科学研究，提高产量，改进加工工艺，降低成本，增强天然橡胶的竞争能力。后来又组成天然橡胶生产国协会，设立一个国际缓冲囤胶组织，以便从市场供求平衡方面调控价格，维护植胶国的利益。

为了与合成橡胶竞争，维护天然橡胶的经济利益，各植胶国采取的措施有：

①加速更新老胶园，用高产优良品种来代替低产品种，提高单位面积产量。

②加强良种选育工作，以杂交遗传育种为主要手段选育高产高抗速生品种，大幅度提高橡胶树的产量，如马来西亚选出每公顷年产干胶 5 000kg 的新品种。

③创新栽培技术，缩短非生产期，提早投产。

④改革割胶制度，提高劳动效率，降低采胶成本。

⑤研发加工工艺，提高橡胶质量和通用性，开发高性能橡胶和橡胶新制品，拓宽天然橡胶的用途。

⑥综合利用橡胶树，提高其经济效益。

1.2.1.2 我国橡胶树栽培简史

我国最早引种橡胶树是 1904 年云南省德宏干崖（现德宏傣族景颇族自治州盈江县）土司刀安仁由日本途经新加坡时购买橡胶苗 8 000 余株带回国，种植于北纬 24°50′，海拔 960m 的盈江县新城凤凰山东南坡，这批橡胶树现仅存 1 株。1905 年，日本人将橡胶树引入我国台湾省恒春种植成功；1906 年，海南岛的华侨由马来西亚引进橡胶苗种植成功。其后各地华侨相继在海南、广东的雷州半岛、云南西双版纳等地发展了一些私人胶园。到 1949 年时，我国各种类型的小胶园共 2 800hm²，106 万株，其中，割胶树 64 万株，年产干胶 199t。

中华人民共和国成立初期，面对十分严峻的国际国内形势，为满足国防和经济建设需要，党中央做出了"一定要建立自己的橡胶基地"的战略决策，决定在我国南部热带、亚热带地区大力发展橡胶种植业，建立橡胶生产基地，打破西方国家的封锁。1950 年，广东省组织橡胶考察团，对海南岛和雷州半岛进行了考察，1951 年，林业部组织了督导团再对海南及湛江进行考察，1952—1953 年中央组织了全国有关专家在海南、广东、广西、福建、云南 5 个省份热带、亚热带地区北纬 18°～24°之间进行全面的勘测规划，之后相继建立国营橡胶农场，大面积种植橡胶，成为我国橡胶的生产基地。60 多年来，在党中央亲切关怀下，通过几代植胶人的艰苦创业、无私奉献、开拓创新，橡胶树突破世界传统植胶区，在我国大面积北移种植成功。我国天然橡胶的生产从无到有、从小到大、从弱到强、从国有到多种所有制并存、从国内到跨国不断发展壮大，建成了以云南、海南和广东为主的国内现代天然橡胶生产基地和海外天然橡胶产业链布局。2018 年全国橡胶种植面积为 117.6×10⁴hm²，仅次于印度尼西亚和泰国，世界排名第三；产量为 83.2×10⁴t，仅次于泰国、印度尼西亚、越南，世界排名第四。胶园平均单产 1 260kg/hm²，其中云南胶园平均单产达 1 500kg/hm² 以上，超过世界平均水平（1 440kg/hm²）。我国已从一个曾经被列为天然橡胶种植禁区的无胶国，发展成为世界一流的产胶大国，创造了世界植胶史上的奇迹。

橡胶树是典型的热带雨林树种，喜高温、多雨、静风、沃土的生长环境。世界上主要天然橡胶生产国都集中在南纬 10°到北纬 15°之间的热带地区，而我国除西沙、南沙群岛外，都在北纬 18°以北，被视为不宜大面积种植橡胶的禁区。然而，我国广大农垦职工和科技工作者历经多年的研究和生产实践，克服重重困难，终于突破了"植胶禁区"，在我国北纬 18°10′~24°50′这个热带北缘地区大面积种植成功。植胶区从海南省三亚市到云南省盈江县，成为世界上最北的大面积种植橡胶树的国家，对世界橡胶产业的发展产生了深远的影响。

我国植胶区由于纬度偏北，自然条件与原产地和东南亚主要产胶国相比差异较大，年平均气温约低 3~5℃；由于东亚和南亚季风的影响和控制，一年中会出现明显的旱季和雨季，旱季从每年的 11 月开始，到第 2 年的 4~5 月结束，历时达半年左右，降水量仅占全年降水量的 20%左右。因此，橡胶树有一个明显的越冬落叶休眠期，其一年中生长期一般只有 8~10 个月。定植后，在正常抚育管理下，需经 7~9 年才能投产割胶，年割胶时间比世界上主要产胶国少 2~3 个月。冬季强寒潮年份，往往会因低温寒害给橡胶生产带来不同程度的损失。台风对橡胶树的影响也很大，10 级以上的风力会造成橡胶树断枝倒伏，12 级以上的台风会造成橡胶树普遍断干和倒伏。海南、广东沿海每年夏、秋台风频繁，对橡胶生产威胁较大。因此，低温寒害和台风，是我国大面积植胶的主要制约因素，加上部分土壤瘠薄、干旱，不具有东南亚国家适宜橡胶树生长的优越自然条件。但是，植胶生产战线上的科技工作者和广大职工数十年努力，成功地摸索了一套适宜于我国的独特栽培技术。这套栽培技术主要包括以下几个方面。

(1)划分适宜的植胶环境类型区、配植对应品种、采取对应技术措施

我国植胶区分布面较大，地形复杂。由于地形的变化和不同坡向接受太阳辐射热的不同，当强寒潮或台风来临时，小地形的庇护使橡胶树受寒害、风害的程度有很大的差异；同时，不同橡胶树品种的抗寒能力和抗风能力不相同。因此，根据我国植胶区特点，将植胶环境类型划分为 3 个类型区，因地制宜，合理配置对应品种，采取相应栽培技术措施，使橡胶树在各种不同环境类型区能正常生长和产胶。

(2)选育抗逆高产品种

我国 20 世纪 50 年代就开始橡胶树选育种工作，从国外先后引入了'PB86''PR107''GT1''RRIM600'等一大批优良品种，经全国适应性试验和 40 多年的考验，选出了抗寒高产橡胶品种'GT1'作为北部植胶区生产上早期当家品种；在此基础上自主选育了'云研77-2''云研 77-4''云研 73-46'等系列抗寒高产品种。实践还证明，抗风高产品种'PR107'是风害地区的好品种，在此基础上选育出'热研 7-33-97''大丰 95'等抗风高产品种。还选育出'云研 80-1983'和'热研 8-79'等、筛选出'热垦 628''热垦 625'等高产品种。马来西亚引进的高产品种'RRIM2000'系列品种是轻灾地区的优选品种，这些品种的橡胶树已产生了巨大的经济效益。

(3)抗逆栽培技术

①抗风栽培 抗风栽培技术主要是在胶园建立防护林网、修枝整型和合理密植。种植抗风强的防护林树种，是防止风害、改造环境、促进橡胶树生长的重要栽培措施。防护林一般能降低台风风速 41%~47%，使橡胶树生长受到抑制的 3m/s 以上的常风可减少到 2m/s 以下，从而不影响橡胶树的生长，同时还能保持胶园湿度。对橡胶树进行矮化和修枝整形可明显地减轻风害。

②抗寒栽培 我国北部植胶区的抗寒栽培技术主要是以"环境—品种—措施"三对口为核心，通过深入研究地貌对气象要素的再分配，进行寒害类型区划分，按不同类型区对

口配置品种，使橡胶树品种依各自特性种植在相适应的环境，充分发挥其速生高产潜力。并根据宜胶地不同寒害类型和所配置品种特性采取相应栽培措施，增强抗寒能力，确保高产稳产。

（4）适宜的采胶技术

主要是根据我国植胶区特点，实行"管、养、割"三结合。在加强施肥管理的基础上，采用看季节物候、看天气、看树情割胶，运用产胶动态分析，对不同树龄胶树采取不同的割胶强度，养好树又充分挖掘产胶潜力。在使用刺激剂方面，采用高效率、低频率、低浓度、短周期、浅割的割胶措施，在保证应有产量的基础上，大幅度提高劳动生产率。

1.2.2　天然橡胶生产现状

1.2.2.1　地理分布

（1）原产地

巴西橡胶树（*Hevea brasiliensis*）分布在南美洲亚马孙河流域的巴西、秘鲁、玻利维亚等国，其中巴西境内的亚马孙州（Amazonas）、阿克里地区（Acre）、朗多尼亚洲（Rondonia）、马托格罗索州（Mato Grosso）及巴拉州（Para）分布最多，这些地区均位于赤道至南纬14°的范围内。野生的巴西橡胶树分布于下述3种环境类型。

①热带雨林泛滥区　即亚马孙河沿岸海拔48~200m范围，地势平坦。年降水量2 000~3 000mm，无明显旱季，12月至翌年2~3月为强雨季，河水泛滥。很多茎围2m以上的大乔木，包括巴西橡胶树在内，都是热带丛林中的上层树种。

②热带雨林非泛滥区　海拔200~300m，巴西橡胶树分布较少，由此一直延伸至南纬12°。

③热带半干旱过渡型森林区　海拔300~500m，年降水量1 200~1 500mm，4~9月为旱季，月降水量少于50mm。

（2）植胶区的分布

世界巴西橡胶树的种植地区现已布及亚洲、非洲、大洋洲、拉丁美洲的63个国家和地区（表1-1）。纵观全球植胶地区分布的特点有两个：一是大部分植胶区均集中在南北纬10°之间，属赤道无风带及其邻近地区，没有台风危害，热量条件优越，雨量充沛，具备了理想的植胶自然条件；二是90以上的植胶区面积集中东南亚地区。

我国植胶区位于北纬18°10′~24°50′，植胶区从海南省三亚市到云南省盈江县。

表1-1　世界橡胶种植地区基本分布

各洲分布	国家或地区
亚洲	泰国、印度尼西亚、马来西亚、印度、中国、斯里兰卡、越南、菲律宾、柬埔寨、缅甸、老挝、孟加拉国、文莱、东帝汶等
非洲	科特迪瓦、尼日利亚、喀麦隆、塞拉利昂、利比里亚、加蓬、加纳、贝宁、刚果民主共和国［刚果（金）］、几内亚、刚果共和国［刚果（布）］、马拉维、中非等
南美洲	巴西、危地马拉、厄瓜多尔、玻利维亚、秘鲁、哥伦比亚、圭亚那、委内瑞拉、哥斯达黎加、多米尼加等
大洋洲	巴布亚新几内亚
北美洲	墨西哥等

1.2.2.2　种植面积及产量

到 2013 年，世界植胶面积约 1 031.57×10⁴hm²，前 5 位是印度尼西亚 337.2×10⁴hm²、泰国 198×10⁴hm²、马来西亚 143×10⁴hm²、中国 108×10⁴hm²、印度 56.3×10⁴hm²、越南 41.8×10⁴hm²。产量情况从 2004—2013 年 10 年期间，世界橡胶产业的总产量总体呈现上升趋势，只有 2006 年及 2009 年出现少量的下降。表 1-2、图 1-1 中可以看出。直到 2013 年世界橡胶种植面积上升到 1 031.57×10⁴hm²。2013 年后橡胶种植面积及产量产业化幅度不大。根据统计数据显示，1 031.57×10⁴hm² 的种植地中东南亚占 76%，而其中泰国、马来西亚、印度尼西亚 3 国的橡胶种植地又占东南亚总橡胶种植地的 88%，共 704×10⁴hm²。

表 1-2　2004—2013 世界橡胶种植面积及产量变化

年份	种植面积（×10⁴hm²）	变化率（%）	产量（×10⁴t）	变化率（%）
2004	800.01	1.39	894.21	9.23
2005	872.68	9.08	921.97	3.10
2006	830.14	-4.87	998.92	8.35
2007	848.06	2.16	1 014.16	1.53
2008	928.89	9.53	1 022.87	0.86
2009	922.19	-0.72	975.80	-4.60
2010	935.73	1.47	1 032.62	5.82
2011	957.88	2.37	1 109.89	7.48
2012	991.52	3.51	1 157.01	4.25
2013	1 031.57	4.04	1 196.58	3.42

数据来源：联合国粮农组织（FAO）数据库。

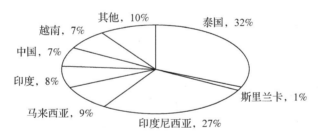

图 1-1　世界天然橡胶种植分布

1.2.2.3　世界天然橡胶产量预测

如图 1-2、表 1-3 可以看出，到 2020 年全球天然橡胶生产量约为 1 415×10⁴t，产量居前 5 位的是泰国、印度尼西亚、马来西亚、越南、中国。

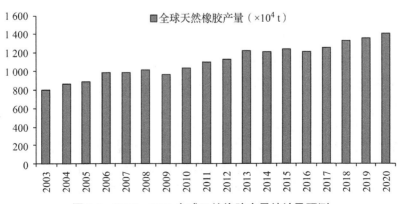

图 1-2　2003—2020 全球天然橡胶产量统计及预测

表 1-3　2011—2020 主要植胶国产量统计及预测

	2011	2012	2013	2014	2015	2016	2017	2018	2019	2020
泰国（$\times 10^4$t）	356.9	377.8	417	432.3	447.3	452.4	462.7	479.1	482.3	487.5
YOY		5.86%	10.38%	3.67%	3.47%	1.14%	2.28%	3.54%	0.67%	1.08%
印度尼西亚（$\times 10^4$t）	299	301.2	323.7	315.32	314.54	311.2	323.6	339.8	354.8	366.41
YOY		0.74%	7.47%	−2.59%	−0.25%	−1.1%	3.98%	5.01%	4.41%	3.27%
马来西亚（$\times 10^4$t）	99.62	92.28	82.65	66.86	72.18	70.65	72.34	77.8	79.4	81.2
YOY		−7.37%	−10.44%	−19.10%	7.96%	−2.12%	2.39%	7.55%	2.06%	2.27%
越南（$\times 10^4$t）	78.93	87.71	94.69	95.37	101.7	104.6	105.9	109.1	114.6	117.3
YOY		11.12%	7.96%	0.72%	6.64%	2.85%	1.24%	3.02%	5.04%	2.36%
中国（$\times 10^4$t）	72.7	80.2	86.5	84.01	79.42	75.21	76.11	78.37	81.23	83.52
YOY		10.32%	7.86%	−2.88%	−5.46%	−5.30%	1.20%	2.97%	3.65%	2.82%
印度（$\times 10^4$t）	89.27	91.9	79.6	70.45	57.5	52.6	55.7	59.1	61.3	63.1
YOY		2.95%	−13.38%	−11.49%	−18.38%	−8.52%	5.89%	6.10%	3.72%	2.94%
菲律宾（$\times 10^4$t）	10.63	11.06	11.12	11.32	9.97	9.63	10.01	12.37	12.84	14.65
YOY		4.05%	0.54%	1.80%	−11.93%	−3.41%	3.94%	23.57%	3.80%	14.10%
柬埔寨（$\times 10^4$t）	5.13	6.45	8.52	971	12.68	14.17	15.62	16.37	17.76	18.02
YOY		26.73%	32.09%	13.97%	30.59%	11.75%	10.23%	4.80%	8.49%	1.46%
全球（$\times 10^4$t）	1 123	1 160.2	1 221.6	1 211.5	1 231.4	1 218	1 260	1 333	1 370	1 415
YOY		3.31%	5.29%	−0.08%	1.64%	−1.09%	3.45%	5.795%	2.77%	3.28%

1.2.2.4　世界天然橡胶消费量预测

橡胶的消耗量走势与世界经济的繁荣与否和人口增长呈正比。世界天然橡胶在 2004—2013 年间，共上涨了 25%。在 2009 年及 2012 年出现波动，2009 年与金融危机有关，直到 2013 年世界橡胶总消耗量达到 $1\,112.53 \times 10^4$t。比较世界橡胶的消耗量与总产量，可以看出，全球天然橡胶产业的供给与需求基本平衡，只有个别年份出现少量的产量过剩。产量是否平衡也与自然环境和政治环境有一定的关系，倘若发生自然灾害，或者政策变动一定会引起天然橡胶的供需不平衡。国际橡胶组织（IRSG）预计世界市场橡胶的需求到 2020 年将会上涨到 $1\,536 \times 10^4$t，亚洲市场的需求量为 $1\,180 \times 10^4$t，占 76.8%。橡胶使用量最高的国家有中国、美国、日本、印度。在 2020 年，使用天然橡胶首位的是中国 638×10^4t，其次是印度 194×10^4t，美国 94.6×10^4t 和日本 79.5×10^4t。2023 年将增长至 $1\,700 \times 10^4$t。

1.2.3　天然橡胶产业发展方向

在 21 世纪，由于科技发展和橡胶树新用途得到不断拓展，天然橡胶的需求量将不断增加，胶乳中非胶组分的利用、转基因橡胶树和胶木兼优橡胶树的栽培利用将成为天然橡胶产业的发展方向。

1.2.3.1　胶乳中非胶组分的利用

橡胶树的主产品是胶乳中的橡胶，即胶乳经加工后的各种橡胶产品。而胶乳中丰富的非胶组分基本上都被白白浪费掉。随着科技的发展和植胶业的利益驱使，胶乳中非胶组分的利用，尤其是白坚木皮醇等有药用价值的产品的开发利用，将是 21 世纪橡胶综合利用、研究和开发热点。有专家认为，将来橡胶树更有价值的是作为工业原料的非胶组分而不是天然橡胶。

1.2.3.2 转基因橡胶树

由于橡胶树的收获期长达 30 年以上，在生物技术开发中极具优势，通过转基因工程，极有可能发展成为生产贵重药品的绿色工厂。因此，随着转基因技术的日益成熟，转基因橡胶树将成为天然橡胶产业的发展方向。

1.2.3.3 橡胶树木材及胶木兼优新品种的栽培利用

随着世界环境保护力度加大和可持续发展的呼声越来越高，保护天然林，特别是保护热带雨林已引起各国政府的高度重视，国内外木材将面临严重短缺。因此，对橡胶树木材的综合利用及选育推广胶木兼优橡胶品种已成为许多国家的共识。这也是橡胶树的又一发展方向。胶木兼优品种的栽培利用已引起国内各植胶垦区和科研单位的高度重视。

1.2.3.4 实施橡胶农林业体系

采用优质高产的橡胶树种植材料，增加橡胶产量；通过适当的农林业措施，保持生物多样性，提高生产率，增加胶园收益。为确保天然橡胶的供应，使用抗病、耐寒、耐旱和抗风橡胶树品种，在非传统植胶区扩大植胶。

1.2.4 天然橡胶科学技术研究动态

1.2.4.1 天然橡胶科学技术研究进展

(1) 育种技术方面

育种技术方面，我国已获得橡胶树高质量基因序列图谱，橡胶树组织培养技术不断成熟，初步建立橡胶树遗传转化体系，开展橡胶树产胶相关基因克隆。各主产国近年向本国生产者发布了品种推荐，不断培育和应用新品种。在橡胶粒子体外合成、抗病抗逆基因组学方面和乳管发育分子生物学机理等方面研究也取得了进展。

(2) 栽培技术方面

种苗生产技术方面，组培苗、籽苗、大型苗等新型苗木培育成功并得到应用。在胶园间套种养方面开展进一步研究试验。地理信息技术和数字技术在胶园规划与管理、灾害评估、养分分析等方面的应用研究不断深入。胶园土壤管理和高效施肥方面开展深入研究。在平地胶园机械化管理方面开展试验示范，但山地胶园的机械化管理方面进展比较有限。

(3) 采胶技术方面

d5、d7 乃至 d10 低频、超低频刺激割胶制度不断熟化应用。在针刺微创采胶方面取得进展。多个主要产胶国开展了电动及智能割胶器械的研究，取得不同程度进展，但因成本、技术等原因尚未规模化应用。

(4) 病虫害防控技术方面

完成橡胶树炭疽病菌和白粉病菌的基因组测序，开展主要致病相关基因的克隆和功能鉴定。在抗病育种方面取得一定进展，斯里兰卡采用芽接大树换冠的办法将感病的品系更换成抗性品系，解决了棒孢霉落叶病的防治问题，巴西 Suarez 选育出高产且对南美叶疫病免疫或高抗的新品种。国内在病虫害防控监测预警技术和网络体系建设方面不断完善。在无人机超低容量施药、多病同防技术等方面开展研究探索。

(5)生态环境技术方面

在环境友好型生态胶园建设及评价技术方面开展系统研究。大规模植胶对生态环境的影响研究认为橡胶树林具有较高的生长速率，采伐剩余物和残落物多于天然林，橡胶树林的固碳潜力高于农作物地、草地等非林地，但远低于天然林，在非传统和高海拔地区植胶，一定程度降低了橡胶树林的固碳潜力。研究发现橡胶树林土壤细菌多样性要高于次生林，研究认为橡胶树人工林生态系统总碳储量为 $160.01t/hm^2$。

(6)其他方面

在非胶产物提取利用、木材改性利用、高性能胶生产、低碳加工、自动化加工生产线、天然橡胶价格形成影响因素、蒲公英和杜仲等产胶植物开发等方面均有开展研究，并在不同程度取得进展。

1.2.4.2　转型时期我国天然橡胶产业科技重点研究方向

(1)橡胶树分子生物学基础

利用现代分子生物学和基因工程技术，改良橡胶树的产胶性状及将外源目的基因导入橡胶树，使橡胶树能生产具有高附加值的外源目的基因产物，拓宽中国天然橡胶产业的外延，从而加速中国橡胶树良种化研究进程，促进中国天然橡胶产业的升级换代，提高中国天然橡胶在国际市场的竞争能力。

(2)橡胶树胶木兼优新品种的培育

天然橡胶和木材都是我国短缺的重要物资。由于资源条件的限制，我国天然橡胶和木材的生产严重不足，已成为世界最大天然橡胶进口国和第二大木材进口国。因此，引进橡胶树速生高产种质资源，培育和推广橡胶树胶木兼优品种，开发兼具经济林和用材林双重特色的新型植胶业，提高天然橡胶产量，开发可持续供应的优质木材生产基地，发展创汇林业，提高产业的经济效益和市场竞争能力，对发展中国热带经济，保护森林资源，改善生态环境，保障我国国防和国民经济建设对天然橡胶和木材的需求具有十分重要的意义。

(3)橡胶树特异种质资源的收集及现有种质的保存和高效利用

种质资源是选育种的物质基础，一个优良特异种质的成功开发，往往可以带动一个产业的发展。世界各主要植胶国对橡胶树种质资源的收集、保存和开发利用都极为重视，自20世纪50年代以来，曾多次组织重返巴西亚马孙热带丛林，搜集巴西橡胶树种质资源。充分利用橡胶树种质资源，并与我国现有的抗风、抗寒种质材料相结合，加速我国橡胶树选育种进程，培育出适合我国植胶区环境特点的优良品种，促使天然橡胶产业全面升级。

(4)高效割胶新技术的研究和推广

割胶是目前天然橡胶生产中劳动力投入最多的环节，要通过理论创新和技术创新，进一步开发低频乃至超低频、快速高效、机械化、自动化的割胶新技术，大幅度提高割胶效率，进一步降低生产成本，极大地提高劳动生产率和产业竞争力。

(5)可持续发展的橡胶林生态资产与服务功能

胶园生态系统服务功能的内涵主要包括自然生产(橡胶与木材)、生物多样性的产生与维持、调节气候、有机质的合成与生产、营养物质的贮藏与循环、土壤肥力的更新与维持、环境净化与有害物质的降解、有害生物的控制、减轻自然灾害、心理感官和精神益处等许多方面。我国的胶园生态系统主要是在热带灌丛草地、灌木林和热带次生林上建立起来的人工生态系统。在取代天然生态系统以后，其生态过程所体现的生态服务功能及其价值在量上和质上发生了哪些变化，一直是人们广为关注的问题。为了正确评价胶园生态系统，促进我国天然橡胶产业的持续发展，深入研究胶园生态系统的服务功能并对其进行价值评估，为橡胶树基地建设与发展提供重要依据。

（6）橡胶树高产高效综合栽培技术体系

在现有单项成熟技术的基础上进行组装、集成和配套，建立适合我国不同垦区减灾、持续高产、优质、高效、综合的第二代胶园栽培技术体系。预期橡胶单位面积产量提高20%以上，采胶劳动生产率提高30%～50%，生产成本降低18%～20%，同时提高橡胶质量。这对确保我国经济和国家安全建设发展需要的天然橡胶自给量，为我国天然橡胶生产企业，如国有橡胶农场发展生产、稳定繁荣边疆，帮助农民脱贫致富，增加地方财税收入提供技术支撑，对巩固中国的天然橡胶生产基地，提高国际市场竞争力等都有十分重要的意义。

（7）橡胶树病虫害监测和重要病害预测预报

主要是对橡胶树病虫害，尤其是境外已经发生严重危害而我国尚未报道的病虫害危害种类、发生情况、成灾环境条件做全面调查，收集图文资料，通过汇总和学名校订，从而为我国橡胶树生产部门的品种选用和科研部门组织重点科研攻关提供依据；对橡胶树白粉病和炭疽病等重要病害，根据近年来橡胶树品种结构、割胶和栽培技术的新情况，在原有的预测预报技术基础上，进一步收集病害流行资料，建立更加贴近实际的预测预报模型，完善预测预报体系，提高预警的准确率和增强预见性，力争通过互联网发布预测预报，使病害动态信息及时送达生产部门，为及时、高效防治病害提供技术支撑。

（8）橡胶树重要病虫害成灾的生态学和生物学基础

通过生态学、传统生物学和分子生物学手段，揭示橡胶树白粉病、炭疽病、褐皮病、根病和割面溃疡病成灾的生态学和生物学机制及关键因子，为提高综合防治技术水平、探索新的防治途径和制定防治策略奠定理论基础并提供技术支撑。

1.2.4.3 橡胶树研究展望

（1）产业发展面临的主要问题

①国内产量有限，大量进口且渠道单一，资源保障安全风险较高。

②价格持续低迷，生产成本上升，经济效益低下，产业的健康持续发展受到威胁。

③胶园生产机械化程度低，劳动力短缺和成本上升双重压力日益增加。

④产品零散采收加工，原料一致性差，加工工艺过时，产品单一，产品性能和产品结构不能满足下游产业需求。

（2）产业科技研发的主要短板

①种质资源创新与良种选育工作滞后。

②高效率采胶技术进展缓慢。

③产品加工技术和工艺研究亟待突破。

④经济学、社会学、生态学等方面的产业宏观研究不够系统深入。

（3）产业发展的主要技术需求

①高效良种选育技术。

②机械化智能化生产技术。

③环境友好生态胶园构建技术和橡胶林资源综合利用技术。

④高性能胶生产技术和非胶产品开发利用技术。

⑤全球化背景下的资源安全保障体系构建的理论与实践。

1.2.4.4　结束语

直到最近，人们还是主要把橡胶树看成生产天然橡胶的工厂，因而把研究目标主要指向增加橡胶产量。以橡胶树栽培为基础的天然橡胶产业已经对全球经济和社会的发展做出巨大的贡献。虽然一直受到合成橡胶的挑战，但因为天然橡胶独具的特点和可再生，其前景是光明的。橡胶树作为生产天然橡胶的工厂，其潜力还很大。

目前，橡胶树的改良正面临一个新时代。一些研究者利用分子生物学技术，希望把橡胶树的乳管系统改造成为生物反应器——一座生产高价值蛋白质和其他化合物的工厂。橡胶树提供的木材和橡胶树对气候的改良作用也日益受到重视。随着全球化的进程，人类将共同面对能源短缺和环境恶化，相信橡胶树的经济价值和生态作用会越来越重要。

小　结

本章介绍了天然橡胶的用途，橡胶树的基本习性。回顾了国内外天然橡胶的栽培历史，产业发展的由来、历程、现状和取得的成就。概括了产业发展面临的主要问题。展望了天然橡胶产业发展的方向和未来。

思考题

1. 简述天然橡胶在国民经济中的重大意义。
2. 简述世界天然橡胶发展历程。
3. 天然橡胶与合成橡胶各有哪些特性和优缺点？天然橡胶是不可替代的吗？
4. 简述我国天然橡胶产业发展的历史。
5. 你认为我国天然橡胶产业的发展前景如何？理由是什么？

推荐阅读书目

1. 热带北缘橡胶树栽培 . 1987. 何康，黄宗道 . 广东科学技术出版社 .
2. 橡胶树栽培与割胶技术 . 2008. 张惜珠 . 中国农业出版社 .

第2章 橡胶树栽培基础

【本章提要】

巴西橡胶树是多年生经济作物，经济寿命可达40年以上。橡胶树的生物学习性以及适应的气候环境条件是科学合理栽培橡胶树的基础。本章阐述橡胶树各器官形态特征、生长规律和外界环境条件的关系以及我国植胶区气候环境条件概况。

2.1 橡胶树栽培的生物学基础

橡胶树在植物分类学上属于大戟科（Euphobiaceae）三叶橡胶树属（*Hevea*）橡胶树种（*Hevea brasiliensis*）。

2.1.1 橡胶树的器官及生长习性

橡胶树的根、茎、叶主要是执行营养机能，称为营养器官。花、果、种子主要执行繁殖后代机能，称为繁殖器官。

2.1.1.1 根

（1）根系的组成和形态

橡胶树的根系属直根系，由主根和侧根组成（图2-1）。

①主根 主根垂直向下生长，大多为1条。1年生实生苗的主根长140~180cm，成龄胶树的主根200~300cm。主根有形成层，能粗生长，使根皮出现纵裂纹，甚至剥落状。粗大老熟部分，有明显横向隆起的皮孔。

②侧根 侧根是从主根上分生的次生根，水平或稍斜向下生长，呈明显的轮生状。第一轮侧根生长在茎与主根交接处，一般7~15条。在第一轮侧根的下方，从主根上一层一层地长出了3~4轮侧根，多时可达6轮。

侧根又可分生侧根，依分生顺序分为几个等级侧根。由主根上直接分生的侧根叫一级侧根，由一级侧根上分生的叫二级侧根，依此类推。侧根通常分一至五级，少有超过六级的。

侧根依粗度、形态、生长特性和功能，可分为以下4种：

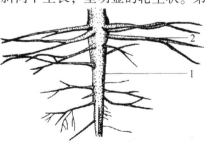

图2-1 橡胶树的根系

1. 主根；2. 侧根

骨干根。骨干根为1~2级侧根，较粗大，与主根共同构成根系的骨架，有支持和输导功能。骨干根分布均匀，发育良好，对抗风有重要意义。

输导根。包括一切表皮已木栓化的根。这里指的是着生在骨干根上，直径2cm以下的木栓化根。输导根的主要功能是输送水分和养分，能加粗生长，有些可发展成骨干根。

行根。行根是直径0.1cm以上的新生根，有吸收功能，进一步加粗生长和木栓化，可发展为输导根或骨干根。

吸收根。吸收根为未木栓化的白色或淡黄色的新生小根，直径多为0.03~0.06cm，吸收水分、养分的能力强，是根系中主要起吸收作用的根。新生吸收根的先端有一生长点，可以分生新的细胞。生长点的前端，有根冠保护。生长点的后面为伸长区，伸长区的后面着生许多细小的、白色的根毛。吸收根不能加粗生长，密集地分布在肥沃的表土层和施肥沟内，形成纵横交错的根网，利于吸收养分和水分。吸收根对外界条件较敏感，会不断死亡，更新再生。

（2）根系分布

橡胶树根系的分布，因树龄、土壤、地下水位及栽培措施等不同而变化。

①垂直分布　主根分布较深，侧根分布较浅。主根垂直下伸，一年生苗的主根深达140cm以上，成龄胶树的主根可达2~3m或更深，但受地下水位和土壤条件的显著影响。侧根分布较浅，主要分布在40cm以上的土层中，而以30cm以上层最为密集，约占总根量的66%~99%，40cm以下土层很少，约占总根量的10%，但分布深度受土壤环境与农业技术措施显著影响，如合理深施肥料，能诱导根系向纵深处生长。

在蔽荫的苗圃和林段，地表面附近的侧根较发达；在未蔽荫情况下，0~10cm土层内的根群，受环境条件，特别是温度和湿度的影响，多不发达。

②水平分布　侧根的水平分布因树龄、冠幅的不同而异。最大水平分布幅度一般为树冠的1.5~2.5倍，密集分布区约与树冠幅度范围相当。老胶树的侧根布满整个株行间。水平分布也受农业技术措施的影响。如扩穴改土，能诱导根系向四周生长。

（3）根的主要功能

橡胶树根系的主要功能是固定和支持地上部分，从土壤中吸收养分和水分。在吸收养分和水分的过程中，吸收根最重要。因此，吸收根越多，吸收养分和水分的能力越强，橡胶树长得越好，产量也较高。所以在栽培措施上，多施有机肥料，促进根系生长，增加吸收根数量，可提高胶树吸收养分和水分的能力，促使橡胶树速生高产，提高抗风力。

（4）根的生长习性

①具有顽强生命力　橡胶树的根即使暴露在空气中，经受较长时间的日晒、风吹、雨打和剧烈的温度、湿度变化，除极幼小的吸收根外，绝大多数的根仍能存活。有的还能萌生新根，在蔽荫而湿润环境中萌生新根较多。

②具有良好再生能力　橡胶树的根受伤或被切断后在适宜的环境条件下，能很快地萌发出许多新根。幼树切根试验表明，在4~8月切根，萌生新根很快，处理后5~12d即开始发新根；在1~2月低温旱季切根，萌根率低，速度也慢，切根后30d萌根率仅有5%~30%，而枯死率高达30%~40%。老树切根后的再生情况与幼树不同，在2~3月切根的，虽萌新根较慢，但萌根率较高。据测定，2月切断的根，经60d后萌根率达80%，相反，在9~10月切根的，萌根率低，经56~90d，发根率仅10%~20%，而死亡率则高达50%~

80%。老橡胶树的根再生能力比幼树弱。

③橡胶树根的伸长生长 橡胶树根的伸长区,是由具有分生能力,生命力很强的薄壁细胞组成的。通常在根尖 4~7mm 范围内,尤以 2mm 范围内分生伸长能力最强。胶根的伸长速率和持续时间,因根系类型和粗度大小不同而异。行根的伸长比吸收根快,在同样生长条件下,行根的生长速率和持续生长的时间,都比吸收根大 1 倍以上。在同一类型的根中,粗根比细根快。

④橡胶树根的自然嫁接 紧靠在一起的橡胶树根常由于不断加粗长大而自然嫁接,同方向或不同方向生长的根可以自然嫁接,同一株树不同的根以及不同的树的根也可自然嫁接。

⑤树干生根 芽接树的砧木或实生树茎干树皮受伤时,在做好木质部防潮防腐的基础上,适当培土,可促进伤口上方的皮部愈伤组织分生新根。在雨季,特别是在蔽荫林段有时也可看到伤口自然生根的现象,但芽接树的接穗部分萌根现象少见。

⑥插条生根 用幼态橡胶树枝条扦插,可以生根,长成正常实生树。而老态无性系枝条必需采用特殊处理,才能发根。但无性系插条基本没有主根,容易被风吹倒。

⑦根系生长与土壤环境。

土壤温度。在 0~30cm 土层中,根系生长的土温指标是:19~32℃正常生长,24~29℃最适生长;低于 18℃或超过 35℃,生长停止或受抑制。但是这个指标不是绝对的,在最冷的 1~2 月,橡胶树根已较适应低温环境,因而在<19℃时还能生长。而在 3~4 月橡胶树胶根活跃生长后,如温度突然下降到 20℃,生长则会受到严重抑制。

土壤水分。适于橡胶树根生长的土壤含水量,因土壤质地不同而异。黏壤土含水量在 11%~25%时,胶根可以正常生长,而以 15%~21%为最合适。

土壤总孔隙度和容重。橡胶树根喜疏松的土壤,土壤总孔隙度在 45%~60%时,胶根可正常生长;而<40%时,主根的伸长和侧根的扩展明显受到抑制。在壤质土上,适宜吸收根生长的容重为 1.2~1.35;当容重>1.4 时,吸收根量大大减少。

土壤气体。橡胶树根具有好气的习性,土壤气体的氧气含量<20%时,随氧含量的降低,胶根生长受抑制越显著;而二氧化碳的含量超过 5%时,则含量越高,抑制越显著。

土壤酸碱度(pH)。橡胶树根喜微酸性土壤,在 pH4.6~7,胶根均有不同程度的生长,但以 pH6 最好;pH<4 或>7.6 时,根系受害。

⑧根系生长与抚管措施。

深翻改土。深翻改土后,土壤环境有很大的改变,土壤孔隙度增加,透水性增大,土壤含水量提高。改变了根群在土层中分布的比例,促进根系向纵深发展,使根群密集区由 0~20cm 土层扩展到 21~60cm 土层。但随着时间的推移,这种作用逐渐减少甚至消失,特别是深翻较浅的处理。

施肥。肥料的种类和用量对橡胶树根生长有很大的影响,有机肥对根系生长影响最大,其中又以猪粪、牛粪最显著。化学肥料中,以氮磷钾全肥效果最好,氮肥单施的第二,磷或钾肥单施对橡胶树根生长似有抑制作用。肥料种类对根系的组成和栓化程度也有明显的影响。氮肥和粪肥可显著促进吸收根的生长,并延缓根的栓化;施用磷钾肥,吸收根生长较差,栓化较快;氮肥不论与磷肥、钾肥或磷钾肥混施,均有促进吸收根生长的作用。

覆草、松土。覆草、松土等综合技术措施对橡胶树根生长有良好的影响。覆草可大大促进根系的生长，平均总根量比不覆草的高52%。在松土或松土加施堆肥的基础上覆草，则效果更显著，比不覆草松土的提高83.8%～96.7%。

间作与覆盖植物。间作物的种类和间作方式对橡胶树根系的生长和分布有一定的影响。在1~3年生胶园中，距离胶树1m以上间作豆类等浅根中矮秆作物时，橡胶树根同间作物的根系之间虽有少量交叉，但影响不大。间作木薯时则对胶根生长有抑制作用，在木薯根系密集的地方，胶根几乎不能生长。在4~5龄胶园中间作，间作物距离胶树小于1.2m时，胶根生长受到抑制。

不同覆盖植物对橡胶树根系的影响不同。豆科植物覆盖的，橡胶树根要比杂灌树下的多。

2.1.1.2 茎

(1) 茎的形态与构造

茎是橡胶树的重要器官，是产胶和采胶的主要场所。茎还是主要提供木材的部分。

实生橡胶树的茎干直立，呈圆锥形，多由种子的胚芽发育而成。芽接树的茎干呈圆柱形，茎干基部有橡胶。侧枝由侧芽发育而成。茎干和侧枝的顶芽，先端有1个圆锥形的生长锥，有很强的分生能力，胶树茎干和枝条的伸长，就是它不断分生的结果。

橡胶树茎干的构造可分为树皮和木质部(木材)两部分(图2-2)。

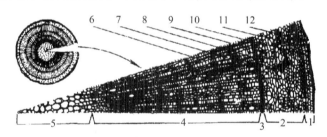

图2-2　橡胶树茎的构造

1. 周皮；2. 韧皮部；3. 形成层；4. 木质部；5. 髓；6. 髓射线；7. 导管；
8. 乳管；9. 石细胞；10. 绿皮层；11. 木栓形成层；12. 木栓层

①树皮　树皮是产胶组织——乳管系统的所在地，特别在茎干上的树皮是采胶的重要部位。另外，一株胶树的经济寿命，在某种意义上取决于树皮的合理利用。橡胶树的树皮，在生产上一般是指木材以外的所有组织，包括植物学上的周皮、韧皮部和形成层。根据橡胶树树皮各部分的特点，把树皮从外到里依次分为粗皮、砂皮、黄皮、水囊皮和形成层，共5个层次(在第6章中述及)。

②木质部　木质部也就是我们通常所称的木材。木质部是茎的骨干，其作用除支持树冠、帮助叶片展开、使叶片得到充分的阳光外，并能把根部从土壤中吸收的水分和养分通过导管输送到叶片中，供叶片进行光合作用和蒸腾作用。另外，可通过髓射线横向输导和贮藏养分。

(2) 茎的生长习性

①橡胶树的高生长　高生长是茎干顶芽不断活动的结果。茎干顶端的生长锥的分生活动表现出极其活跃和相对静止的两个时期，所以高生长也呈间歇性现象，迅速伸长和相对

稳定交错进行，有节奏地生长。

橡胶树茎干的伸长生长与当地的气候、土壤、品种、树龄以及管理措施有密切关系。在一般管理措施下，未分枝的 1~2 年生幼树的伸长生长，一年树为 5~7 次左右，3~6 龄树为 4 次左右，成龄树为 3 次左右。每次伸长生长的持续时间和生长量，随季节的变化而不同，在低温旱季时间较长，达 2 个月左右，生长量较少；反之，在高温雨季时间较短，从萌芽到稳定需 20~30d，静止 10d，共 1 个月左右，生长量也较大。

橡胶树种植后 1~2 年为单茎生长，增高 2~3m。定植后 2~3 年，橡胶树分枝，呈现多头生长。

橡胶树的树高与光照、土壤、地形和种植密度等关系相当大，因此不同生长类型区的树高差异很大。

②橡胶树的粗生长　橡胶树茎粗增长是形成层分生次生组织的结果。形成层在 1 年中的分生活动，在未分枝的苗期，有一种与树高间歇性生长相对应的快、慢生长现象。但分枝后，这样有节奏的快、慢生长现象就不明显了。所以橡胶树的粗生长总的说来是连续的，但生长速度随季节、水热条件不同而有变化。在橡胶树栽培中，增粗生长的快慢直接影响橡胶树达到开割标准的时间和产量，所以生产上测定生长量以茎粗为主。

橡胶树定植后的头 2~3 年，以高生长和形成树冠为主，茎增粗生长比较缓慢。从第 4 年至开割前，树冠和根系已经形成，茎增粗生长达到高峰。环境条件好的地区，胶树进入生长高峰期的时间较早，年增长量也大。开割以后，由于割胶的影响，树冠郁闭，互相争光，茎粗增长减慢。

橡胶树的茎增粗生长习性，与种植材料、定植时间、抚管措施等关系很大。抚管措施好的速生橡胶苗生长高峰从第 2~3 年就开始。相反后期抚育管理措施跟不上，原来正常生长的橡胶树在进入高峰时期，生长速率反而上不去，甚至有下降的现象。

③橡胶树的分枝习性　了解橡胶树分枝习性，主要是为了修枝整形，培养速生高产、抗性好的橡胶树。

分枝时间。分枝出现的具体时间与橡胶树内在的生物习性有关，品种之间也有很大的差异。一般在定植第 2 年胶树长到一定高度时分枝。早春定植的，第一次越冬后便可分枝。

分枝高度。分枝高度受品种习性、自然条件和农业技术措施的影响。'GT1'在云南的分枝高度一般在 3~4m。光照不足，胶树分枝较高，在静风和土肥的山脚这种现象最为突出。常风大的地区或当风地点，分枝较低，树也较矮。

成枝习性。同一叶蓬中的腋芽，所在叶序不同，其形状、大小、萌芽时间、生长速度以及能否成枝等习性也不相同。一个叶蓬中，中央部位的叶芽最大，萌芽最早，生长较快，成枝的机会最多。环剥、环切树皮、摘除顶芽等措施可以促进侧芽的萌发。萌生的侧枝，在以后生长发育过程中，还不断疏落，只有少数能发展为骨干枝。'PR107'等品种，在一般种植密度下，下层侧枝不断疏落，很少形成骨干枝。光照条件是制约骨干枝形成的主要因素之一，强度修剪，可以导致'PR107'等品种形成下层骨干枝。

④树冠生长　树冠是由树干和枝叶构成的，它是胶树进行光合作用的主要场所。树冠对生长与产量关系极大，与风害关系也很密切。树冠形状还是橡胶树品种的习性之一。根据树冠形态和修枝整形的要求，可将目前大量栽培的无性系的树冠形态分为两大类型：

一是多主枝型。如'RRIM600''PB86'等品种，在自然发育时，第一轮或下层枝条斜向上生长，不断增粗，多不枯落，一般可发育成骨干枝，最后形成多主枝的圆头型树冠。这种类型的树冠庞大，易遭受风害，但易修枝整形，容易培养成一定的抗风树型。'GT1'也属多主枝型，但分枝角度较小，夹生皮严重，风害时易发生多条骨干枝同时劈裂的现象。

二是单干型。如'PR107'等品种，中央主干枝发达，下层侧枝较小而弱，近乎平伸，光照不足时，逐渐枯落，枝冠上升，形成单干型的树冠。这种树冠在中幼龄阶段较抗风，但后期常在树冠顶部长出粗壮的分枝，形成不抗风的长柄扫帚型树冠，这种类型树冠，修枝整形和矮化都较难。

橡胶树的树冠在开割前逐年增大。在正常种植密度情况下（$375 \sim 600$ 株/hm²），$5 \sim 6$ 龄时达到高峰，平均单株树冠投影面积相当于或略大于平均单株占地面积。5 龄以前，树冠之间彼此影响较小；5 龄以后，树冠生长不同程度地受空间的限制，树冠差异逐年增大，茎粗生长的差异也逐年增大。很明显，不同密度下后期茎粗生长的差异是由树冠生长不同造成的。

2.1.1.3　叶

橡胶树的叶是由 3 片小叶组成的复叶，由 3 片小叶（包括小叶柄）、叶柄和托叶 3 部分组成。叶片形状因品种而异，有卵形、倒卵形或椭圆形等。小叶柄基部有蜜腺，其数量和形状因品种而不同，是品种形态鉴定的主要特征之一。托叶小，呈三角形，抽叶后 $2 \sim 3 d$ 即脱落。

(1)叶片的构造

叶片的构造(图 2-3)分为表皮、叶肉、叶脉 3 部分。

①表皮　表皮是由 1 层细胞构成，起保护叶肉和防止水分蒸发的作用。上表皮细胞外壁角质化，下表皮中有许多气孔。气孔张开时便进行水分的蒸腾和气体的交换；气孔关闭，水分蒸腾和气体交换基本上停止。气孔一般在早晨开放，中午和晚上略为关闭。

②叶肉　叶肉由栅栏组织和海绵组织组成，是光合作用和与外界进行气体交换的主要场所。

③叶脉　叶脉由机械组织和导管、筛管以及许多薄壁细胞构成，起动摇叶片展开和运输水分和养分的作用。

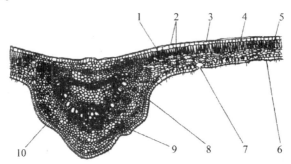

图 2-3　橡胶树嫩叶横切面

1. 网脉；2. 角质层；3. 上表皮；4. 栅栏组织；5. 海绵组织；
6. 下表皮；7. 气孔；8. 乳管；9. 导管；10. 主脉

(2)叶蓬的结构

橡胶树的茎干或枝条的伸长生长是间歇性的，每次伸长生长，一般形成 10~15 枚复叶，上下交错排列成蓬状，相邻两蓬叶之间有为数不等的鳞片叶隔开，形成十分明显的叶蓬。

叶蓬由叶、芽和轴 3 部分组成。叶除三出复叶外，还有鳞片叶。鳞片叶是退化的复叶，呈鳞片状，一般长 30~60mm。顶芽每次活动，先分化鳞片叶，鳞片叶的寿命不长，通常抽出后 25~35d 便会脱落。每年抽生的首尾两蓬叶的鳞片叶较多，其他各叶蓬的鳞片叶一般为 6~7 枚。芽分顶芽、叶芽和鳞片芽，顶芽和叶芽都有分生能力，鳞片芽是已退化的芽。轴是指叶蓬之间的茎干。

复叶在叶蓬中的排列，呈明显镶嵌状，这是橡胶树对光照的适应。在一蓬叶中，下层叶片的叶面积较大，叶柄较长，叶间距离也较大。后分化的叶片较小，叶柄较短，叶间距离较小。

(3)叶的功能

叶在橡胶树的生命活动过程中，具有光合作用和蒸腾作用两种功能。光合作用越强，制造的养料越多，对橡胶树的速生高产越有利。蒸腾作用对橡胶树有降温、帮助水分和无机盐的吸收和运输、增强胶树对机械伤害的抵抗力等几个方面的作用。

叶片与橡胶树的其他器官一样，也进行呼吸作用。呼吸作用不仅进行着物质的氧化和分解，并通过中间产物进行物质的合成和转化作用，为橡胶树的生命活动提供能量。

(4)叶蓬和叶的生长习性

①叶蓬物候期　形成一蓬叶所需时间的长短，因品种、立地环境条件和抚育管理情况而不同。幼苗期一般 20~40d 形成一蓬叶，接着静止约半个月，又开始抽生另一蓬叶，如此循环往复，直至橡胶树进入越冬阶段。每年抽生的叶蓬数，随树龄增大而逐渐减少。未分枝的胶苗年抽生 5~7 蓬叶，开割前的幼树抽生约四蓬叶，开割的中、壮龄树一般年抽生三蓬叶，老龄树年抽生约二蓬叶。

橡胶树的叶蓬物候是橡胶树本身的固有特性，但受植胶地的环境条件和农业措施影响很大，云南由于地域及地形复杂，地区间物候期的差异很大，相差可达半个月。

②叶蓬和叶的生长过程　在一蓬叶的生长过程中，根据顶芽和叶片的生长变化，还可以分为 4 个阶段。

抽生期。这时的抽生过程为：顶芽萌动、裂开—新芽抽出—顶梢延长—复叶抽出。但每片复叶的三小叶仍自折叠、紧靠在一起。

展叶期(古铜期)。叶柄生长加快，小叶逐渐展开，三小叶互相垂直并向下垂，小叶片展开长大，叶片颜色古铜，质脆、挺伸。

变色期(淡绿期)。叶柄生长减慢，叶面积迅速扩大，叶片颜色逐渐改变，黄棕色—棕黄色—黄绿色—淡绿色，叶片下垂，组织特别柔软。

稳定期。顶芽和叶面积停止生长，叶片由绿色变为浓绿色，叶面由具光泽而渐变油亮，叶片水平伸展，挺直，质地较刚硬。

各个物候期出现的日期和经历的天数，因地区、品种、树龄和生长季节不同差异很大。一般环境条件好的地区时间短些，幼树比老树短些，旺盛生长季节比低温干旱季节短些。在叶蓬生长过程中，如遇不利的天气，常使物候期延长，在第 1 蓬叶抽生时期尤其如此。

③叶的寿命 叶从抽生到脱落所经过的时期，最长可达 8~11 个月。但与立地环境、树龄和着生部位等因素有关。一般来说环境条件好的胶树，叶的寿命较长，在风大、土壤干瘠的情况下，新叶长出后，老叶很快脱落。相反，在肥水充足的优良环境下，保持较多的叶蓬，有些甚至越冬也不脱落。幼龄树比老龄树的叶寿命长。

2.1.1.4 花、果实、种子

(1)花、果实、种子的形态特性

橡胶树为雌雄同株异花植物，花序为圆锥花序(图 2-4)，着生于叶腋或鳞片腋间。雌花着生于花梗顶端，通常每花序具雌花 3~20 朵，米黄色，基部具有 1 个绿色花盘。雄花着生于花梗四周，个体比雌花小，但数量很多，米黄色，成两轮排列在花丝柱上，花药内有许多花粉，开花时，雄蕊的花药破裂，花粉散出，落在雌蕊的柱头上。之后花粉发芽，与子房中的胚珠结合形成果实。

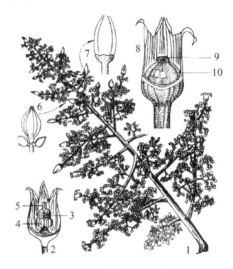

图 2-4 橡胶树的花序、雌花和雄花
1. 花序；2. 雄花剖视；3. 雄蕊；4. 花粉囊；5. 花丝柱；
6. 刚成熟的雄花；7. 刚成熟的雌花；8. 雌花剖视；9. 柱头；10. 子房

橡胶树的果实为蒴果，有 3 层果皮，内果皮在幼果期较薄，以后增厚和木质化，形成坚硬的内壳。果熟时，果皮的外缝开裂，弹出种子。受精以后的雌花，子房慢慢膨大发育成果实。子房受精至果实成熟历时 18~20 周。

橡胶树的种子属于双子叶有胚乳的种子类型。种子由种壳、胚乳和胚组成。种壳多为扁椭圆形，背面隆起，腹面略平，前端略尖，有一个封闭的圆形发芽孔。成熟种子的种壳斑纹清晰，光泽鲜艳，同一株实生树或同一品种芽接树的种子，其大小、形状和花纹等均较一致，是品种鉴定的主要特征之一。橡胶种子的外种皮木质坚硬，并具有蜡质，故吸水较慢。胚乳供种子发芽和幼苗生长的营养需要。胚由胚根、胚轴、胚芽和子叶组成。子叶与胚乳紧接，种子发芽后，子叶留在种壳内吸取胚乳中的营养，供幼苗生长，胚的其余部分便伸出种壳之外。种子每粒重 4~5g，一般每千克 220~250 粒。橡胶种子无明显休眠期，一旦成熟，便能发芽。由于种子成熟后，内部呼吸作用仍很旺盛，水分和养分的消耗

量很大，所以发芽率下降很快。种子成熟半个月后，发芽率约下降 40%，1 个月后就有 60% 以上的种子不能发芽。因此，种子必须随采、随装、随运，及早播下。种子切忌堆置、暴晒和水浸。如需长途运输，则应采取特殊的包装方法，防止重压、日晒和雨淋，如要贮藏越冬，则需改变温、湿条件，以保持种子的发芽力。

（2）开花结果习性

①开花树龄　实生苗定植后 5~6 年开花，老态芽接树定植后 3~4 年开花。

②开花物候　胶树一般每年开花两次，3~4 月 1 次，5~7 月 1 次，如有第 3 次开花，多在 8~9 月。3~4 月开花称春花，为主花期，开花结果最多。但河口等植胶区常因温度条件不宜或春寒影响，开花结果不多，而以夏花为主。

在每年 2~3 月，橡胶树抽新芽，抽新芽后 2~4 周出现花蕾，再过 2~4 周，新叶稳定时，花序生长定型，进入开花初期，4~5d 后进入盛花期。花期长短与花的性别有关，不同地区也有差别。云南一般雌花期 14~30d，雄花期 10~20d。不同品种的开花物候也有不同。环境条件对开花物候也有影响，一般环境较差的地方（如坡顶、土壤干旱、常风大、树冠郁闭度差、光照充足）开花较早，而在立地条件较好，地势低洼，土壤水分充足的地方，开花较迟。

③雌雄花的异常发育。

雄花退化。一种是雄花很小，未发育健全，即行脱落；另一种是雄花照常开放，但花药干枯、黑色、无花药，'GT1' 属于后者。

雌花退化。外形似雌花，但无子房，这种情况比较少见。

雌雄同花。在雌花子房基部有一环 8~12 枚无花丝柱的小型花药，其花粉具发芽能力。

④结果习性　不同品种的开花结果习性不同，'PB86' 和 'RRIM600' 自然结果较多，'PR107' 自然结果少；'GT1' 单品种种植时，因雄花退化结果更少，但作为种子园亲本则结果较多。

一般 4 月下旬至 5 月下旬是春花的成果期，5 月下旬至 6 月下旬为夏花的成果期，8~9 月为秋花成果期。8~9 月第一批果实成熟，第 2 批在 10 月以后成熟，称秋果；第 3 批多在年底到翌年 1 月成熟，称为冬果。冬果因在发育后期受低温及干旱影响，常多空果或种子不饱满。第 1 批秋果质量最好，优质的冬果适于低温植胶区冬藏春播。

2.1.2　橡胶树生长发育规律

2.1.2.1　橡胶树生活史的变化

橡胶树在生活史的活动过程中，生长、发育、产胶、抗逆力都发生一系列的变化，表现出明显的阶段性。根据它的生长发育、栽培和产胶特点，大体上可划分以下几个阶段：

（1）苗期

苗期是从种子（或芽片）发芽到开始分枝的一段时期，约一年半到两年时间。其主要特点是：幼苗抵抗不良环境条件的能力差，容易受到外界环境条件的影响，易遭风、病、虫、兽、畜和杂草危害；早期生长缓慢，后期生长快，主根和茎高生长特别旺盛，每年可抽 5~7 蓬叶，长高 2~3m。针对苗期的这些特点，这一时期主要的农业措施是：在定植大田后，应当精心管理，种植绿肥，间作豆科经济作物，加强植胶带面覆盖，促使苗木速生快长，并注意防御各种自然灾害，如防风、防寒、防涝等，同时要防御兽畜危害，特别是做好防牛工作。对林段的缺株、病弱小株、实生苗及时进行补换植，保证全苗；并注意修枝抹芽，促使接芽旺盛生长和骨干根系的形成并使其向较深土层中发展。

（2）幼树期

幼树期是从开始分枝到开割前的一段时期，一般为 4～5 年。在此阶段，其特征是根系的扩展和树冠的形成都很快，茎粗生长特别旺盛，抵抗不良环境条件的能力也比苗期有很大的增强。这个时期的农业措施，应对树干、树冠进行整形，培养骨干枝，促使侧枝发育，以培养抗风的树形；同时，要在控制杂草、灌木与胶树竞争的基础上，种植绿肥等覆盖作物，加强植胶带、保护带带面覆盖，加强水、肥管理和进行深翻改土、压青施肥工作；注意防御风、寒和各种兽害，以促进生长、保苗，缩短非生产期，争取早日开割。同时，可间种经济作物，发展立体农业，种、养结合，以短养长，提高胶园的经济效益。

（3）初产期

初产期是从开割到产量趋于稳定的一段时期。实生树的初产期为 8～10 年，芽接树为 3～5 年。初产期的特点是：由于割胶的影响，茎粗生长明显受到抑制，而产量逐年上升；开花结果逐年增多，自然疏枝的现象开始出现，由于树冠郁闭度较大，风害、叶病、割面病、根病和"烂脚"等的危害也日趋严重。因此，这个时期的农业措施，除了继续加强水肥管理、进行修枝整形，以保持胶树的旺盛生势和比较抗风的树形外，特别要注意采取措施提高产量，还要做好病虫害防治及风寒害的抗灾工作。开割头 3 年，割胶强度宜小，以缓和割胶和生长的矛盾；到后期则适当加大割胶强度，但要注意养树和节约树皮。

（4）旺产期

实生树从 14～16 龄，芽接树 8～12 龄起，至产量明显下降时止为旺产期，经 20～25 年。这时茎粗生长缓慢，抽叶减少，一般每年只抽 2～3 个蓬叶，自然疏枝的现象普遍发生，树冠郁闭度减少。对实生树来说，在再生皮上割胶，前期产量较高，为胶树一生中最高产的时期，后期有下降趋势；对芽接树来说，除迟熟品种外，一般开割 3～5 年后即进入旺产期，而至第二割面（半螺旋制）时是一生中最旺产时期，割第三割面时有的品种可以保持旺产，有的则开始略微下降，此后一般都有下降趋势。旺产期的农业措施，除加强水肥管理，继续进行修枝整形外，尤其要注意做好防病、防风、防寒工作，并注意"三保一护"（保水、保土、保肥、护根），保持水土和压青施肥，以保持和培养地力。旺产期还可适当提高割胶强度或使用刺激剂，以提高胶乳产量。

（5）降产衰老期

降产衰老期是从 30～40 龄起至胶树失去经济价值为止的一段时间。其长短因割胶制度、品种、气候、土壤条件以及管理水平等有很大差异。这时期的胶树，高、粗生长均相当缓慢，树皮的再生力也差。这一时期，在树干下部再生皮上割胶的同时，可在上部树干和粗大的分枝上进行多线割胶，如加强管理，还可获得一定的产量。这时期的农业措施，主要是保持水土，维护和提高土壤肥力，注意防病工作，做好强割和更新准备。

2.1.2.2　橡胶树一年中的变化

橡胶树一年中的变化，是随着一年四季的气候，有节奏地进行萌芽、分枝、开花结果等生长发育活动。这种年年重复，受四季气候条件控制的橡胶树年周期变化，称为胶树的物候期。胶树的年周期变化可分为两个明显的时期：生长期和相对休眠期。生长期自春季萌芽开始至冬季落叶时止，相对休眠期自冬季落叶时起至春季萌芽时止。生长期与相对休眠期的长短，因立地条件和品种而异，同一地区的同一品种，也因各个年份的气候条件不同而有所不同。

（1）根的生长变化

胶树根系在一年中的活动，随着季节的变化呈现规律性的变化。通常在高温多雨季节生长较快，在低温干旱季节生长缓慢。

（2）茎粗的周年生长变化

胶树茎粗的生长在一年中有明显的规律性。在不同季节、月份的茎粗生长速率是不同的。其差异主要是受当地的水热条件的变化所制约。水热条件最适宜的时候，也是茎粗生长最快的时候。其次受到抚管水平的影响。云南植胶区 12 月至翌年 2 月为低温旱季，3~4 月为高温干旱季，加上 3~4 月胶树大量抽生第一蓬叶，茎粗增长基本停止。因此，每年头 4 个月胶树茎粗生长缓慢，而下半年进入雨季后，水热条件比较适宜，生长显著加快，其生长量占年生长量的 65%~75%；至 9~10 月，生长达到高峰，以后温度逐渐下降，雨量减少，橡胶树进入冬期，生长又复变慢。云南的气候，干湿季明显，低温与干旱相关结合，不仅抑制橡胶树生长，且有利于越冬；高温与湿润相结合，有利于促进橡胶树生长。橡胶树年周期生长变化，形成生长期与相对休眠期。这正是橡胶树对年周期内雨季与旱季相适应的具体体现。生长期与相对休眠期的长短，因生境、品种、气候条件而异；在气候条件中，旱季长短与干旱程度又是重要条件，明显影响着茎粗的生长。一般来说，在 12 月至翌年 4 月生长较慢，这时的生长量中占年生长量的 10%~15%，干旱季节，降水量少，蒸腾量大，明显抑制了橡胶树的生长。

胶园抚育管理水平较高的，茎粗生长较快；反之，抚育管理水平较低的茎粗生长较慢。

橡胶树随着季节变化出现的节奏生长现象，通常称为季节周期，橡胶树增粗生长的季节周期在云南省有如下两种基本类型：

①单峰曲线类型　云南省西部地区属此类型。每年只有 1 个增粗生长高峰，高峰和出现的时间因地区条件不同而异，不同年份之间也有很大差别。每年橡胶树的茎粗生长以 6~10 月最快，其中，第三季度的生长量占全年生长量的 50% 以上。

②双峰曲线类型　云南省东部河口、文山地区属此类型。其特点是：每年橡胶树的粗生长有两个高峰，第一高峰的生长量较小，第二高峰的生长量较大。高峰出现时间因地区不同而异。不同季节的生长量差异，以及第三季度生长量占全年总生长量的比例，都较单峰曲线类型小，而橡胶树生长比较平衡，旺盛生长季节比较长，年总生长量也比较大。

制定不同季节的栽培措施，应根据橡胶树茎粗的生长规律采取对策，抓紧生长旺季，争取最大的生长量。

（3）叶的生长变化

橡胶树叶蓬的生长有明显的节奏性。每蓬叶从萌动至叶片完全稳定，依次经过抽芽期、展叶期(古铜期)、变色期(淡绿期)、稳定期 4 个阶段。展叶和变色两个阶段，由于组织幼嫩，角质层尚未形成，最易感染白粉病和炭疽病。变色期还影响芽接成活。

叶片质量随着不同物候期而发生变化，处于不同物候期的叶片干重、叶绿素含量都不同，直至稳定后 15~20d 以前都处在不断增加和充实之中。因此，所谓稳定期只是指顶芽处于相对的静止状态，并不意味叶片生长的停止。叶片的生理机能也随着不同物候期而变化。叶片在古铜期以前是不能进行光合作用的，只是消耗能源。从变色期（淡绿期）开始，光合作用不断增强，而呼吸作用则一直较强，至稳定期 15~20d 之后，才下降到正常水平。

一年中，叶的总量随着时间的推移而增多。未分枝幼苗，以年中抽生的叶量最多，年初年末的抽叶量较少。成龄树第 1 蓬叶的抽叶量占全年总抽叶量的 60%~70%，这蓬叶生长的好坏与当年产胶量有密切的关系，因此，保护第 1 蓬叶很重要。如果第 1 蓬叶遭受白粉病、炭疽病或寒潮危害，抽叶量较少，则第 2 蓬叶相对略有增加，但总抽叶量仍难以达到正常水平，以致影响到当年的产胶量。

橡胶树的抽叶量主要在每年 11 月以前。11 月以后降水量骤然减少，气温渐降，一般不再抽生新的叶蓬。而且 12 月以后，先抽的叶片，由于水热条件不能满足，逐渐变黄、脱落，直至全部脱落完为止。据观测，11 月开始落叶，大量落叶是在翌年 1 月低温过后，集中在 2~4 月干旱季节的干热时段，落叶量占全年落叶量的 73.87%。

叶片的生长变化对橡胶树的生长和产胶量有明显的影响。在叶的不同物候期中，顶芽萌动至稳定阶段茎粗生长较快，尤其以萌动至古铜期生长最快。顶芽稳定后至下蓬叶萌动前，为顶芽相对静止期，此时顶芽生长较缓慢。顶蓬叶对苗木的高生长影响最大，同一叶蓬中，下部 1/3 的叶对苗木的粗生长影响最大。

(4) 产胶量的变化

橡胶树的产胶量在一年中的变化，主要受气候条件和物候状况的影响，清晨割胶时的林间气温是影响产胶量的主要因素。因此，在西双版纳地区，以 4~5 月中旬为第 1 个高产季节，9~10 月为第 2 个高产季节，而 6~8 月因割胶时气温高，又进入雨季，经常连续阴雨，光照不足，所以产量较低；此外，橡胶树在开花、抽叶期产胶能力较低，叶蓬生长稳定 15~20d 后产胶能力较高。橡胶树产胶量的变化，各年份不完全相同。各地水热条件影响也有差异。需根据胶树的产量变化规律，实行"三看"割胶（即看季节物候、看天气、看树情）。要用产胶动态分析指导割胶，在不同的季节采取不同的割胶强度，保护和提高产胶能力，使胶树高产稳产，延长橡胶树的经济寿命期。

2.2 橡胶树的生长与环境

气象条件是橡胶树引种、栽培和生产的关键影响因素，决定植胶的根本条件就是气候，在橡胶树的引种、栽培和生产过程中必须充分注意气候环境条件的适宜性，因地制宜，才能高产高效。

2.2.1 橡胶树的基本习性及其对环境的适应

2.2.1.1 橡胶树的基本习性

橡胶树原产于南美洲北纬 5° 至南纬 15°，西经 48°~78° 之间的亚马孙河流域。亚马孙河流域分布着广阔的热带雨林。植物种类繁多，无数的乔木、灌木以及草本、藤本、附生植物，组成多层次的郁闭雨林，橡胶树混杂其中，为上层树种。

（1）橡胶树原产地的气候

①温度高而稳定　橡胶原产地位于赤道附近，太阳辐射强烈，全年温度高，年变幅小。在流域的中下游地区，年平均气温 25~27℃，全年最冷月平均气温 24~26℃，最热月平均气温 25.3~27.9℃，年较差不到 3℃，极端最高气温 39℃，极端最低气温 16℃，日较差 7~10.6℃，明显大于年较差。

②降水量充沛，雨日多，旱期短　全年降水量 1 900~2 900mm，雨量充沛且分布较均匀，月降水量除 7~9 月少于 100mm 外，其他月份均在 100mm 或 200mm 以上。7~9 月，有 1~3 个月少雨期，月降水量在 100mm 或 50mm 以下；而由于此时的平均气温多在 25~26℃，蒸发旺盛，形成一个短期的旱季。年雨日 170~253d，月雨日最多 28d，最少 6d，旱季中，月雨日少于 10d。终年潮湿，大多数月份相对湿度在 80% 以上。

③风少而小　原产地多为上升气流，风很少而且小，年平均风速 1.0~1.6m/s，但在雷阵雨前有阵性大风。

④日照适中　年日照时数 1 966~2 513h。亚马孙河流域西部日照较少，在 2 000h 以下，向东逐渐增加，亚马孙河口处达 2 400h 以上，一般 1~3 月云量多，降水也多，日照时数少；7~9 月云量少日照时数多。

（2）橡胶树的生态习性

橡胶树在亚马孙河流域的生态环境中长期生长，逐步适应并同化了这些生境条件，因而表现出下列基本生态习性：

①要求温度较高、降水充沛而分布均匀以及微风的气候环境。

②土壤条件为热带雨林下的砖红壤；土壤酸碱度为 pH3.8~7；土壤有机质较多，疏松，肥沃。

③幼苗较耐阴　橡胶树的幼苗，在郁闭的林下发芽生长具有一定的耐阴性，但幼树生长需要较强的阳光并成为热带雨林的上层乔木。

④根系较浅　在热带雨林中，土壤湿度经常很高，土壤下层通气不良，而表层土壤由于枯枝落叶的积累与分解，显得疏松、通气、肥沃、湿润。胶树在这种环境下就发育成浅根性植物。

⑤茎脆而易折　热带雨林生境优越，橡胶树生长迅速，木材和机械组织不发达，材质疏松。加上树干高，树冠大而重，易被风折断。

⑥具有较强的生态适应性　除在高温多湿的地区生长茂盛，在距赤道远些的较干旱地区也能生长。据专家们对亚马孙河以南地区的考察，野生橡胶树不仅分布在热带雨林中，而且也生长在距赤道较远、海拔较高（300~500m）及雨量较少（1 300~1 500mm）的热带半落叶林中。可见橡胶树具有比较广泛的适应性。

2.2.1.2　橡胶树对环境的适应

（1）橡胶树对温度的适应性

温度直接影响到橡胶树的生长、发育、产胶以至存亡等，是限制橡胶树地理分布的主要因素。在原产地或纬度较低的植胶国家，温度条件均较优越，特别是没有低温出现。而我国植胶区，由于纬度较高（北纬 18°~24°），冬季风强烈，每年都有不同程度的低温影响，所以温度条件的作用比较显著。

①橡胶树生长发育的温度指标　以平均气温计量：10℃时细胞可进行有丝分裂；15℃

为组织分化的临界温度；18℃为正常生长的临界温度；20~30℃适应生长和产胶，其中26~27℃时橡胶树生长最旺盛。

②橡胶树光合作用的温度指标　以实际温度计量：<10℃时对苗木的新陈代谢产生有害影响，10℃以下橡胶树光合作用停止；25~30℃为光合作用最适温度；>40℃时，橡胶树的呼吸作用超过光合作用，生长受抑制，嫩叶被灼伤。

③橡胶树胶乳合成的温度指标　以平均气温计量：18~28℃内均可合成，其中以22~25℃最适宜产胶。

④橡胶树排胶的适宜条件　林间气温19~24℃，相对湿度大于80%时最有利于排胶。

⑤对橡胶树的有害温度　当林间气温<5℃时，橡胶树会出现不同程度的寒害，如'RRIM600'的植株有少量爆皮流胶；0℃时树梢和树干枯死，<-2℃时，根部出现爆皮流胶现象，橡胶树出现严重寒害。当实际气温>40℃时，除了造成呼吸作用增强、无效消耗多，不利于胶树生长产胶外，还直接杀伤胶树，如芽嫩叶灼伤、幼苗干枯坏死、幼树树皮烧伤、强迫落叶等。

综合以上温度指标表明，橡胶树速生、高产、光合作用的适应温度范围为18~28℃。在适温范围内，≥18℃的积温值越高，橡胶树的生长期及割胶期则越长。由于橡胶树的生长和产胶都受外部和内部一系列综合因素所制约，如湿热天气有利于橡胶树生长，凉爽天气适于其排胶，而干热天气则使橡胶树生长和产胶均受到抑制；湿冷的天气会加剧胶树寒害；干冷天气相对可提高耐寒力。故应用上述指标时，应综合地分析考虑。

（2）橡胶树对水分条件的适应性

橡胶树的一切生理活动都需要水分，如光合作用、蒸腾作用需要消耗水分，有机无机养料的运输、有机物质的合成和分解都需要水分来进行。

适宜于橡胶树生长和产胶的降水指标，以年降水量在1 500mm以上为宜。年降水量1 500~2 500mm，相对湿度80%以上，年雨日>150d，最适宜于橡胶树的生长和产胶。年降水量大于2 500mm，降水日数过多，不利于割胶生产，且病害易流行。如以月降水量衡量水分条件，一般认为月降水量>100mm，月雨日>10d适宜橡胶树生长；月降水量>150mm最适宜生长。土壤水分与橡胶树生长和产胶有直接的关系。据华南热带作物科学研究院试验，壤质土含水量为田间最大持水量的70%~80%时，橡胶树幼苗生长正常。橡胶树幼树（3~4龄）最适宜生长的土壤含水量，是占最大田间持水量的80%~100%。橡胶树对干旱的适应能力较强。在年降水量只有800mm的潞江坝，橡胶树仍然生长和产胶，但会受到不同程度的影响。橡胶树在遇到干旱时，会落花、落果或被迫落叶。此外，产量会降低而干胶含量可增至40%以上。因干旱，刚定植的幼树可成片死亡。在特别干旱年份，也会发生较大的幼树、开割树整株死亡和1~2龄幼树提早开花的现象。

橡胶树是一种好气性强的植物，虽然有时在水淹条件下仍能生长相当长的一段时间，但水淹会使橡胶树的正常生理活动受到抑制，光合作用强度降低，叶片的气孔开度变小，这同缺水时的状况相似。在定期淹水或地下水位过高时，橡胶树生势弱，树皮灰白。总的来说，橡胶树是不耐淹的。

（3）橡胶树对光的适应性

日光是绿色植物进行碳素同化作用不可缺少的能量要素。橡胶树是一种耐阴性植物，但在全光照下生长良好。橡胶树幼苗即使在50%~80%的荫蔽度情况下也能正常生长，但随着树龄增长而逐渐要求更多的日光。

光照条件对橡胶树的生长发育和产量以及抗逆力都有明显的影响，适宜的光照条件有利于橡胶树生长和产胶。在密植情况下（1 080 株/hm²）植株间为争得充分的光照条件，高生长占优势，茎粗生长受到抑制，原生皮和再生皮生长缓慢，影响产胶量。而在疏植情况下（120 株/hm²），光照条件充足，植株高度差异不明显，茎粗增长较快，有利于原生皮和再生皮的生长，乳管发育好，橡胶树产胶能力强。但对橡胶树树皮生长来说，并不是光照越强越好，在暴晒情况下，树皮粗糙，石细胞多，乳管发育反而不良，因而不是越疏植越好。虽然单株产胶量以疏植的为高，然而为取得较高的单位面积产量，应当合理密植。

橡胶树开花结果对光照条件的要求比生长的要求更高。一般来说光照条件好，开花结果多，孤立的植株或树冠向阳一侧和树冠顶部开花结果多。

适宜的光照条件有利于橡胶树的抗逆力。以抗寒来讲，充足的光照有利于胶树进行糖的代谢和养分的积累，促进细胞木栓化，抗寒能力较强；光照不足时，植株机械组织发育不全，细胞壁较薄，木质化程度较差，抗寒能力差。据德宏试验站资料，在成龄胶园里，树干基部直射光的照射时间由每天 4h 逐渐减少到 1h，橡胶树的寒害"烂脚"严重程度就会更加明显。

此外，良好的光照条件能改善胶林的湿度，阳光中的紫外线还有杀菌作用，对减少橡胶树的病害有良好的作用。

（4）橡胶树对风的适应性

原产于热带雨林中的橡胶树，性喜微风，惧怕强风。微风可调节胶林内空气，特别是促使空气交换，增加二氧化碳浓度，有利其进行光合作用，但当风速超过一定限度时，就会吹皱叶片，加剧蒸腾，造成水分失调，使橡胶树不能正常生长。如过大的常风、冬季的寒潮风、局部地区的阵性大风，都对橡胶树的生长和产胶有着不同程度的破坏和抑制作用，强风还会吹折、刮断橡胶树，造成严重损害。

年平均风速<1m/s，对橡胶树生长有良好效应。年平均风速 2.0~2.9m/s，对橡胶树生长、产胶有抑制作用，需要造防护林加以保护。

风速大时，水分易蒸发，割线易干，影响排胶。通常在早晨静风，凉爽时割胶，有利于排胶。割胶时风速>2m/s，则排胶时间缩短，产量受抑制。

（5）橡胶树对土壤条件的适应

橡胶树对土壤条件的适应性是比较广的，但良好的土壤条件是速生高产的重要因子。土壤条件包括酸碱度、土壤深度、土壤质量以及土壤水分和养分等，它们彼此之间是相互联系又相互制约的。

由于橡胶树根系庞大，呼吸量大，需氧多，因此，种植橡胶树的土壤，必须是土层深厚，排水良好而又保水力强的土壤。

橡胶树喜酸性土壤。据资料报道，橡胶树能在 pH3.8 的土壤中生长，但适宜于橡胶树生长的土壤酸碱度为 pH4.5~5.5，而 pH<4.0 或>7.0 时，橡胶树会出现根部腐烂、发霉甚至坏死，茎干 80% 以上凋萎。

橡胶树对土层深度的要求是至少有 100cm 土层。种植在土层太浅的土壤中的橡胶树，其根系生长受阻，主根浅、树易遭风刮倒；而在半风化的土壤母质层，橡胶树根系能够深入其中，并可利用其释放出的营养物质。土壤潜水面在 1m 以内，或是雨季积水，土壤通气条件不良，苗木就会生长不良，因此，地下水位在1m以内的土壤不宜植胶。

土壤养分元素对橡胶树的生长和产胶有明显的影响。橡胶树的生长和产胶，均需不断地从土壤中吸收各种养分元素，如氮、磷、钾、钙、镁、硫、铁等大量元素以及硼、钼、铜、锌、锰等微量元素。对橡胶树进行营养诊断，合理施肥，补充某种土壤养分的亏缺，或减少停止某种过剩元素的施用，便可促使橡胶树正常生长和产胶。橡胶树性喜有机质丰富肥沃疏松的土壤。因为有机质能改善土壤质地，使黏性疏松，提高土壤通气程度，增强土壤的保水、保肥能力。在西双版纳一带森林和竹林下的砖红壤性土，海拔500~1 000m的丘陵低山，表层有机质含量为3%~6%，也是云南最好的植胶土壤。

据长期的经验，以下几种类型的土地，不宜选作植胶地：

①低洼排水不良和积水难排泄之地。

②地下水位高，雨季易积水之地。

③土壤浅薄，土层深度不及1m，或1m土层内有层状石块、结核、铁盘层的土地。

④土壤酸碱度为碱性或含钙质的土壤。

⑤坡陡、土壤极易冲刷，开垦管理费用较大之地。

(6)橡胶树生长、产胶与海拔、地形条件的关系

①地形条件对气候及土壤的影响

a. 地形条件对光照和温度的影响。地形垂直距离每升高100m，光强平均增加4.5%，紫外线辐射强度增加3%~4%，温度下降0.4~0.6℃。在山地，南坡和北坡的温度相差很大，坡度越陡，相差越大；日照时间相应缩短，冷空气可滞留在山间凹地和谷地中，不利于胶树生长。

b. 地形条件对水分的影响。在山地，携带水分的气流受地形阻挡而抬高，继之冷凝而成雨，因而大部分水分降落在迎风坡面，而背风坡则成雨影区。降水量和相对湿度通常随海拔升高而增多，山地的云量和浓雾皆多。

c. 地形条件对风的影响。丘陵、山地由于地面阻挡，风力一般要比平地小些，但隆起部位和峡谷，风速通常增大。不同坡面的受风情况有明显差别，特别是强台风、迎风坡和背风坡的风害率差异甚大。冬季的寒潮大风，迎风坡的橡胶树在风和寒的双重影响下，寒害加重。

d. 地形条件对土壤的影响。土层厚度一般上坡比下坡浅，谷地土层最厚；土壤腐殖质含量北坡比南坡高，南坡一般比北坡侵蚀严重。

②橡胶树对地形条件的适应性

a. 海拔与橡胶树生长、产胶的关系。随海拔升高，橡胶树的年生长周期相应缩短，开花期推迟，提早分枝，且分枝部位降低。海拔升高300~500m，幼树叶蓬生长减少1~2蓬，叶面积减少25%~35%，茎围增长减少10%~25%，且年割胶期缩短，产量下降，寒害加重。海拔越高，温度越低，湿度、风和坡度越大，土壤越瘠薄，发生的病害也较多，对橡胶树的影响也越大。

b. 坡向、坡位、坡度和橡胶树生长、产胶的关系。橡胶树对地形的适应性较大，从平原到坡地均可正常生长。不过，云南植胶区的地形复杂，小环境的气象要素的差异较大，一般气温分布总趋势是：阳坡>阴坡，南、西南坡>西北、东南坡>北、东北坡。在平流降温或强辐射冷径流通道区，迎风坡易受寒风袭击，平流降温时，坡上、坡顶的寒害重于坡下，海拔高处重于低处。日照时数的分布：南坡>西坡>东坡>北坡。其他如狭槽地形、马蹄形山沟小盆地、低洼地、风口地等均可对光照和冷空气产生再分配，形成不同的寒害地段，湿度的分布地势：坡位越低，湿度越大（上下差异 5%~8%），阴坡比阳坡大2%~9%。因此，在选择植胶地时，对大面积"冷气聚集"的谷地、北或东北坡地、背阴地、迎风坡地均不宜选用。

2.2.2　我国天然橡胶种植环境区划

由于我国橡胶树种植区属于非传统种植区，气候因子是影响橡胶树种植的关键因素之一，而决定橡胶树种植成败的关键还包括能否避免寒害和风害。随着全球气候变化和天然橡胶产业的发展，橡胶树种植区域内的气候资源状况以及影响橡胶树的气象灾害趋势发生了新的变化。目前，关于作物的气候适宜性区划已积累了大量的研究成果。我国气象和橡胶工作者从橡胶树生长的生理生态特性、环境影响因子、我国各个植胶区的气候特点、橡胶树种植气候区划和橡胶树寒害、风害的发生条件、预报防御等方面，对橡胶气象进行了大量的研究，且取得了丰硕的成果。这些研究为中国防御橡胶树气象灾害，扩大天然橡胶树种植面积，提高橡胶产量等提供了有力的科技支撑。我国植胶区已经超过北纬17°，属热带北缘季风气候区，是非传统植胶区，橡胶树能够大面积种植已是世界植胶史的一大创举。

20 世纪 80 年代黄宗道等对我国云南、海南的植胶自然条件与东南亚重要植胶国进行了比较，从橡胶树生长和产胶方面分析了我国海南、云南植胶区的优越性：除台风外，海南岛的自然条件对橡胶树生长和产胶的习性来说，无论是热量、雨量还是土壤条件大都处于良好的适应范围之内，应因地制宜，栽培抗风抗旱品种，建造防风林，根据橡胶树生长的自然条件规律，在海南岛 350m 以下和云南西双版纳 900m 以下地区建立高产、稳产橡胶生产基地，进行合理的区划和布局。我国广东、广西植胶区除台风和寒潮低温是其发展橡胶树生产最主要的灾害性气候条件外，该地区的光照、温度、水分和土壤等条件基本符合橡胶树生长所需要的环境气候条件，应注意选择避寒小环境和合理配置品系的情况下发展橡胶种植业。

20 世纪 60 年代，根据气象条件、地理环境等影响因素，我国划分的橡胶树环境类型中区中将海南岛划分为海岸地区、内陆区、东部地区和西部地区。70 年代海南岛被划分为 8 个环境类型中区。20 世纪八九十年代，橡胶树种植区划的区划成果以全国橡胶树种植区生态区划海南岛橡胶树种植区划等为主，根据当时的科技水平及农业气象条件，以县为单位进行评价，区划指标以橡胶树越冬条件为主，台风灾害为辅。何康等根据橡胶树对气候的适应情况，将我国植胶区划分为 4 个气候区，即海南南部为最适宜气候区；海南北部、云南东南部、云南南部、云南西南部为适宜气候区；湛江、海南中部山地、云南南部（760~1 000m）、云南西南瑞丽、潞江区为次适宜气候区；局部可植气候区。现就 3 个植胶区情况介绍如下。

2.2.2.1　云南植胶区

云南植胶区位于北纬 21°~25°，包括滇东南的文山、红河州，滇南的西双版纳州和普洱市，滇西南的临沧市、保山市和德宏自治州，共 7 个市（州）。地域广阔，环境复杂，是我国纬度偏北，海拔较高的植胶区。温度是发展橡胶的最主要限制因素，云南植胶区土层深厚肥沃、气候温暖湿润、日温差较大，有利于橡胶树光合产物积累和产胶，单位面积橡胶产量居世界前列。目前，云南已成为我国种植面积最大、产胶最多、单产最高的优质天然橡胶生产基地。

（1）地貌特征

本植胶区处于横断山脉和云南高原南缘，受地壳构造和地壳运动影响，山原隆起，河流深切，形成由山地、河谷、残余高塬面和盆地等地貌类型镶嵌交错组成的中山山原地貌。总的地势是西北高，东南低。区内平均海拔 1 000~1 800m，西北部的高黎贡山、无量山、哀牢山等主峰海拔均在 3 000m 以上，而镶嵌在其中的怒江、澜沧江、元江等河谷，海拔多在 800m 以下，下游地段仅 300~500m，最低处河口海拔仅 76.4m，西北、东南相对高差达 3 000m。

在地貌区划上，以哀牢山为界，东部属滇东南岩溶（喀斯特）山原地区，是云贵高原向广西丘陵过渡地带，屏障差，为偏东路径寒潮入侵必经之路，橡胶树常遇寒害。西部属横断山峡谷和山原地区，区内北部由于有层层山脉屏障，寒潮较难入侵。海拔 800m 以下的宽谷、盆地，当地称为"坝子"，如景洪坝、橄榄坝、勐龙坝、勐腊坝、勐拉坝、孟定坝、瑞丽坝、芒市坝等，坝缘的丘陵、阶地、低山是主要的植胶基地。区内地区复杂，尤以小地形对气候再分配作用显著，如阴坡、阳坡、坡上、坡下、凸坡、凹坡、陡坡、缓坡等，致使橡胶在生长、产胶、寒害及病害等方面都有差异。所以根据不同的中小地形进行小区区划，是云南省植胶成败的关键。

（2）气候概况

云南植胶区因受西南季风、东南季风和热带大陆气团的季节性更替影响控制，具有热带季风气候的特征，属于热带、南亚热带季风气候。但由于地形复杂，无论光、热、水、风、越冬条件等均受地形严格控制，气候条件也十分复杂。年平均气温 20~22℃，终年气温 ≥20℃ 的月数 7~8 个月，四季不明，冬季常有寒潮（或冷空气）降温；湿度大（≥80%）、降水量（年降水量 1 200~1 800mm）年中各月分配不均匀，有明显干、湿季之分。一年内气温变化缓和，冷热变化不如干湿变化明显。

干季（11 月至翌年 4 月）属盛行的西风环流系统所控制，其特点是温度高，湿度小，日较差大，绝对最高气温出现在干季末期，日照时数较长，寒潮影响很不明显。此期，降水量只占全年降水量 10%~15%，相对湿度约 60%~80%，各月平均降水量在 50mm 以下，尤以 12 月至翌年 2 月更少，最长连续干旱天数可达 30d 以上，大气湿度和土壤含水量显著减少。

湿季（5~10 月）也称雨季，受东南和西南季风（两者大致以哀牢山为界）的影响，气候湿热，日较差显著减小。大于 30℃ 天数少，西部夏季的日照时数比冬季短。此期，多云、多雨、多阴天，降水量占全年 85%~90%，降水也较均匀。

植区内哀牢山呈东南向西北走向，成为滇南热带、南亚热带地区的重要气候界线。夏季哀牢山以东地区以太平洋东南季风为主，以西地区以印度洋西南季风为主。冬季，哀牢山以东地区受寒潮影响，形成平流辐射混合型降温环境，以西地区受寒潮影响较轻，形成以辐射型为主的降温环境。哀牢山以东和以西的植胶区，分别隶属于两个不同气候类型，两者的差见表 2-1 所列。

表 2-1　两种气候类型的差异

项　目	东部	西部
	红河州河口、文山州	红河州绿春、元阳；西双版纳州、普洱市、临沧地区、德宏州、保山地区
平均气温	夏高冬低，秋高于春	夏高冬低，春高于秋
气温较差	年较差大，日较差小	年较差小，日较差大
最热月	6 或 7 月	5 或 6 月
低温性质	平流型降温为主	辐射型降温为主
日照时数	≤2 000h	≥2 000h
日照季节分配	夏多于冬，秋多于春	冬多于夏，春多于秋
年降水量	1 400~1 900mm	1 200~1 600mm
水热系数	一般>2.0	一般<2.0
夏湿冬干的程度	弱	强
干季占年降水量	15%~30%	5%~15%
雨季的来去	平缓	急骤
降水强度	大	小
相对湿度	>80%	一般>80%，德宏≤80%
平均风速（m/s）	0.8~1.0	一类型偏小，二、三类型偏大
大风日数	6~11d	孟定、瑞丽大风频率高

　　由于植区内地形复杂，对太阳辐射和水湿条件起着再分配作用，于是造成了极其多样的小气候，有"十里不同天"的说法。生物气候随纬度和海拔而变化，但海拔的影响大于纬度的影响。"山高一丈，大不一样"，海拔每上升 100m，南部地区气温递降 0.4~0.5℃，北部地区则为 0.6~0.7℃；夏半年由于对流旺盛，气温递降达 0.7~0.9℃，冬半年则相对稳定，只有 0.5℃左右。久旱的冬季常有逆温层存在，冬季一般虽具有低温、干旱，但有植物长光照越冬锻炼的良好条件，且有浓雾形成湿润，从而寒害的临界气温比华南稍高。辐射降温是地面最低温度常常低于气温最低温度这种现象，哀牢山以西比以东地区显著，而且越往西越显著。

　　降水量大体上是南多北少，山区多坝区少，高处多低处少，迎风面多背风面少。

　　平均风速微弱，静风频率大，属静风或基本静风环境。平均风速随高度而增加。8 级以上阵风出现频率除孟定、瑞丽、潞江、勐拉等地外，一般都较小，持续时间也短，但经过地形的动力作用，加重其破坏力，造成局部小环境的风害。

　　①光　云南植胶区光能充足，文山、红河较低，全区比同纬度的广西、福建和广东的西部多，与海南岛相近。年平均日照时数大部分地区在 1 800~2 300h，文山最少，仅1 200~1 600h，河口、普文在 1 600~1 700h，西双版纳在 1 900~2 200h，与国内外植胶区相近。

　　光照的另一特点是冬季光照充足，光照时间较长，日照时数 12 月至翌年 2 月比华南多 100~300h。越向西部越充足，因而可弥补冬季温度不足，利于橡胶越冬。文山州和河口地区冬季多阴雨，对胶树越冬不利。

　　②温度　云南植胶区年平均气温 19.4~22.6℃，≥10℃年积温为 7 100~8 200℃，≥15℃年积温为 5 700~7 800℃，最冷月平均气温除盈江外均在 12℃以上。与华南和国外植胶区比较显著偏低。河口、景洪年均气温比华南低 0.4~1.6℃，比国外植胶区低 4~6℃；≥10℃年积温比华南少 200~600℃，比国外少 800~2 000℃；≥15℃年积温比华南

低 1 000℃，比国外低 2 000℃。

滇南和滇西南植胶区虽然有效积温少，但积温的有效性较高，这是因为日最高气温很少超过橡胶树生长发育的上限温度；雨季无间歇性干旱；海拔较高，空气清朗，太阳辐射强，植物体温高等原因，提高了积温的有效性，使热量仍能满足橡胶树正常生长发育的要求。

冬季，辐射冷空气沿山坡下沉，在坝子形成"冷湖效应"，暖空气上抬，山坡上出现地形逆温。东部在近地面 300~500m，西部在 800~1 000m 内，随着高度的增高而渐暖。逆温现象遇雨即解除。这种逆温有利于橡胶树越冬，提高了橡胶树种植高度。对于橡胶树避寒小环境的选择有指导意义。

③水湿条件　本区水湿条件虽然不十分充裕，但仍能满足橡胶树生长的需要。全省植胶区年降水量多在 1 200~1 800mm，河口、勐拉、勐腊、孟定等地降水量最多，达 1 500~1 800mm；潞江坝最少，仅 750mm。年平均相对湿度为 75%~80%。橄榄坝最高达 87%，潞江坝仅 70%。

降水量和湿度虽比华南和国外低，但雨热同季，同时，降水量强度小，雨日多，因而水分有效性高。另外，本区雾露多，雾日在 60~180d，露日达 300d，可缓和旱象。

④风　区内风速小，静风频率高。年平均风速在 1m/s 以下，静风频率在 50%~80% 以下，属静风环境。但在雨季初，常有 ≥8 级阵性大风，虽波及范围小，时间短，但对橡胶树有一定危害。

⑤低温寒害是本区植胶的主要矛盾　冷空气入侵本区有偏东、西北和偏中等三条路径。偏东(及回归)路径一般降温不剧烈，约降至 2~4℃。主要侵袭文山、红河。西北路径沿怒江、澜沧江南下，直灌保山、德宏和临沧等垦区，常造成大片霜冻，霜日较多，橡胶树寒害较重。偏中路径经四川或贵州入侵，冷空气频率高，强度大，影响范围广。一般年份，由于北部群山阻隔，在翻山南移过程中变性减弱。但 1973—1974 年和 1975—1976 年冬，冷空气厚度 ≥5 000~6 000m，翻越哀牢山和无量山，给西双版纳、普洱、河口和临沧等大片地区造成较严重寒害，1973 年 12 月 26 日至 1974 年 1 月 7 日，西双版纳局部地区凝霜，静水结冰，极端低温河口 1.9℃，景洪 2.7℃，勐腊 0.5℃，孟定 2.4℃，全区胶树受害率达 66%~79.5%，苗圃苗木达 77.9%；西双版纳开割树 4~6 级寒害超过 20%，未开割树也达 23.1%。

滇南和滇西植胶区冬季多辐射雾，西双版纳雾日 100d 以上。午夜起雾，凌晨为浓雾笼罩，上午 11:00 左右雾消。这种雾可缓和并减轻旱情，又可阻止地面长波辐射冷却，犹如温室效应，在一定程度上减轻寒害。但在重寒害年份，夜间气温已降至有害低温以下，此时再浓雾覆盖，日出后遮蔽阳光，气温不能回升，反而延长了有害低温的持续时间，会加重阴湿辐射型的寒害。

（3）土壤特点

云南植胶区土壤主要是砖红壤和赤红壤两大类。区内土壤受山地条件影响，但因原有植被条件好，使土壤具有深厚、疏松、肥力高等特点。土壤有机质一般都在 3%~4%，高者达 5%~6%，全氮含量 0.1%~0.2%，高者达 0.35%，钾含量也很丰富，K_2O 含量一般在 2%~4%，土壤理化性能良好，土层一般在 1m 以上，质地均匀，通气性好，保水、保肥性佳。土壤 pH 多在 4.5~6.0。磷素较缺，特别是速效磷严重不足。另外，多处山地坡度大，若开发利用不当，极易造成水土流失。

砖红壤主要分布在海拔 600~800m 的地区，其特点是：土层深厚，风化强烈，硅铝率在 1.5~1.7。由于长期受热带雨林影响，有明显的雨林成土过程，其表现是：生物循环强烈，能量转化迅速，水分条件较好。砖红壤的自然肥力较高，物理性质良好，有比较稳定的保水、保肥能力，只要进行合理垦植，这类土壤的自然肥力可以满足橡胶幼树初期生长的营养需要。

赤红壤主要分布在海拔 1 000~1 500m 以下地区，属热带向南亚热带过渡的土壤类型，就植被组成及风化程度来看，与砖红壤相类似，但由于地形海拔较高，其碳氮比率则较之为宽，有机质累积不明显，有效养分较低。本类土壤在德宏分布于海拔 800~1 000m，地带土壤的发育程度及自然肥力比较差，垦植时宜定向提高肥力。

（4）植被特点

区内地带性植被主要有热带雨林、季雨林和准热带雨林、季节性混交林，具有明显的热带雨林北缘特征。热带雨林和季雨林，多分布在阶地低丘部分，或山地的坡脚及沟谷；准热带雨林多分布在沿坡的一个狭窄地带；而至山坡上部或山脊则为亚热带常绿栎林。在低海拔宽广河谷的两侧河岸，从目前残留的少数落叶大树推断，属河谷季雨林型，反映出比丘陵地稍为干热的环境条件。

热带雨林、季雨林：主要分布在河口、勐拉、勐腊、景洪、孟定及元江、澜沧江下游地段海拔 100~800m，典型热带树种的种数和数量较少，粗大的木质藤本较少，木质的附生植物也较少。椰子、槟榔、油棕、可可、胡椒等热带作物不用特殊防寒措施可以正常越冬。

此类森林经砍伐之后，而成为混有竹类的次生林，或以竹类为主的竹林。在缓坡上经过强度的砍伐和焚烧，形成次生稀树草地，如进一步砍伐和烧垦，则木本植物日益稀少，草本植物的种类也减少，常形成以茅草为优势的草坡，混生着多种禾本科高草，土壤板结、干旱、肥力差。经过耕作后常形成成片的飞机草或马鹿草群落，放荒多年则逐渐与喜光小乔木混生。而在烧垦较久的荒地上，特别是阳坡冲刷严重之处，则见有铁芒萁群落成块状分布，土壤板结，肥力差。

准热带雨林、季节性混交林：主要分布在西双版纳海拔 700~900m 地区（随地形变化可延伸到 1 000m）和德宏西南部平均海拔 800~1 000m 地区。目前这类植被残存较少，均属于半次生或次生类型，分布有攀枝花、刺桐、楹树等散生树种，栽培的椰子、槟榔等典型热带树种已很少，而以香蕉、菠萝、木瓜、酸角等热带果树为主。由于水热条件的差异，本地带植被尚有湿性和干性两种类型。经过砍伐烧垦，植被演变过程也有如热带雨林类似的过程。这种类型的地带性植被，反映出热带向南亚热带过度类型，也宜于植胶。但是由于滇南山地逆温现象显著，区内出现垂直带倒置现象，应慎重从事。如勐海到南糯山1 200~1 400m 为南亚热带湿性常绿林，而 1 400~1 800m 之间则有准热带山地雨林出现。由于地带性植被有交错分布，海拔较高地区，应先行试种，取得科学依据后再植胶，以免造成损失。

（5）云南植胶环境类型区划

云南植胶区复杂的环境条件决定了在云南植胶必须进行环境类型区的划分，并配置相应的品种。环境—品种—措施三对口是云南植胶成功的经验。橡胶树宜林地环境类型区的划分主要以地形特征及其对气象要素再分配作用为依据，划分为大、中和小区。进行划分时以大区为前提，中区划分为基础，小区划分为重点，在大区环境类型的基础上再划中区和小区，根据小区环境对口配置品种。

①大区的划分　云南植胶区以哀牢山脉为界划分为东、西两个不同降温环境的大区。东部包括文山、河口等植胶区，由于易受寒潮影响，形成以平流为主的混合型降温环境，少有强辐射降温年。一般呈现随海拔升高橡胶树寒害加重的规律。区划时既要突出考虑平流影响，又要顾及辐射低温为害的特点。西部包括西双版纳、临沧、普洱、德宏、保山以及红河州的金平、元阳、绿春等植胶区，由于高大山体屏障作用较好，形成以辐射为主的降温环境，偶有寒潮影响，冷空气过境后辐射加强。一般呈现随海拔升高橡胶树寒害减轻的规律。区划时应着重考虑辐射低温为害的特点。

②中区的划分　中区是指一个区域单位由于内部地形结构与外围地形屏障的组合不同，对寒潮冷平流和辐射径流进行再分配而形成的影响橡胶树受害程度差别的寒害类型区。

中区以地形环境特征，结合低温、霜情及橡胶树寒害程度为主要指标，以指示植物受害表征为旁证来进行区划。在方法上应周密选择宜胶区踏查路线和观察制高点，全面调查历年橡胶树和指示植物寒害情况，实地抽查受害残迹，分析区内地形特征及其避寒条件优劣，并结合有关气象资料综合评定中区类型。

中区范围大小可视域地形环境相似程度而定，一般分为轻寒区、中寒区、重寒区 3 种类型。根据降温性质，中区划分指标见表 2-2、表 2-3 所列。

表 2-2　辐射型低温寒害类型中区划分指标

项目			中区类型		
			轻寒区	中寒区	重寒区
极端低温（℃）		一般年份	≥4.0	2.6~3.9	0.0~2.5
		严寒年份	>1.0 基本无霜	-0.5~1.0 有轻霜	-1.5~-0.5 有重霜，低凹处或户外容器内静水结冰
主要指标	严寒年份橡胶树寒害	阳坡 1~3 年生树受害症状 'RRIM600'	嫩枯至梢枯	梢枯至茎干半枯	茎干半枯至全枯
		'GT1'	基本无害或少数嫩叶枯	嫩叶枯至梢枯	梢枯至部分茎干半枯
	成龄树大面积低抗品种平均烂脚		<2 级	2~3 级	3~4.5 级
	地形特征		中环境为冷空气难进易出型、冷径流汇集面积小于承受面积、排路良好的冷径流流出地段，疏散型丘陵区，低山大阳坡，向南或西南开口的马蹄形地区	中环境为冷空气易进易出、难进难出型、冷径流汇集面积近似承受面积、排路中等的地段，疏密交错型丘陵区，向东南、东和西开口的马蹄形地区	中环境为冷空气易进难出型、冷径流汇集面积大于承受面积、排路较差的地段，山间小盆地，密集型丘陵，低山大阴坡，向北、西北和东北开口的马蹄形地区
参考指标	严寒年份指示植物受害情况		香蕉、芭蕉、木瓜、红薯等叶缘枯，基本能安全越冬	香蕉、芭蕉、木瓜等叶片半枯至全枯，红薯叶枯而藤不枯	木瓜叶枯至茎部分枯，红薯部分全枯，铁刀木叶枯或枝枯

表 2-3　平流型低温寒害类型中区划分指标（河口为例）

中区类型	海拔（m）	最冷月平均气温（℃）	严寒年份成龄橡胶树 大面积平均寒害级别
轻寒区	<150	≥15	<1.5
中寒区	150~250	≥12	1.5~2.5
重寒区	>250	<12	>2.5

③小区的划分　小区是指一个小环境，个别山丘或局部地段，因不同地形部位对气象要素再分配而形成的影响橡胶树受害程度有差别的小范围寒害类型区。它是品种对口配置的单位。

小区划分主要依据小地形因素，以坡向、坡位为主，结合坡度、坡形及橡胶树受害程度综合评定小区类型。小区可划为轻害（Ⅰ）、中害（Ⅱ）、重害（Ⅲ）3 种类型。划分指标见表 2-4。

表 2-4　寒害类型小区划分指标

小区类型	地形条件		低抗品种 寒害级别
	辐射为主降温区	平流为主降温区	
轻　害 （Ⅰ）	开阔的低山、丘陵阳坡，较紧密丘陵阳坡中、上坡位，丘陵状阶地	低山、丘陵背风坡，前方有低山、高丘屏障的低丘、阶地及其他腹地	<2
中　害 （Ⅱ）	低山、丘陵半阳坡、半阴坡、≤10°阴坡，较紧密丘陵阳坡坡下及较缓阴坡上部位，高阶地	低山、丘陵顺风坡，与风向平行的丘陵、河谷两侧坡面及开阔阶地	2~3
重　害 （Ⅲ）	低山、丘陵 10°~20°阴坡，紧密丘陵半阳坡、半阴坡坡下部位，低阶地及低平地	低山、丘陵迎风坡，易受寒暴露的低山、丘陵顶部、鞍部及坡上部位	>3

注：①坡向：阳坡—南、西南坡，半阳坡—西、东南坡，阴坡—北、东北坡，半阴坡—西北、东坡。

②坡位：分坡上、坡中（坡腰）、坡下（坡脚）。

③坡度：缓坡（<15°）、较陡坡（15°~25°）、陡坡（>25°）。

④坡形：分凸坡、凹坡、平直坡、复式坡。

2.2.2.2　海南植胶区

海南省位于热带北缘，地处北纬 18°09′~20°10′，东经 105°37′~111°3′。北隔琼州海峡与广东省雷州半岛相望，西濒北部湾与中南半岛相对，东面和南面为南中国海。全省土地总面积约 $3.4×10^4 km^2$，占国土总面积的 0.4%，略小于台湾岛，是我国第二大岛。海南岛具有典型的热带季风气候特征，高温多雨，湿热同季，气候条件优越，生物资源丰富，生物生产力很高，作物全年生长，适宜发展橡胶树等热带作物的土地数量多，开发潜力大，是我国最好的天然橡胶生产基地。

（1）地貌特征

海南省整个地势中部高四周低，由内到外，由高到低，形成中山低山、丘陵盆地、台地平原 3 个明显的地貌环层，具有山丘密集相连，台地阶地特多，平原少而分散的特点。中部有两列东北—西南走向的山脉，南边一列为五指山—马咀岭，北边一列为黎母岭—尖峰岭。这两列山脉有超过千米的山岭 17 座，虽然不连续，但对气候影响很大，对阻挡寒潮南侵和东南季风抬升而降水有决定作用，并为产生丰富的生物资源和水资源提供了许多有利条件。围绕山地的是海拔 100~150m 的丘陵地带，其间散布着许多盆地和谷地，依山靠林，是发展橡胶树等热带作物的主要基地。沿海一带是海拔 100m 以下的台地平原，坡面平缓开阔，机械作业方便，是粮食和其他热带经济作物的生产基地，也有一部分种植橡胶树。

（2）气候概况

海南省热带气候资源十分丰富。光能充足，大多数地区年日照时数在 2 000h 以上。西南部最多，2 400~2 750h，中部山区较少，为 1 750h。日照百分率可达 50%~60%。全年太阳辐射总量大多数地区为 460.46×10^4~590.23×10^4kJ/m^2，从光照条件看，中部山区差一些，四周低地好些，西南部最好。

热量丰富，年平均气温除中部山区在 22~23℃以外，其他地区都在 23℃以上，南部在 25℃以上。月平均气温≥20℃适宜橡胶树生长的月份，南部达 12 个月，全年都可生长，其他地区 9~11 个月。日平均气温≥10℃的年积温大多在 8 300℃以上，南部三亚、陵水、保亭、乐东 4 市（县）年积温达 9 000~9 200℃，琼中热量最少，积温为 8 100℃，如以候平均气温（五天为一候）≥22℃为夏，海南夏长 7~8 个月，以候均温≤10℃为冬，则海南没有冬季，夏长无冬。从热量条件看，南部优于北部，北部优于中部山区。

雨富充沛，大部分地区年降水量为 1 500~2 000mm，均适宜植胶。东南部降水量最多，达 2 000~2 500mm。中部山区因地形抬升，降水量有随海拔高度增加而增加的趋势，琼中县年平均降水量 2 400mm，最多年份达 5 525.5mm。海南西部沿海为地形造成的雨影区，年降水量为 800~1 000mm，东方市最少年份的降水量为 275mm。总的来看，海南岛东湿西干，中部山区多雨。降水量的季节分配不均匀，有明显的干湿季，5~10 月为雨季，11 月至翌年 4 月为干季，雨季降水量占年降水量的 85%以上，常有春旱秋涝之患。因台风雨和雷雨多，所以降水强度大，暴雨多，琼海最大暴雨强度达 500mm/d。据此特点，必须做好水土保持工作。

（3）频频发生的灾害性天气

海南地处热带地区，属热带季风海洋性气候，是我国台风影响频繁的地区，由于受台风的影响，橡胶树经常遭受严重的风害。研究表明，台风对橡胶树的影响主要集中在产生树皮撕裂、折干、枝条折断、大量落叶、连根拔起，同时台风能在短时间内改变橡胶林的结构，使之产生长期和不可逆的改变。1957—2006 年，影响海南岛的台风 149 例，在海南登陆的台风共 48 次；5~11 月为台风登陆季节，尤以 8~9 月登陆次数最多。台风登陆海南时，大部分路径为东南偏东、西北偏西走向，以文昌的景心角至三亚市的景母角东部沿海地区首当其冲，灾害比较严重，尤以琼海以北的海南东北部沿海地区，台风登陆次数最多，风害也最重。台风登陆后，因摩擦消耗能量，强度很快减弱，所以西部和中部山区风害较轻。常风是一个不可忽视的不利因素。中部山区常风较小，年平均风速 1~2m/s，由于热带岛屿海陆风发达，沿海地区年平均风速在 3m/s 以上，西部和西南部沿海常风最大，年平均风速 3.8~4.7m/s。从防御台风和常风为害来看，都应重视营造防护林。

冬季寒潮也是海南主要灾害性天气之一。由于是热带季风气候，紧靠欧亚大陆，冬季偶有强大的寒潮南侵，气温急剧下降，出现 5℃以下的低温，导致中部和北部一些地方的橡胶等热带作物遭受不同程度的寒害。尤其是在向北开口的喇叭形山前盆地，如屯昌盆地和白沙盆地，极端最低气温出现 0℃以下。海南南部地区基本没有寒害。总的说来，海南植胶区越冬条件还是好的，只是中部山区和北部的局部地区和少数年份出现轻度寒害，如能注意品系配置和其他防寒措施，冬季寒潮低温不足为重患。

在冬季风影响下，海南除屯昌南部和琼中北部等山丘地区冬春多雨外，绝大部分地区冬春比较干旱，但此时橡胶树在越冬落叶期，又是干冷同季，基本上没有干旱危害。但西南部地区有些年份的春夏之交，出现季节性连旱，加上 15～20d 日平均气温≥30℃，风速 5～10m/s，相对湿度小于 70% 的干热风天气，致橡胶树等热带植物一定程度的旱害，如南缤、山荣、广坝等农场出现中小苗旱死、因旱停割、开割树主干干枯或整株早死等现象。

（4）土壤植被

海南省由于中高周低的地形地貌，对光、热、水等条件进行再分配，不但形成了全岛东湿西干，南暖北凉，中部山区垂直分带的地区性气候差异，而且也孕育着土壤和植被的地区性差异。土壤有红色砖红壤、黄色砖红壤、褐色砖红壤、燥红土、山地砖红壤、山地赤红壤，植胶区主要分布在砖红壤上。植被以热带季雨林为主，高温高湿的东南部山丘为热带雨林。但面积不大，仅分布于南林、兴隆一带 500m 以下迎风坡的河谷丘陵，是同赤道热带雨林相近的一种湿润雨林类型。由于人类经济活动的影响，原始森林植被越来越少，大部分丘陵盆地已被次生林、灌丛和山地草坡所代替。西部地区的落叶季雨林发育比较典型，反映其干热的生境特点。北部平原台地稀树草原，现以人工植被为主。海南省宜胶地 $68×10^4 hm^2$，占全岛总面积的 20%，主要分布在内陆丘陵盆地和部分台地。

（5）植胶类型区划分

表 2-5　海南植胶区橡胶树生态适宜区划分指标

项　目	最适宜区	适宜区	次适宜区
年平均气温（℃）	>23	>23	>22
平均气温≥18℃的月份	11～12	10～12	9～12
极端最低气温≤0℃出现几率	0	<5%	<10%
阴雨≥20d 期内平均≤10℃出现几率	0	0	0
年降水量（mm）	>1 500	>1 500	>1 200
年平均风速（m/s）	<2	<3	<4
≥10 级风出现几率	<20%	<25%	<35%
可能到达产量（kg/亩）	>100	>80	>60

注：1 亩≈0.066 7hm²。

表 2-5 各适宜区内，有下列情况之一者，即为橡胶树不适宜区：年降水量小于 1 200mm；海拔高于 350m，因为这里平均气温小<22℃；孤丘、低洼积水地或坡度>25° 的连片地段；砂土、薄层土、积水性沙质土或火山粗骨石质土等。

根据以上指标，海南岛分为 5 个橡胶树生态类型区。

①最适宜植胶区　本区位于岛的南部，纬度为北纬 18°13′～18°59′，包括万宁西部、陵水、保亭南部、三亚东北部、乐东东部。总面积约 $44.67×10^4 hm^2$，占全岛的 13.2%，地貌类型是盆地谷地，宜植地海拔一般在 40～300m，垦前植被有次生杂木林、稀树灌草等，土壤以黄色砖红壤为主，有机质含量 1%～3%，肥力中等。

本区主要的特征是"高的热量，低频台风，中轻风害，没有霜冻"。万宁西部、乐东东部大都在 23～24℃，陵水、保亭南部和三亚东北部大都在 24～25℃。全年各月平均气温多数在 18℃ 以上，日平均气温≥10℃ 的年积温为 8 600～9 000℃，极端最低气温没有出现≤℃ 的记录，越冬条件优越。万宁西部是全岛多雨中心的一部分，年降水量超过

2 000mm，全年月降水量>100mm 的有 8 个月，其他地方一般在 1 600~2 000mm，雨季月份只有 6~7 个月，干湿状况次于万宁西部。10 级风出现的最大几率为五年一遇，主要袭击陵水至藤桥一带及其纵深的地方。台风频率较低，属中至轻风害区。

本区光热条件优越，万宁西部更是温湿条件适宜，发展橡胶树要着重配置高产品系；要营造防护林带，增加空间湿度，削弱台风灾害；要搞好死活覆盖，减少地表蒸发，防止水土流失。

②适宜植胶区　本区位于岛的北部，纬度为 18°35′~20°01′，包括澄迈、临高、屯昌北部、儋州东南部、白沙西北部、昌江中部、东方东南部、乐东北部。总面积 83.6 万 hm²，占全岛面积 24.6%。地貌类型是低丘台地，宜植胶地海拔一般在 30~280m，垦前植被有草原、灌木草原和次生杂木林等，土壤以红色砖红壤、褐色砖红壤为主，有机质含量 1%~3%，肥力中等。有宜植胶毛面积约 22.14 万 hm²，占全岛宜植胶毛面积的 32.6%。

本区主要的特征是"夏热冬凉，较差稍大，风害中等，寒害轻微"。年平均气温大都在 23~24℃，全年月平均气温≥18℃的有 11 个月左右，最冷月平均气温在 16.5℃以上，日平均气温≥10℃的年积温为 8 400~8 800℃，极端最低气温≤0℃出现的最大几率为 5%，主要危害内陆局部地段，寒害轻微。年降水量一般在 200~1 500mm，全年月降水量>100mm 的一般有 6~7 个月，自东北向西南由内陆而沿海有渐减的趋势。本区虽无台风直接登陆，但从本岛万宁以北登陆的台风常由此过境出海，加上登陆雷州半岛南部的台风影响，≥10 级风出现的最大几率为四年一遇，属中风害区。

本区气候条件处于过渡类型，不是最热最冷，也不是最干最湿，发展橡胶树要针对中风微寒这个特点，重视小区环境划分，以配置相应的高产品系，南宝、中兴、屯昌以北的地势开阔平缓，要适当增加林带比重，坚持先造林，后种胶。为了充分发挥本区的土地优势，在有条件的地方，实行胶行中长期间作，以短养长。

③次适宜植胶区　本区本区位于岛的东部，纬度为北纬 18°39′~20°10′，包括海口、凉山、文昌、琼海、万宁东部、定安、屯昌东南部。总面积 85.4 万 hm²，占全岛面积的 25.2%。地貌类型是台地丘陵，宜植地海拔一般在 20~250m，垦前植被有草原、灌木草原和次生杂木林等，土壤以红色砖红壤、黄色砖红壤为主，有机质含量 1.5%~4%，肥力较高。有宜植胶毛面积 13.6 万 hm²，占全岛宜植胶毛面积的 20%。

本区主要的特征是"高温多雨，台风频繁，危害严重"。年平均气温 23~24℃，全年平均月气温≥10℃的有 11~12 个月，最冷月平均气温不小于 17℃，日平均气温≥10℃的年积温为 8 600~8 800℃。绝对最低气温只在个别地方有≤0℃的记录，最大几率小于 5%，全区基本无寒害。全年月降水量>100mm 的有 7~8 个月，琼海以南的年降水量超过 2 000mm，琼海以北的在 1 600~2 000mm，属湿润类型。由于地理位置差别，≥10 级风出现的最大几率为 3 年一遇，台风频率是全岛最高的，风害程度是全岛最重的。

发展橡胶树必须立足在抗风的基础上，发挥有利的湿热条件优势，坚持先造林，后种胶，贯彻执行抗风栽培措施，尽可能降低风害断倒率，尤其要减倒伏率，能保存一定有效的开割株数。在有条件的地方，实行胶茶（胡椒、咖啡、南药等）中长期间作，发展多种经营。

④次适宜植胶中区　本区位于岛的中部，纬度为北纬 18°33′~19°26′，包括屯昌西南部、儋州南端、琼中、白沙东南部、昌江南部、保亭北部。总面积 64.4 万 hm²，占全岛

面积的 19%。地貌类型是丘陵山地,宜植地海拔一般在 100~350m,垦前植被有草原、稀树草原和次生杂木林等,土壤以黄色砖红壤为主,有机质含量 1.5%~3%,肥力中等,计有宜植胶毛面积约 12.54 万 hm²,占全岛宜植胶毛面积的 18.4%。

本区主要的特征是"温凉湿润,气温较低,中风轻寒,秋冬交替"。年平均气温大都在 22~23℃,全年月平均气温≥18℃的有 9~10 个月,最冷月平均气温多数在 16~17℃,日平均气温≥10℃的积温为 8 200~8 400℃,热量条件为全岛最差。极端最低气温≤0℃出现的最大几率为 10%,主要危害五指山群以北的地方。就全国植胶区而言属轻寒害区,就全岛植胶区而言却是最重的。琼中以东是全岛多雨中心的一部分,年降水量超过 2 000mm,雨季只有 6~7 个月,干湿状况次于琼中以东。本区虽处全岛腹地,但琼中以北常是从琼海、万宁一带登陆的台风沿万泉河上溯穿经的走廊,两岸夹峙,河谷纵横,破坏力大,个别年份风害严重,≥10 级风出现的最大几率为四年一遇,属中至重风害区。

发展橡胶树必须立足在抗风、抗寒的基础上。利用地形变化对风寒灾害微妙的影响,进行小区环境甚至林段类型划分,以配置相应的品系,采取不同的抗性栽培措施,求得较稳定的产量。要重视林网化和水土保持工作,把消灭"恶草"作为一项重要的工作来抓。在有条件的地方,实行胶行中长期间作,发展二线作物;同时利用不宜种胶山顶、碎部植树造林,把林业作为一个项目来经营。

⑤次适宜植胶西区　本区位于岛的西部,纬度为 18°10′~19°55′,包括儋州西北部、昌江北部、东方西北部、乐东西南部、三亚西南部。总面积 61 万 hm²,占全岛面积的 18%;地貌类型是阶地平原,宜植胶地海拔一般在 40~120m,垦前植被有灌丛草原、稀树草原等,土壤以燥红土、褐色砖红壤和红色红壤为主,有机质含量 0.5%~2%,肥力较低。计有宜植胶毛面积约 6.74 万 hm²,占全岛宜植胶毛面积的 9.9%。

本区主要的特征是"热风干旱,炎夏暖冬,热量较高,降水偏少"。年平均气温 23.5~25.4℃,全年各月平均气温多数在 18℃以上,日平均气温≥10℃的年积温为 8 800~9 200℃,都是全岛最高的。极端最低气温没有出现≤0℃的记录,年降水量除沿海一带小于 1 200mm,为橡胶不适宜地外,其他地方在 1 200~1 600mm,全年月降水量>100mm 的只有 5~6 月。旱季长,又有干热风,春夏之交的干旱威胁极为突出。1949—1980 年间,从本区南部登陆的台风有 4 次(≥10 级的 3 次),占 8.9%,加上附近海面经过的台风影响,以及经由东方一带过境出海的台风风力有加大的趋势,≥10 级的风出现的最大几率为五年一遇,主要袭击东方至崖县一带及其纵深的地方。台风频率较低,属经至中风害区。

发展橡胶树必须立足在抗旱的基础上。在选择品系、种植密度、形式、林带比重和林段大小时,都应该围绕这个特定的情况进行考虑和安排。要加强胶园"四化"建设,林网化、覆盖化尤为重要,必须先造林,后种胶。热风干旱有待研究,割胶制度和方法也有待改进。

2.2.2.3　广东植胶区

(1)粤西植胶区

①地形地貌　粤西植胶区位于广东省的西南部,北纬 20°13′~22°43′,东经 109°35′~112°19′,包括湛江市辖的徐闻、海康、廉江、遂溪等县;茂名市辖的化州、高州、信宜、电白等县;阳江市辖的阳江、阳春等。现有植胶面积近 6.67 万 hm²,年产干胶约 3 000t,

属于生态次适宜植胶区。本区地热北高南低，地貌类型较为复杂，雷州半岛为缓坡台地，地势平缓而略有起伏，无明显峰谷，海拔50m左右，坡度较小，在5°～10°之间。再往北至信宜以南为中高丘陵地，海拔约400m，丘田相间地貌显著。北部为云开大山和云雾山等山脉，东北—西南走向，海拔在600～1 000m，成为粤西植胶区的良好屏障。

②气候概况　本区位于北回归线以南，属北热带、南亚热带季风气候。年平均气温21～23℃。电白、遂溪一线以南年平均气温在22.5～23℃，纬度偏北的阳江、阳春、高州、化州北部年平均气温22～22.5℃，其中，新时代农场年平均气温只有21.1℃。月平均气温≥20℃的月份，湛江以南为8个月以上，北部地区只有7个月。热量条件南部稍好，北部较差，橡胶树的生长季节较短。水分条件较好，南部年降水量1 400～1 600mm，中部1 700～1 900mm，北部因地形抬升，降水量大于2 000mm。降水量分布不均匀，80%以上集中的4～9月，尤其是南部雷州半岛干湿季比较明显，有间歇性干旱。沿海地区和雷州半岛常风较大，年平均风速3m/s以上。

台风是本区最主要的灾害性天气之一。每年平均登陆1.5次，最多的年份达4次之多。雷州半岛与海南岛东北部一样，台风登陆次数多，强度大，是重风害区。电白、阳江等沿海地区也遭遇台风的正面袭击，但登陆次数没有雷州半岛多，风害相应轻些。台风登陆后风力迅速减弱，所以北部风害较轻。

寒潮低温是本区发展橡胶生产的主要限制因子。冬季寒潮入侵，偶有严寒。阳江、阳春的一些农场普遍出现零下极端最低气温，红五月农场曾出现-2.4℃低温。化州、廉江北部的一些农场极端最低气温更低，和平农场达-3.5℃，雷州半岛的海康、龙门一带也出现零下低温。

植胶30多年来，遭受7次较严重的低温寒害和6次强台风袭击，损失严重，本区植胶并不是很顺利的。但经多年开展抗风、抗寒栽培技术的研究，严格选择植胶环境，对口配置品系和采取壮苗上山，加强管理，种植绿肥，改良土壤，营造林带，修枝整形等项技术措施，橡胶树能正常生长和产胶。

③土壤　南部土壤主要是玄武岩发育的红色砖红壤。海康以北到廉江、化州以南，分布着浅海沉积物发育的红色砖红壤。北部丘陵多为赤红壤。土壤肥力较差。

④植胶类型区划分　粤西植胶区限制橡胶树生存、高产、稳产的因子主要是低温寒害和台风灾害，因此，把这两种自然灾害的轻重作为划分类型区的重点，并适当考虑水、热状况。据华南热作研究气象组的区划，粤西植胶区划为5个区。

a. 轻寒害重风害区。本区包括徐闻县红星、友好、海鸥、南华、勇士、五一等农场，东面沿海附近为草原地。由于纬度较低，又受海洋气候调节，气温较高。年平均气温23℃以上，日平均气温≥10℃积温在8 500℃以上，≥20℃适宜橡胶树生长的月份从3月开始至11月结束，长达9个月。日平均气温≥18℃连续日数超过290d，最冷月平均气温15℃以上。极端最低气温多年平均值在5℃以上，极端最低气温极少降至0℃，但当强大寒潮南下时，也可直接影响本区，致使气温突然下降出现短期低温，偶有寒害。本区热量条件可以满足橡胶树生长发育的要求。

水湿条件较差，年降水量1 300mm左右，降水日数120d。年干燥度1.00，属半湿润。由于台风和季风的影响，干湿季明显，降水量集中在夏秋季。这两个季节降水量占年降水量的79%。本区常风大，蒸发量大大超过降水量。虽然水湿条件较差，但尚能满足橡胶生育期水分的需要。

光照充足，太阳年总辐射量 49.562×10^{8}J/m，年日照时数达 2 160h，与海南地区不相上下。

虽然热量丰富，越冬条件较好，多数年份橡胶树可以安全过冬，但重寒年份同样会出现大幅度降温，橡胶树受害。虽然本区寒害频率较少，越冬条件较好，但偶然出现 1~2 次特大寒潮时，橡胶树受害仍较严重，因此本区防寒工作也不能忽视。

由于三面临海，常风大，年平均风速大于 3.0m/s，台风多，是粤西植胶区台风登陆的主要地区。≥10 级风力出现几率为 18.8%，风害重，胶树保存率低，影响了橡胶树的生长和产胶。本区必须抓好抗风栽培，如大力营造防护林网，选用抗风高产品系，适当密植增强群体抗风能力，搞好修枝整形等，提高橡胶树保存率和干胶亩产水平。同时注意发展多种经营，配置二线作物。

b. 中寒害重风害区。本区包括海康县的金星、收获、幸福、南光、火炬农场，湛江市湖光、前进农场，以及吴川、电白沿海一带。年平均气温 23℃，日平均气温 ≥18℃连续日数 285d 左右，月平均气温 ≥20℃的月份自 4 月开始 11 月结束，期长 8 个月，最热月平均气温 28.2~28.9℃，最冷月平均气温 14.6~14.9℃，年降水量 1 500mm 左右，雨日 130d，湿度 70%~80%。降水量集中在 5~10 月，此期占全年总降水量的 82% 左右。相对湿度在 50% 以上，本区年太阳总辐射量 46.046×10^8~48.558×10^{8}J/m^2，日照时数 1 800~2 100h。

从农业气候资源来看，为橡胶树生长发育提供了较好的条件，光能充足，辐射量大，高湿多雨，水热配合较好，橡胶树生长良好。有些地势较低的小环境（如南光、幸福），辐射降温较剧烈，重寒年份甚至出现零下温度，寒害较重。但中等抗寒品系可以正常生长、产胶。本区风害严重是橡胶树生产发展的主要限制因子。这里常风、大台风侵袭次数多，年平均风速大于 3.0m/s，≥10 级风出现频率为 15.6%~32.0%，橡胶树风害相当严重。处在雷州半岛西部的幸福和火炬两农场，橡胶树的风害相对较轻。

在栽培技术上，应以抗风为主，兼顾抗寒，并注意发展多种经营，提高经济效益，增强胶园的抗灾能力。

c. 中寒害中风害区。本区包括遂溪北部、廉江南部、吴川北部、化州南部、电白北部、阳江县大部。有黎明、晨光、建设、曙光、织篢、红十月、鸡山等农场，地势已有起伏，丘陇互为屏障，在区内形成不少较好的避寒环境。如建设、曙光等农场。历年极端最低气温较高，寒害较轻。

本区与中寒害重风害区农业气候资源条件基本相似。唯台风影响较轻，属中风害区。≥10 级风出现几率在 13% 以下，再加上优良小环境的作用，胶树保存率较高。

在栽培技术上，要划分环境类型小区，合理配置品系；并重视土壤改良，提高地力。

d. 中寒害轻风害区。本区包括廉江、化州大部、电白北部、阳春南部和阳江北部。在本区的农场有红江、红阳、红峰、红湖、火星、团结、胜利、水丰以及东升、和平、新时代、化州所、红旗、红五月等。本区以丘陵地为主，地势南高北低。

农业气候资源状况与中寒害重风害区及中寒害中风害区相似，但稍有下降，年平均气温 22.3~22.8℃，日平均气温 ≥18℃连续日数 278d，月平均气温 ≥20℃月份期长 8 个月。最冷月平均气温 14.0~14.3℃，年降水量 1 700~2 300mm，年降水日数 150~160d，湿度

$60\% \sim 76\%$。年太阳总辐射量 $46.046 \times 10^8 \sim 46.883 \times 10^8 \mathrm{J/m}^2$，年日照时数 $1\,800 \sim 2\,000\mathrm{h}$。从农业气候资源看还是适于橡胶生长，但本区越冬条件比南部差。极端最低气温多年平均值为 $3.5 \sim 4.0\,℃$，年平均霜日 $1.5 \sim 2\mathrm{d}$。在大寒之年，'GT1'品系平均寒害级别在三级以下，所以必须采取防寒措施，选用抗寒高产品系。

e. 重寒害无风害区。本区包括信宜、阳春的大部，化州、廉江的北部。这些地区均划为橡胶树生产性种植北界以外。本区纬度偏高，地势高，冬季受低温影响频繁，气温低，寒害重，年平均气温 $22.0 \sim 22.5\,℃$，最冷月平均气温 $-1 \sim 3.0\,℃$，极端最低气温多年平均值小于 $3.0\,℃$，霜日年平均 $2 \sim 3\mathrm{d}$，在大寒年份极端最低气温常降到零度以下。本区因地形的抬升作用致使降水量大于其他各区，年降水量 $1\,700 \sim 2\,300\mathrm{mm}$，湿度 $55\% \sim 76\%$。

年平均风速 $2\mathrm{m/s}$，台风影响不大，因地形多起伏，风速显著减小，未出现 ≥ 10 级的风力。

本区越冬条件差，寒害重。除个别小环境外，多数寒害相当严重，橡胶保存率与单产低，'GT1'中抗品系都难以成片生产性种植。本区除好的小气候环境外，不宜发展橡胶生产，应因地制宜发展多种经营。

粤西地区应根据自然条件和今后经济建设的需要，从实际出发，因地制宜，调整生产布局，发挥资源优势，把雷州半岛台地发展成为糖蔗、剑麻、林业、菠萝、橡胶和畜牧的热作经济区，中部丘陵地发展成为以橡胶树为主的植胶经济区；北部高丘陵地发展成为以果、茶、林为主的果茶经济区。

(2) 粤东植胶区

①地形地貌 粤东植胶区位于北纬 $22°56' \sim 23°35''$，东经 $115°37'' \sim 116°10''$，包括普宁、惠来、揭阳、陆丰4县的大坪、大池、马鞍山、葵潭、东埔、拼岭、铜锣湖和大安8个国有农场。地貌为丘凌和滨海台地。地势自西北渐向东南倾斜，依山面海。北有东北—西南走向的莲花山脉、阴那山脉和凤凰山脉（主峰千米以上），中有东西走向的大南山脉（$500 \sim 1\,000\mathrm{m}$），这两道天然屏障有效地削弱寒潮强度和有利于海洋暖湿气流的抬升。

②气候概况 本区属南亚热带季风气候。因纬度偏高，热量水平较低，年平均气温为 $21 \sim 22\,℃$，$\geq 10\,℃$ 活动积温 $7\,600\,℃$ 左右，$\geq 18\,℃$ 的生长期为 $240 \sim 250\mathrm{d}$。水湿条件较好，年降水量为 $1\,800 \sim 2\,200\mathrm{mm}$，中部高丘陵，如铜锣湖农场桂坑作业区的年降水量达 $2\,600\mathrm{mm}$。春雨早，没有明显的春早。橡胶树生长季节雨水都很充沛。沿海地区常见较大风，年平均风速 $2.5 \sim 2.8\mathrm{m/s}$，离海较远的丘陵区常风较小，年平均风速 $1.8 \sim 2.1\mathrm{m/s}$。

风害和寒害是主要的自然灾害。粤东植胶区与闽南植胶区一样，面对西北太平洋，台风正面侵袭。位处内地的农场，风害较轻。本区虽有台风灾害，但与海南东北部和雷州半岛相比，台风登陆的频数少得多，所以还应属中等风害区。寒害是最主要的灾害。寒害的程度大致南轻北重，这与纬度较高和海洋调节作用有关。

③土壤及植被 土壤以赤红壤为主，滨海一带为热带滨海砂土和盐土。由于植被破坏，覆盖度较少，土壤肥力不高。因雨水较多，表土有不同程度侵蚀。地带性植被为热带季雨林，现状植被以次生植被类型为主，丘陵地的现状植被单纯，属热带灌木草丛。

④植胶类型区划分 根据早期华南热带作物研究院气象组的区划，突出主导限制因子寒害，兼顾风害，并考虑水、热状况，将粤东植胶区划分为3个类型区。

a. 中寒害中风害区。本区位于粤东，面临南海，包括陆丰县的铜锣湖和大安农场，惠来县的葵潭、东埔农场，普宁县的大坪农场，马鞍山农场南部。北有大南山、莲花山、凤凰山重重屏障，为较好的避寒环境。植胶地段多为起伏的丘陵地，少量在近海 20km 左右的平坦台地，为粤东植胶区的主体部分。

年平均气温 21.9~22.0℃，热量水平虽偏低，但能满足橡胶树正常生长产胶的需要。水分供应条件较好。光照条件也好，年日照时数 2 100h 左右，年太阳辐射总量 $51.160 \times 10^8 J/m^2$。越冬条件尚好，北有地形屏障，南有海洋调节，极端最低气温多年平均值 3.1~4.3℃，平均霜日 2d 以下，一般年份橡胶树能安全越冬。重寒年份约二三十年一遇。因面临海洋，台风危害较重，≥10 级台风出现几率为 9% 左右，不能轻视。应注意营造防护林网、采取必要的抗风抗寒措施，注意配置有一定抗寒力的品系，注意土壤改良。

b. 重寒害中风寒区和重寒害轻风害区。此两区包括大坪和马鞍山农场北部，大池、卅岭农场。位于大南山以北，莲花山以南，丘陵广布，或北面屏障较差，或冷空气排泄不畅，或因纬度较高，历年寒害很重，都属于重寒害区，'GT1' 等中抗品系也难以立足，因此，不宜继续发展橡胶生产。台风危害较轻，重寒害轻风害区更深入内陆，台风影响更小。

 **小　结**

本章从橡胶树的器官及其生长特性、橡胶树生长发育的规律、基本习性及其对环境的适应等方面，阐述了橡胶树栽培的生物学基础。从橡胶树栽培的角度分析了我国各植胶环境的特点，介绍了环境类型区区划的方法和要求，为学习橡胶树栽培技术奠定了基础。

 **思考题**

1. 简述橡胶树的基本习性。
2. 简述橡胶树生长发育变化过程中各生育期特点及管理措施。
3. 简述云南植胶区气候环境条件概况。
4. 如何进行植胶环境类型区划分？
5. 简述中国天然橡胶植胶区优劣势。

 **推荐阅读书目**

1. 橡胶栽培学 . 2000. 王秉忠等 . 中国农业出版社 .
2. 中国橡胶树主产区产胶能力分布特征研究 . 2010. 刘少军等 . 西北农林大学学报 .

第3章 橡胶树良种繁育

【本章提要】

橡胶树优良品种繁育是天然橡胶获得高产优质的基础，橡胶优良种苗的繁育推广应用，可有效提高我国橡胶树种植园单位面积水平，提升我国天然橡胶生产能力和产品市场竞争力。橡胶树种苗培育是橡胶树栽培的基础性工作，苗木的质量事关胶园是否能速生、高产、抗性、优质。

3.1 主要橡胶树品种介绍

我国100多年的橡胶栽培历史中，天然橡胶科技工作者不仅引进了国外选育的优良品种（又称品系）而且还自主选育了很多适合我国植胶特点的品种。现将主要品种介绍如下。

3.1.1 国外引进并广泛种植的橡胶树品种

国外引进并已广泛种植的品种是指在生产上栽培面积较大，抗性、产量性状表现较好，适合我国部分或全部植胶环境，栽培时间较长，目前生产上仍作为主要推广品种。

3.1.1.1 'PR107'（俗称107）

（1）选育及引种历史

'PR107'由印度尼西亚爪哇省国营农业企业公司于1922年在波德里特胶园普通实生树中选出，马来西亚在1946年开始进行中等规模推广种植，1955年进行大规模推广，至1977年因初产期低产而淘汰，我国于1955年引入，20世纪60年代在广东、海南等植胶区开始进行大规模推广种植。

（2）生长、产胶及抗性特点

①生长方面　生长比'RRIM600'（俗称600号）稍慢，该品种保苗率高，可割率高，但苗期生长较慢，幼树不适宜截顶（又称摘心，打顶）和修枝；叶片较薄，风大的地方不适宜种植，高产期来临较晚。

②产胶方面　'PRI07'属晚熟品种，原生皮较厚，乳管排列靠近形成层，深割才能获得高产，干胶含量高，耐刺激，刺激割胶可发挥高产潜力；开花抽叶期胶乳容易早凝。海南植胶区第1~5割年平均每年干胶产量为594kg/hm²，第1~10割年平均每年干胶产量为945kg/hm²。在云南植胶区，第1~24割年平均每年干胶产量为1 838kg/hm²。

③抗性方面　'PR107'品种茎干直立，树冠平衡，抗风能力较强，热带气旋(俗称台风)在 12 级以下时表现尤其突出。由于冬季落叶不整齐，翌年陆续落叶，容易感染白粉病，耐寒力达到中等水平。

(3)栽培技术要点

在海南、广东地区种植，株距 2.5~3m，行距 6~8m，每亩①种植密度 33~37 株。在云南地区种植，株距 2.5~3m，行距 8~10m，每亩种植密度 28~30 株。苗期加强水肥及土壤管理，促其速生，实现全苗、壮苗管理，不适宜截顶，任其自然生长；进入开割期，在增施有机肥和化肥的基础上，根据割龄，可适时采用化学刺激割胶技术，并进行产胶动态分析，保持排胶强度与产胶潜力平衡。根据树情、地力及灾害发生情况合理确定年度产量目标，控制好初产期开割投产树的割胶强度，确保整个生产周期持续高产稳产。春季抽生第一蓬叶时，密切注意白粉病的发生并提前做好预防工作。该品种为大规模推广品种，已经在海南、云南和广东植胶区广泛种植。

(4)辨认要点

'PR107'叶片薄、无光泽，长椭圆形，叶边缘具有整齐的小波浪。大叶柄叶枕长而逐渐变大，似喇叭状。嫩叶叶枕紫红色。

3.1.1.2　'GT1'

(1)选育及引种历史

1922 年由印度尼西亚从普通实生树中选出，印度尼西亚于 1959 年开始进行大规模推广种植，1955 年马来西亚开始中等规模推广，1967 年开始大规模推广种植。我国于 1960 年引进'GT1'，20 世纪 70 年代，开始进行大规模推广种植。云南及广东西部种植比例较大，海南种植不多。

(2)生长、产胶及抗性特点

①生长方面　长势一般，茎干直立，叶片浓绿，较厚，高产期来得较晚，树皮厚，再生皮良好，分枝多、落叶迟，盛产胶果。胶乳机械稳定性较高，适于制造浓缩胶乳。

②产量方面　海南植胶区第 1~5 割年平均每年干胶产量为 987kg/hm²，第 1~10 割年平均干胶产量为 1 226kg/hm²。在云南植胶区，第 1~25 割年平均干胶产量为 2 322kg/hm²。广东植胶区第 1~5 割年平均干胶产量为 798kg/hm²，第 1~10 割年平均干胶产量为 972kg/hm²。树皮较硬，耐割，耐化学刺激割胶，反应良好。割胶期对水湿条件敏感，雨季明显增产，干热天气减产。

③抗性方面　抗风能力差，耐寒能力中等，对辐射低温的耐寒力较好。有较强耐旱性，能耐常风。

(3)栽培技术要点

①种植密度与规格　云南植胶区推荐株距 2.5~3m，行距 8~9m，每亩种植密度 28~33 株。海南、广东植胶区推荐株距 2.5~3m，行距 6~7m，每亩种植密度 33~42 株。

②幼树抚育管理　苗期要加强管理，促其速生。

③开割树栽培管理　开割 5 年后，可采用化学刺激割胶技术进行割胶，该品种虽然耐刺激，但要通过产胶动态分析及时了解橡胶产排胶状态，灵活控制割胶强度和刺激强度，

---

①1 亩 ≈ 0.066 7hm²。

实现安全割胶。

(4)辨认要点

'GT1'叶蓬呈半球形。叶片深绿色，椭圆形或倒卵状椭圆形，并且叶面光泽度好(似蜡层)，三小叶柄先端平伸，然后下倾，两侧小叶叶基内斜，蜜腺多呈"品"字形。

3.1.1.3 'RRIM600'(俗称600号)

(1)选育及引种历史

'RRIM600'由马来西亚橡胶研究院试验站于1937年用印度尼西亚初生代无性系'Tjirl'作母本、马来西亚初生代无性系'PB86'作父本配置杂交后代群体中选出。马来西亚1961年推荐试验规模种植该品种，1963—1966年推荐中等规模推广种植，从1967年起至今一直大规模种植。我国1955年将其引入，20世纪60年代开始，在海南、云南和广东植胶地区，进行大规模推广种植，从80年代中期起，由于死皮发病率高，不抗寒，不耐化学刺激，在海南种植面积有所下降，云南地区不再种植。

(2)生长、产胶及抗性特点

①生长方面　苗期生长较快，茎干直立，分枝快，呈多主枝、多分枝圆头形树冠，树冠较宽；原生皮厚度中等，再生皮中上等，割胶期树围生长中等；皮软好割，适当浅割仍能高产，排胶快，干胶含量中等(32%~34%)，不耐深割和化学刺激。

②产量方面　海南植胶区第1~5割年平均每年干胶产量为945kg/hm²，第1~10割年平均每年干胶产量为1 200kg/hm²。在云南植胶区，第1~25割年平均每年干胶产量为1 590kg/hm²。

③抗性方面　抗风能力差，不耐8级以上大风，但被风吹断后恢复生长能力强、恢复快，经过多次修剪(每两年1次)，会抽生大小错开分级枝和细软枝条，抗风能力会加强；耐寒能力较差，由于物候期早而抽叶整齐，白粉病发病较轻。

(3)栽培技术要点

宽行密株式种植，海南、广东植胶区推荐株距2.5~3m，行距6~7m，每亩种植密度33~37株；云南植胶区推荐株行距2.5~3m，行距7.5~9m，每亩种植密度28~30株。苗期要加强管理，促其快长，并合理修枝整型。进行产胶动态分析，合理定产和安排割胶强度。绝不能深割，深割危害最大，因为深割，容易导致死皮，一旦发生死皮，难以恢复。

(4)辨认要点

叶片倒卵圆形，金黄色，两侧小叶主脉外侧叶面比内侧叶面窄；小叶片网脉突出，大叶柄软，蜜腺凸起；叶蓬形状呈圆锥灯罩形。

3.1.1.4 'IAN873'

(1)选育及引进历史

由巴西北方农业研究所以'PB86'为母本、'FA1717'为父本配置杂交组合，选育而出。1978年中国热带农业科学院橡胶研究所从斯里兰卡引进。

(2)生长、产胶及抗性特点

①生长方面　较速生，树形为明显的单干圆锥形，分枝部位高，林相整齐，再生皮恢复快。

②产胶方面　皮软好割，排胶快，无长流。开割前主干及主分枝爆皮流胶较多，开割后则少出现。干胶含量比'RRIM600'高。

③抗性方面　抗风力较差，抗寒力较强，强于'GT1'。叶片较厚，对白粉病、炭疽病感染轻。

（3）栽培技术要点

①种植密度与规格　海南、广东植胶区推荐株距 2.5~3m，行距 6~7m，每亩种植密度 33~37 株。云南植胶区推荐株距 2.5~3m，行距 9~10m，每亩种植密度 28~30 株。

②幼树抚育管理　苗期要加强水、肥和土壤管理，促其健壮、速生。

③割胶期栽培管理　开割 5 年后，可采用化学刺激割胶技术，但要通过产胶动态分析及时了解橡胶树产排胶状态，灵活控制割胶强度和刺激强度，实现安全割胶。该品种适宜在广东西部的轻风轻寒区、轻风中寒区（北坡及低洼地除外）广泛种植，以及海南西部地区和南部轻寒区、中寒区（北坡及低洼地除外）推广种植。

（4）辨认要点

叶片呈长椭圆形至长倒卵形，三小叶基上翘，两侧小叶基外斜，叶缘呈规则的中至大波浪，叶肉厚，叶片深绿、光泽明显，主脉粗壮、颜色淡黄，蜜腺凸起。大口材丙呈 S 形。

3.1.2　我国自主选育的品种

我国的橡胶树选育种工作始于 20 世纪 50 年代，国家对橡胶树选育种工作高度重视。国内的橡胶树选育种工作在"六五"至"九五"期间一直被列入国家科技攻关项目，至 1995 年已逐步形成了以国内自育品种为主，各推荐等级品种数量结构合理的种植体系。经过半个多世纪的发展，中国橡胶树选育种工作采用引种与自主选育并重的育种策略，已建立起集高产多抗为育种目标，并适合中国植胶区发展的橡胶树选育种技术体系。

截至 2015 年，经全国橡胶树品种汇评，有 79 个橡胶品种通过了审定（表 3-1），其中大规模推广的品种 11 个，中规模推广的品种 23 个，小规模推广的品种 45 个，其中，'热研 7-33-97'等新品种已在海南等地大面积推广种植品种；'93-114'成为广东寒害频发区的主要推广品种；'云研 77-4''云研 77-2'成为云南等高海拔地区大面积推广的品种，这些自主选育品种的推广应用，为加快我国橡胶树优良品种的更新换代打下了良好的基础。

表 3-1　国内自主选育橡胶树品种

推广等级	国内自主选育品种名称
大规模（11 个）	'热研 7-33-97''93-114''大丰 95''文昌 11''文昌 217''海垦 1''海垦 2''南华 1''云研 77-2''云研 77-4''云研 77-5'
中规模（23 个）	'热研 7-18-55''热研 7-20-59''热研 8-333''热研 8-79''热研 88-13''文昌 193''文昌 33-24''文昌 7-35-11''海垦 6''保亭 032-33-10''保亭 155''保亭 235''保亭 3410''保亭 911''大丰 117''大丰 99''南俸 37''大岭 64-36-101''红星 1''化 59-2''云研 1（有性系）''云研 72-729''云研 73-46'
小规模（45 个）	'热研 2-14-39''热研 4(7-2)''热研 5-11''热研 6-881''热研 7-18-55''热研 78-3-5''文昌 65-8-502''文昌 7-35-11''文昌 65-8-502''大丰 318''大丰 78-138''大丰 78-14''大丰 78-184''大丰 78-25''大丰 78-50''保亭 1-285''保亭 79-017''保亭 911''保亭 933''针选 1 号''大岭 17-155''大岭 64-21-65''南俸 37''南俸 70''徐研 141-2''徐研 140-2（有性系）''琼研 S-01''文研 172''湛试 326''湛试 312-4''湛试 366''GT1/PR107 与 93-114/GT1（三合树材料 2 个）''云研 72-32''云研 72-324''云研 73-477''云研 75-11''云研 76-235''云研 80-1983''勐养 90-01''广西 6-68''桂研 66-2''天任 31-45''五星 13''河口 3-11''红山 1126'

3.1.2.1 '热研7-33-97'

（1）选育、推广历史

'热研7-33-97'由中国热带农业科学院橡胶研究所于1963年以'RRIM600'为母本、'PR107'为父本配置杂交组合，选育而出。该品种于1993年被评为中规模推广，1995年被评为大规模推广品种。

（2）生长、产胶及抗性特点

①生长方面　生长较快，林相整齐。

②产胶方面　该品种早熟高产，海南植胶区第1~7割年平均每年干胶产量为1 502kg/hm²，开割率高，冬季略长流，无早凝。

③抗性方面　抗风能力较强，耐寒能力属中等到较强范围。

（3）栽培技术要点

①种植密度及形式　采用袋装苗或芽接桩种植，宽行密株，株距2.5~3m，行距6~7m，每亩种植密度33~37株。

②幼树抚育管理　苗期加强管理，适当增加肥料投入，促其速生快长。

③开割树栽培管理　进入开割投产期后，为充分发挥该品种早熟高产特性，注意加强胶园土壤肥力的培育，有条件的单位或个人，可采用叶片和土壤的营养诊断方法，科学合理施肥，缺什么肥，补施什么肥，及时有效满足橡胶树生长和产胶需要，并进行产胶动态分析，了解和掌握橡胶树产排胶的状态和健康状况，始终保持排胶强度与产胶潜力平衡。

（4）辨认要点

叶的形状呈倒卵形或倒卵状椭圆形，三小叶显著分离，叶片边缘具小至中波浪，两侧小叶主脉内侧叶面比外侧叶面窄，蜜腺凸起，大叶柄较软。茎弯，枝条软，下垂枝多。

3.1.2.2 '云研77-2'

（1）选育、推广历史

由云南省热带作物科学研究所以'GT1'为母本、'PR107'为父本杂交授粉选育出。在云南植胶区，老挝北部和缅甸东北部地区进行推广种植。该品种于1997年被评为中规模推广，2002年被评为大规模推广品种。在云南植胶区及老挝北部、缅甸东北部大面积推广种植。

（2）生长、产胶及抗性特点

①生长方面　树形似'PRI107'，木材量大。较速生，生长7年投产，树干粗壮直立，分枝习性好。

②产胶方面　耐割不长流，千胶含量高。1~13割年，产量达1 470kg/hm²，为对照'GT1'的127.3%。

③抗性方面　抗寒力较强，比品种'GT1'约高0.5级，一般年份寒害都轻。抗割面溃疡病中等，死皮率、白粉病和炭疽病抗性与'GT1'相当。

（3）栽培技术要点

'云研77-2'生长快，树冠高大，易遭受风害，不适宜在重风区种植。抗寒性较强，但不适宜在重寒区种植。

①种植密度与形式　推荐宽行密植，在云南地区，株距为2~8m，行距8~10m，种植密度以每亩植33株左右为宜。

②幼树抚育管理　开割前宜施农家肥和氮肥，促进橡胶树生长。

③开割树栽培管理　开割投产后，由于产量高，橡胶树养分消耗较大，宜通过营养诊断，增施磷、钾肥。由于'云研77-2'产量高，如实行化学刺激割胶，宜适当降低刺激强度。该品种适宜在云南南部和广东西部的轻、中寒植胶类型区推广种植。

（4）辨认要点

大叶枕短圆，大叶柄青绿色，并且较硬。叶片椭圆形，叶色深绿，有光泽，叶基主侧脉夹角较小，叶蓬呈弧形。树皮光滑。

3.1.2.3　'云研77-4'

（1）选育、推广历史

由云南省热带作物科学研究所以'GT1'为母本、'PR107'为父本选育而成。在云南植胶区、老挝北部和缅甸东北部等地区进行推广种植。该品种于1997年被评为中规模推广，2002年被评为大规模推广品种。

（2）生长、产胶及抗性特点

①生长方面　较速生，比'GT1'生长快，树干粗壮、直立，分枝习性良好，树形似'GT1'，木材量大。

②产胶方面　具有高产特性，云南省热带作物科学研究所高级系比区、1~11割年的平均亩产量1 834kg/hm^2，为对照'GT1'的136.9%。对化学刺激割胶反应良好。耐割不长流，干胶含量高。

③抗性方面　抗寒力较强，比'GT1'约高1.0级。死皮率、白粉病和炭疽病抗性与'GT1'相当。

（3）栽培技术要点

'云研77-4'生长快，树冠高大，易遭受风害，不宜在重风区种植；抗寒性较强，但不宜在重寒区种植。

①种植密度与形式　推荐宽行密植，在云南地区，株距为2~8m，行距8~10m，种植密度以每亩植33株左右为宜。

②幼树抚育管理　幼树宜施农家肥和氮肥，促进橡胶树生长。

③开割树栽培管理　开割投产后，由于产量高，橡胶树养分消耗较大，有条件的橡胶树种植者可通过橡胶树叶片和胶园土壤养分的营养诊断分析结果，有针对性地增施肥料。'云研77-4'产量高，如实行刺激割胶，需采用产胶动态分析指导割胶，控制好割胶强度和刺激强度。

（4）辨认要点

叶片为较长的椭圆形，主脉粗，侧脉细，角度小，三小叶微下倾，大叶柄粗硬而长，小叶柄短小肥粗，密腺微凸起，大多伪联生。叶蓬大半球形或大弧形，较郁蔽。叶枕长而顺，上平有浅窝。

3.1.2.4　'大丰95'

（1）选育、推广历史

海南国有大丰农场1962年以'PB86'为母本、'PR107'为父本配置杂交组合，经人工授粉选育而成。大规模推广品种。

（2）生长、产胶及抗性特点

①生长方面　'大丰95'苗期生长状况与'RRIM600'相当，茎干圆直，分枝匀称，树冠疏朗，对气候、土地的适应能力较强。开割前茎围增长和原生皮厚度与'RRIM600'或'GT1'相当；开割后树围增长及再生皮生长均稍慢些，原生皮、再生皮稍薄些。

②产胶方面　高产、稳产并且高产期开始得早。海南植胶区第1~11割年平均每年干胶产量1 899kg/hm²。该品种干胶含量较高，割胶后，没有早凝和长流现象。皮脆好割，产量逐年递增。

③抗性方面　抗风能力和抗病能力都稍强于'RRIM600'，耐寒力比'RRIM600''GT1'强，在海南各地尚未发现严重寒害。死皮病比'RRIM600'轻。染白粉病较轻。

（3）栽培技术要点

①种植密度及形式　在海南、广东西部地区，推荐株距2.5~3m，行距6~7m，每亩种植密度33~37株。

②幼树抚育管理　该品种树冠偏重，需注意从苗期开始控制霸王枝，培养短、壮、疏、匀的抗风树形，正常抚育管理，种植7年可达到开割标准。

③开割树栽培管理　进入开割投产期后，采用营养诊断方法，进行平衡施肥，及时有效满足橡胶树生长和产胶需要；由于皮脆、皮薄，割胶时要控制好割胶深度，减少伤树；进行产胶动态分析，及时掌握橡胶树产排胶变化情况，确保开割树产排胶的安全、平衡。

该品种适于在海南植胶区、广东西部地区种植。

（4）辨认要点

'大丰95'的叶片呈长椭圆形，叶脉呈现黄绿色，大叶枕紫红色，叶柄较长、粗、硬，并呈反弓形。叶蓬长，但相邻叶蓬之间的距离特别短，叶蓬呈半球形。

3.1.2.5　'93-114'

（1）选育、推广历史

由中国热带农业科学院南亚热带作物研究所以'天任31-45'为母本、'合口3-11'为父本杂交授粉，从其后代中选育而成，中寒害区、重寒害区大规模推广级品种。

（2）生长、产胶及抗性特点

①生长方面　'93-114'生长快，生势壮，保苗率高，林相整齐，在相同管理水平下，可比'GT1'提前一年投产。开割后树围增长较快，再生皮恢复快。3年再生皮厚度已达原生皮厚度的68.1%~93.1%，烂脚寒害树皮经4~5年可以恢复。无长流，无早凝，胶乳机械稳定性和热稳定性均较高，工艺性能指标良好。

②产胶方面　在广东湛江植胶地区，1~5割年平均每年干胶产量为688.5kg/hm²，6割年9 735kg/hm²，7割年1 162.5kg/hm²。

③抗性方面　抗寒力较强，特别是对强平流低温的忍耐力强；对辐射低温的忍耐力稍差，在茎干离地的20cm处出现环状干枯，大树会出现"烂脚"。有一定的抗风力，风害以倒伏为主，断干较少。物候早，一般可避开白粉病流行期，受害较轻，未发现割面病害。

（3）栽培技术要点

①种植密度与形式　推荐宽行密植，株距2.5~3m，行距6~7m，种植密度以每亩栽植33株左右为宜。

②幼树抚育管理　幼树生长的前3年抗寒性差，需加强各项抚育管理和投入，加快苗

木的生长。

③开割树栽培管理　加强田间土壤肥力管理，切实贯彻冬季安全割胶技术。

该品种适宜在广东西部中风、中寒区，轻风中、重寒区(北坡除外)，广东东部中寒区和福建、广西中、重寒区推广种植。

(4)辨认要点

该品种叶片长倒卵形，外两小叶外斜明显，叶缘有中波浪，叶片较薄，内卷，可上下翻转，侧脉细密，叶色深绿。大叶柄柔软下垂，蜜腺连片，凸起明显，排列不规则，大叶柄的叶枕面有窝。叶蓬半球形，蓬距明显，顶蓬叶基紫红色。

3.1.2.6　'热研 7-20-59'

(1)选育、推广历史

由中国热带农业科学院橡胶研究所于 1964 年以'RRIM600'为母本、'PR107'为父本配置杂交组合选育而成，中规模推广品种。

(2)生长、产胶及抗性特点

①生长方面　生长较快，开割前年平均树围增长 6.38cm，开割后平均树围增长 2.89cm。大田保苗率高。枝条复生能力较强，风害后恢复生长快。

②产胶方面　产量高，但高产期来临晚一些，产胶潜力大，1~9 割年，年平均单株干胶产量 3.95kg，平均亩产 97.8kg。伤口反应良好，无长流、无早凝现象。

③抗性方面　抗风力较强，抗风能力与'PR107'相当，抗白粉病能力中等。

(3)栽培技术要点

①种植密度及形式　宽行密株，株距 2.5~3m，行距 6~7m，每亩种植密度 33~37 株。

②幼树抚育管理　幼树期加强管理，适当增加肥料投入，促其快长。

③开割树栽培管理　进入开割投产期后，由于'热研 7-20-59'较不耐化学刺激，开割初期不宜采用刺激割胶，同时要注意加强胶园土壤肥力管理。

(4)辩认要点

叶片有光泽，为倒卵状椭圆形，叶面不平，三小叶上翘，嫩叶枕紫红色。

'热研 7-20-59'可在海南省中西部中风区中规模推广种植，在海南省东部、东北部重风区小规模推广种植。

3.1.2.7　'热研 8-79'(俗称 43 号)

(1)选育推广历史

由中国热带农业科学院橡胶研究所于 1973 年以速生、高产品种'热研 88-13'为母本，高产、高干含品种'热研 217'为父本，经人工杂交授粉选育而出，为中规模推广品种。

(2)生长、产胶及抗性特点

该品种早熟、高产、稳产，干胶含量高，但抗风性较弱，与'RRIM600'相当，死皮发生率与'RRIM600'相近。

(3)栽培技术要点

①种植形式与密度　在海南中西部地区，推荐种植株行距为 3m×7m，以每亩栽植 33 株左右为宜，在平缓坡地，行距可适当宽些。

②幼树抚育管理　植前施足基肥，此期间以保证苗木长势整齐，生长健壮为原则，同

时要注意保水保肥，防止土壤冲刷，加强施肥管理，促进苗木生长。

③开割树栽培管理　在常规管理条件下，投产初期即有较高的产量。因此，此时期需加强胶园管理，适当增加肥料投入，并做好营养诊断工作，实现均衡施肥，以保证橡胶树的正常生长，维护其良好的产胶潜力，达到高产、稳产的目的。割胶管理上，根据该品种早熟、高产的产胶特性，在投产初期，特别是前3年，应控制割胶强度，适当浅割、减刀，注意养树割胶。在初产期、旺产期，建议不采用化学刺激割胶，但更新前可考虑。

(4)辨认要点

叶片椭圆形、肥厚，叶色浓绿，小叶横切面呈浅"V"形，小叶片边缘无波浪，小叶柄短粗。

该品种适宜于海南中西部中风区中规模推广，云南、广东植胶类型区可进行生产性试种。

3.1.2.8　'云研73-46'

(1)选育推广历史

该品种由云南省热带作物科学研究所以'GT1'为母本、'PR107'为父本选育而成。1990年通过全国橡胶树品种评定；1997年云南农垦橡胶树品种汇评推广、2005年云南中规模推广。

(2)生长、产胶及抗性特点

该品种生势粗壮，较速生，生长比'GT1'快2.2%，定植后6~7年开割，开割头3年平均年茎围增长2~3cm。1~9割年平均干胶含量34.7%，平均株产4.36kg，平均单产1 993.5kg/hm²，分别为'GT1'的158.5%和175.8%。抗性：抗寒力强于'GT1'。1999—2000年冬，已分枝幼树平均寒害0.02级，比'GT1'轻2.4级，开割林地平均寒害0.46级，比'GT1'轻0.5级。1985年白粉病大流行，受害1.0级，抗条溃疡病中等，尚未发生风害。

(3)栽培技术要点

'云研73-46'生长快，抗寒性较强，适宜在云南Ⅱ、Ⅲ类型区种植。

①种植密度与形式　推荐宽行密植，在云南地区，株距为2~8m，行距8~10m，种植密度以每亩植33株左右为宜。

②幼树抚育管理　幼树宜施农家肥和氮肥，促进胶树生长。

③开割树栽培管理　开割投产后，由于产量高，橡胶树养分消耗较大，有条件的橡胶树种植者可通过橡胶树叶片和胶园土壤养分的营养诊断分析结果，有针对性地增施肥料。该品种产量高，如实行刺激割胶，需采用产胶动态分析指导割胶，控制好割胶强度和刺激强度。

(4)辨认要点

叶柄细软黄绿色，叶枕小顺，上有窝，大柄细软黄绿色，椭圆叶片侧脉密，叶面光泽缘有波。

3.1.3　胶木兼优品种(品系)

3.1.3.1　'热垦628'

'热垦628'经全国热带作物品种审定委员会2012年通过现场鉴评。

(1)品种特点

①生长方面 开割投产之前生长快，年平均干茎增粗达 8.67cm，可提前 1~2 年达到开割标准。立木材积蓄积量大，10 龄树平均可达 0.31m³。

②产胶方面 产量高，干胶含量与'RRIM600'接近，死皮率较低。

③抗性方面 该品种抗风能力较强，与'PRI107'接近；具有一定的抗平流寒害能力；抗炭疽病，易感白粉病。

(2)辨认要点

叶片长椭圆形，墨绿色，表面有光泽。茎干直立。适宜在海南中西部、广东雷州半岛、云南西双版纳地区推广种植，其他地区扩大试种。

3.1.3.2 '热垦 525'

'热垦 525'经中国天然橡胶协会于 2010 年审定。开割投产之前，每年平均茎围增粗 8.55cm，可提前 1~2 年达到开割标准，开割后 1~3 年，年平均茎围增粗 4.61cm，9 龄树年平均单株立木材积 0.33m³。第 1~3 割年年均株产干胶 1.62kg，具有较强的抗寒能力，白粉病抗性为中抗。与对照'RRIM600'相比，立木材积增加 59%，株产干胶增产 28%，死皮率低 16 个百分点，抗风性相当。推荐海南中西部中风区、云南轻寒区、广东轻风轻寒区推广种植。

3.1.4 主要橡胶树品种的形态鉴定

品种鉴定技术主要是用在苗木繁殖的过程中，纯化品种，剔除混杂的其他品种，以保证苗木的真实性。

橡胶树品种形态鉴定，是根据各品种营养器官的外部形态特征进行区别。种子的外部形态特征，更能准确地区别不同的品种。但现在纯化品种多在苗期进行苗圃鉴定，只能以茎、叶等的鉴定为主。

3.1.4.1 苗木形态鉴定术语

(1)茎干的描述

①茎干的性状 茎直生或弯曲。

②木栓化状况 初步木栓化部分的颜色及木栓裂纹显著与否。

③叶痕的形状、叶痕的周边及叶痕内的维管束痕 叶痕的形状通常分为马蹄形、心脏形、三角形、半圆形、近圆形、菱角形等几种基本形状。有些属于中间类型的可加形容词表示。叶痕周边有凸起与平之区别(图 3-1、图 3-2)。

④鳞片痕 鳞片痕的大小及形状。

⑤托叶痕着生的角度 多数属于平生或微上仰，少数上仰极为显著或下垂。这是识别某几个无性系的重要特征之一，如'PB 28/59'上仰极显著，'PRIM 604'多数微下垂。

⑥鳞片痕与托叶痕所联成的形状区分为"一"字形，"新月"形及"袋"形。

⑦芽眼 芽眼与叶痕的距离是贴近叶痕，还是远离叶痕(1cm 以上)；芽眼是凸出于茎干，还是陷入茎内。

⑧其他 如有无沟和瘤。

(2)叶蓬的描述

各无性系之间叶蓬形态的差异较小，而同一芽条的不同叶蓬的形状又往往不一致，因

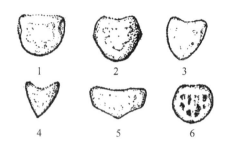

图 3-1 叶痕的形状

1. 半圆形；2. 马蹄形；3. 心脏形；4. 三角形；5. 菱角形；6. 近圆形

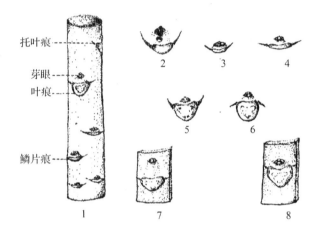

托叶痕

芽眼

叶痕

鳞片痕

图 3-2 叶痕、托叶痕、鳞片痕与芽眼在茎上的位置及形态

1. 叶痕、托叶痕、鳞片痕与芽眼在茎上的位置；2. 鳞片痕与托叶痕连成"袋"状；3. 鳞片痕与托叶痕连成"新月"形；
4. 鳞片痕与托叶痕连成"一"字形；5. 托叶痕上仰；6. 托叶痕下垂；7. 芽眼远离叶痕；8. 芽眼近叶痕

此，除了部分无性系具有的"灯刷"形叶蓬特殊的形态和蓬距外，一般只作为品种形态鉴定中的辅助特征。描述的主要项目如下：

①叶蓬的形状 分为半球形、弧形、圆锥形、截顶圆锥形 4 类(图 3-3)。

②叶蓬的长短 指从一个叶蓬最基部(叶柄最长)的一个叶片起，至该蓬叶密节的顶部为止的长度。

③蓬距的长短 指由一蓬叶密节的顶部至其上一蓬叶的最基部一个叶片间的距离长度。

图 3-3 叶蓬的形状

1. 半球形；2. 弧形；3. 圆锥形；4. 截顶圆锥形

④叶蓬的开放与密闭　指叶片遮盖的程度。叶片平伸、上仰而复叶数较少的称为疏朗；叶片下垂将叶蓬面遮盖时称为密闭。

（3）大叶柄的描述

①叶枕　指大叶柄基部的膨大部分。通常以大小、长短、突大或渐大（即顺大）、有沟或无沟、有窝或无窝及弯曲与否来区别。这个部分受环境影响的变异较小，是鉴定一个无性系的重要依据之一。突大是指叶柄到叶枕部分突然显著膨大（图3-4）。

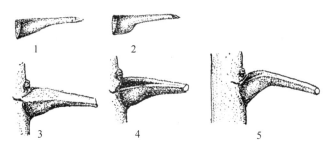

图3-4　大叶枕的形态

1. 顺大（渐大）；2. 突大；3. 无沟无窝；4. 具沟；5. 叶枕弯

②大叶柄　分为直、弓形、反弓形、"S"形、平伸、上仰、下垂、软与硬、粗壮与细弱等。其中，平伸、上仰或下垂几种形态在一株芽条上变异很大，在大叶柄特征中是最次要的（图3-5）。

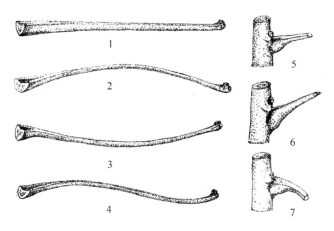

图3-5　大叶柄的形态

1. 直；2. 弓形；3. 反弓形；4. "S"形；5. 平伸；6. 上仰；7. 下垂

③大叶柄先端　指与小叶柄交接处，一般无须描述。如这部分有极显著的纵沟、棱角或膨大部分时，可以作为一个特征描述。

（4）小叶柄的描述

①小叶柄的长短　由长到短分为极长、长、较长、中等、较短、短、极短7类。

②小叶柄的沟及先端　注意沟的深浅、宽窄、沟缘是否延伸至叶基；小叶柄先端平或有沟等。这些特征对于某些相似无性系的鉴定相当重要。

③小叶枕　指小叶柄背部膨大部分，膨大部分的长短不同，以占小叶柄长度的分数来表示之，如1/2或2/3等。应当注意，一个无性系内的小叶枕长度往往有一个变异范围。

④紧缩区　指小叶枕与小叶柄不膨大部分的交接处。有些无性系的这个交接处突然缩小，就可称为紧缩区显著，也可称为小叶枕突大。

⑤小叶柄的形态　平伸、上仰或呈弓形、内曲等。特殊形态也值得注意，如有些无性系小叶柄的平面呈长方形，有的为圆形，有的肥大或细等(图3-6)。

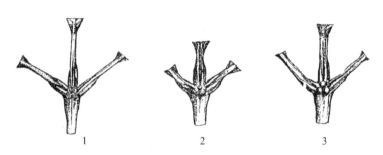

图3-6　小叶柄的形态
1. 长；2. 短；3. 中等

(5)蜜腺的描述

蜜腺是无性系形态鉴定的首要依据，要描述和掌握得确切。所谓"蜜腺"，是指几个腺点所组成的蜜腺群体。

①蜜腺的形态　整个蜜腺群体着生于大叶柄先端上方，可以区分为平、微突起、凸起、显著突起4类。平是指蜜腺与大叶柄先端的平面齐平，如'GT1'的蜜腺。微突起指腺点的周边或腺点的一部分稍凸出于大叶柄的平面，如'RRIM600'的蜜腺。如果这种凸起的程度极为显著时，就称为显著突起，如'PB6'的蜜腺。

②腺点　分离或连生，观察大小形状、排列及颜色等。腺点的大小是相对而言，通常认为'PB86'的腺点属于大型。

③腺点面　指腺点顶部与腺点周边所呈的平面形态，呈水平状、凸起或下陷。

④腺点周边　腺点本身的绿色边缘称为周边，区分为有无周边、周边显著与否以及厚与薄等。

(6)叶片的描述

叶片部分特征的描述项目多，比较复杂，对一个无性系进行鉴定和描述时，应着重注意它的显著特征的所在部位。普通特征如叶基渐尖、叶端芒尖、叶的横切面与纵切面的形态、叶面的一般光泽及普通形态的叶脉等可以从简或省略。

①叶片的形状　以倒卵形、卵形、椭圆形、菱形、长菱形5类为基础，再加长、短、宽、窄等形容词。就椭圆形说，如叶片的长度与最宽度之比，大于2.8：1为长，小于2.1：1为宽。就倒卵形说，大于2.5：1为长。叶片形状的确定应以叶片的中间一枚小叶为依据(图3-7)。

②叶端　芒尖、钝尖、急尖等(图3-8)。

③叶基　包括楔形、渐尖、钝、近叶基缘翘起或平，叶基缘外斜、内斜或外缺。楔形是指自小叶的中部起，两缘呈直线渐窄至叶基。渐尖则多少呈弧线形渐窄。外斜、内斜是指一个叶片两侧小叶叶基部的外侧或内侧叶缘向内翻转，呈倾斜状。外缺是外斜更显著的表现，从外观来看，外缘像缺少一块，以致内外两缘不等长。这种特征在区别一些相似无

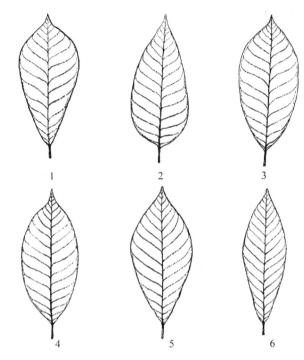

图 3-7 小叶的形状

1. 倒卵形；2. 卵形；3. 倒卵状椭圆形；4. 椭圆形；5. 菱形；6. 长菱形

图 3-8 叶端的形态

1. 芒尖；2. 钝尖；3. 急尖

性系时相当重要(图 3-9)。

④叶缘 分为平(无波)、大波、中波、小波、微波；波浪有无规则，叶缘是否上卷等。小波的波浪频率较大。起伏差低，波长较短。微波的波浪频率较小，起伏差低，波长较大。至于中波与大波，也就是按波浪起伏差的高低和波长的长短区分。通常'PR107'的典型叶缘的波浪为小波(图 3-10)。

⑤叶面 平滑或不平滑，有无显著光泽。绝对平滑的类型是不存在的。叶面极不平滑时(如'PR228''PR107''AV352'等)，要特别指出。

⑥叶脉 注意侧脉与主脉所成角度的大小，如'RRIC52'的侧脉角度大(较平)，'RRIM604'的小。测定侧脉的角度时，应以标准叶片的中间一枚小叶左侧中间的几条侧脉为标准，具体划分如下：≤52°为小；53°~55°为较小；56°~60°为中等；61°~64°为较大；≥65°为大。

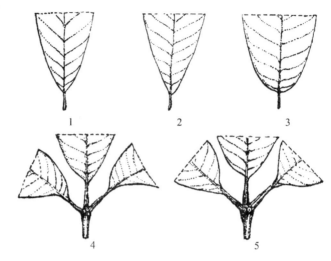

图 3-9　叶基的形态

1. 渐尖；2. 楔形；3. 钝尖；4. 两侧小叶叶基外斜；5. 两侧小叶叶基内斜

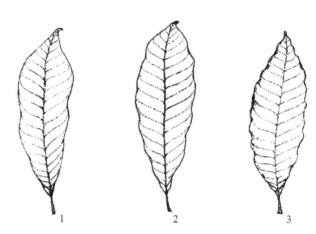

图 3-10　叶缘的波浪

1. 大波；2. 中波；3. 小波

　　侧脉还要区分疏密度，以左侧侧脉数除中间小叶的长度（以 cm 为单位）所得之商等于或大于 1.5 称为疏。此外，需描述主脉部位及侧脉下沉、平或凸起，网状脉显著或不显著。

　　⑦叶肉　厚、薄，质地硬或纸质。

　　⑧叶片　可否上下翻转：这是某些无性系的重要特征之一，有些无性系如'RRIM623''PB28/59'，是绝对可翻转的，另一些无性系如'RRIM501''PB5/122'，只有部分叶片可翻转。叶片绝对可上下翻转的无性系在古铜色及变色期的嫩叶时期就表现出这一特征。换言之，如果一个无性系的老叶和嫩叶都可上下翻转，那么，这个无性系的叶片就具有绝对可上下翻转的特性。

　　⑨叶色　无性系的叶片一般为绿色，但也有特殊颜色的，如'GT1'无性系为深绿色。在这种情况下，叶色应为一种特征。

⑩小叶伸展情况 分为平伸、上仰、下倾及弓形下倾等。

⑪3 个小叶的间距 有重叠、靠近、分离、显著分离 4 种类型。通常认为无性系 'Tjir1' 的叶子属于最后一种类型。

(7)胶乳的颜色

胶乳的颜色可分为白、浅黄、黄、深黄 4 种色，在区别一些相似无性系时有一定的价值。

3.1.4.2 橡胶树种子形态鉴定术语

橡胶树种子外部形态的遗传性是以母本为主的，基本上不受花粉的影响。尽管橡胶树通常是异花异株授粉，但一株实生树的种子或同一个无性系内不同个体的种子外部形态基本上是一致的，而不同无性系的种子形态无论如何都有区别。因此，根据种子的特征来鉴别无性系。结合叶片与种子的特征来鉴别成龄的无性系植株，尤其可靠。种子形态的术语主要有以下四大项。

(1)种子的大小

种子的大小只以长度(cm)作标准。分为大(≥3.1)、较大(3.0~2.9)、中等(2.6~2.8)、较小(2.4~2.5)和小(<2.4)5 类。

(2)种子的形状

有近圆形、扁圆形、长形、前窄后宽形等。

(3)种背

种子的背面包括种脊、条沟、维管束痕、底色、点纹、条纹及块纹等特征。种脊是种背中间的棱脊；条沟通常是纵向排列，'PR107' 有几条显著的条沟，这是比较特殊的特征。也有些品种具斜生的条沟；维管束痕是由种背基部向两侧斜生的细沟；底色是指种壳的基本颜色，即除深色斑纹以外部分的颜色，如灰黄、灰紫等。

点纹、条纹、块纹都是因斑纹的形状而定名的，应描述它们的颜色及颜色的深浅；这 3 种斑纹的颜色，在一粒种子上基本上是一致的。

(4)种腹

种子的腹面主要包括发芽孔，脐、脐痕，侧胸及后凹 5 个部分。

①发芽孔 发芽孔在种腹的先端，把种子竖立时，如发芽孔呈水平状，就称为发芽孔平，如朝内倾斜，则称为内斜。发芽孔的面和蜜腺的腺点面一样有平、凸起、下凹 3 种类型，大多数平或下凹。

②脐 位于发芽孔的下方，原为种子与果皮的连接点，这个部位有下陷、平与凸起之分。

③脐痕 是脐下的纵沟，有深、浅、宽、窄之分。

④侧胸 位于腹部的两侧，通常呈下陷状，有些品种侧胸较平，有些品种没有显著的侧胸。

⑤后凹 指种腹后端的下凹部分，有大、小和显著与不显著之分。

3.1.4.3 鉴定品种方法

掌握了橡胶树品种形态鉴定的理论基础和形态特征描述后，怎样具体地进行一个无性系品种的鉴定，有各种不同的经验。一般说，可按以下程序进行。

①远观芽条姿态，粗览全株概貌，以便对植株的外貌有一个粗略的概念。对于一些在

叶蓬、叶片伸展、小叶柄角度以及叶色方面有特殊形态的无性系，也许通过远观就可以大致肯定了。如'PB86'芽条的整个外貌给人一种疏朗的感觉，也可以看出它的小叶柄有些呈烟斗形和叶片呈闪烁光泽等特点；如'GT1'等，具有浓绿而光泽显著的叶片和不寻常的叶蓬特征。叶缘具有规则小波浪而叶片暗绿或无显著光泽的无性系，通过观察就可以初步划入'PR107'型几个无性系的范围内。

②近看叶片，先观察蜜腺和叶子的显著特征，然后核对"骨架"及其他次要特征。

③最后核对茎干部分的特征。

④应该注意到，如果两个相似的无性系只有次要特征有显著的区别，那么，对这些次要特征也应作为区别它们的主要特征来看待。

⑤结合叶片与种子的特征来鉴别成龄的无性系植株，尤其可靠。

⑥最后要注意系统化的分类。当已明了经鉴定的无性系的显著特征而一时还不能肯定它的名称时，就要将属于这个特征的同类型无性系一一加以审查，这样就可以确切地肯定无性系，不会与相似的无性系混淆。

3.2 常用种植苗木的种类和特点

橡胶树种植苗木的种类是根据苗木的繁殖方法和培育方法而加以划分。按繁殖方法划分为两类：实生苗和芽接苗；按育苗方式分为袋育苗和地播苗。目前，大田生产上常用的橡胶树种植苗木主要有芽接桩接苗、袋装芽接苗、籽苗芽接苗等。

3.2.1 芽接桩接苗

(1) 培育方法

生产上采用芽接桩定植的，都是大苗褐色芽片芽接，芽接后带干过冬，翌年气温稳定回升后锯砧出圃，春季定植。挖出的苗应根据砧木大小，留根长度主根40~50cm，侧根10~15cm，刀口斜切不劈裂。有条件的种植者尽可能采用抽芽芽接桩定植（即锯砧后，留在苗圃待接芽萌发长度达到1cm及以上时，而叶子又未展开的时候定植），挖苗前要对接穗的萌芽进行适当保护，即用直径稍小于砧木半边的竹筒绑在芽接位上，盖住嫩芽，待定植后才解开，回收再用。

(2) 优点

①芽接桩苗由于出圃时不带土，接芽处于休眠或萌动，因这种类型苗木运输和定植较为方便，育苗、运输和定植成本较低。

②对定植技术要求不高。

③尤其适合低山、高丘陵、坡地等地区定植。

(3) 缺点

①由于这类种植材料根部不带泥土，定植后受天气影响较大，对定植时间要求高，定植成活率不稳定。

②定植后抽芽时间不一致，会出现株与株间早期长势不同，林相不整齐。

(4) 种植注意要点

在建立胶园时，如果选择芽接桩苗，最好选择进入雨季后定植，有条件的可以早春采用围洞抗旱定植技术，可有效提高定植成活率和苗木整齐度。抗旱栏子的大口(底口)直径15cm，小口(上口)直径12cm，栏的高度23cm。

3.2.2　袋装芽接苗

袋装芽接苗就是把接活锯砧后的芽接桩移进袋。与袋育芽接苗不同的是，后者是把种子播在袋里或种子发芽后移栽到袋里培养砧木，砧木粗度达到标准时再芽接。

(1)培育方法

①袋子规格　厚度为0.05~0.06mm的聚乙烯薄膜的袋子，袋子平展长度40cm，宽度20cm，袋的中下部打排水、排气孔，孔的直径约1cm，3~4排，每排3~4个。

②营养土的配制与装袋　选用富含有机质的表土与腐熟牛厩肥按照4∶1的比例进行混合，每袋加50g过磷酸钙或磷矿粉。装袋时，袋土要装实，袋壁要坚挺，切忌弯折或断层，装入的土壤高度低于袋口2~3cm。

③放袋和移苗　装好的袋子按照双行形式排列，相邻的袋与袋间摆放直立、紧凑，这样可避免在淋水等苗木管理过程中，不会出现袋子倾斜，小行距30~40cm，大行距70~90cm。

④移苗后的管理　根据袋内土壤墒情，需经常淋水，每月施2~3次低浓度的沤肥或水肥，及时人工拔除杂草。

⑤病虫害防治　对苗木发生的病虫害，要及时防治。

(2)优点

①对定植时间要求不严格，成活率高。

②与芽接桩苗相比，具有较强的抗旱抗风能力。

③定植后缓苗期短，恢复生长快。

(3)缺点

①相对成本较高。

②塑料袋土笨重(平均一个袋苗重量有3~5kg)，苗木出圃和定植时搬运比较费力。

③定植操作环节相对复杂些。

(4)种植注意要点

应选在林地就近育苗，以减少搬运用工。定植深度以袋装芽接苗芽接位露出地面为宜。定植时，从袋苗底部向上部，分3次撕袋和3次回土，每次为袋内土柱的1/3。首先，用手轻轻撕开或者用小刀切开袋底部，用手托住袋苗土柱的底部，放入定植穴，第1次回土。其次，第2次从下向上撕袋，撕袋长度占到土柱高度的2/3，回土踩实，注意踩实时，要围绕土柱周围并避开土柱。最后，第3次撕袋，露出剩下1/3的土柱，然后回土，回土完成后，用锄头把定植穴面修整为燕窝状(又称锅底状)，淋足定根水。

3.2.3　袋育芽接苗(俗称袋小苗)

袋育芽接苗则是把种子播在袋里或种子发芽后移栽到袋里培养砧木，袋育芽接苗与袋装芽接苗的培育方法和优缺点基本一致。

3.2.4　籽苗芽接苗

籽苗芽接苗则是直接把芽接好的籽苗栽植到容器中，而培养出的橡胶树苗木。

（1）培育方法

①营养土的配制　与装容器配制过程和袋装芽接苗基本一致。

②籽苗的准备　橡胶树种子在沙床催芽后约 2 周的时间，籽苗高度在 13~18cm 时，即可拔出籽苗，进入芽接环节，需要注意的是，在拔苗时，要保护好种子，避免受伤或脱落。

③籽苗的芽接　从沙床拔出的籽苗，用水轻轻冲掉籽苗上蘸的沙，然后在籽苗茎基部用芽接刀开出 4~5cm 长、约 1/2 宽的芽接口，从芽条上取芽片后芽接，芽接后移栽到事先准备好的容器内，并放置在阴棚内。

④芽接栽植后的管理根据苗的生长情况，及时淋水，对苗木发生的病虫害，要及时防治。

（2）优点

①选用籽苗芽接苗种植的胶园，林相较为整齐，树形匀称。对定植时间要求不严格，成活率高。

②培养砧木时间最短。

③根系完整，定植成活率高。

④定植后的籽苗芽接苗，缓苗期短，恢复生长快。

⑤容器苗木重量较轻，定植、搬运省力。

（3）缺点

①相对成本较高。

②定植操作环节相对复杂些。

（4）种植注意要点

籽苗芽接苗与袋装芽接苗的种植方法一样，不过又多了一个操作工序。就是在修整好的燕子窝状（又称锅底状）穴面上，覆盖 2m² 地膜。在燕子窝状定植穴面上盖地膜有聚雨水的作用，即把雨水汇集到植株根部，促进根系水分吸收，同时又能有效抑制树盘周围杂草的生长，利于橡胶树苗的生长。

3.2.5　自根幼态无性系苗

自根幼态无性系苗则是通过橡胶树的花药次生胚发生技术繁育的橡胶树苗木。

（1）培育方法

①采集橡胶树的花粉，从花粉中剥出花药，经过培养，获得初生胚状体。

②以获得的初生胚状体为材料，通过植物组织培养技术，循环诱导次生胚状体培。

③人工诱导次生胚状体橡胶树苗木的再生。

（2）优点

①苗木在实验室内规模化扩繁，不需要进行种子催芽、移栽和砧木苗的培育工作，可节约苗圃用地。

②苗木繁育不受季节限制，可全年供应苗木，周期时间短。

（3）缺点

相对成本较高。

3.3 橡胶苗木繁育技术

苗木的培育在苗圃进行。首先要建苗圃，之后培育砧木和芽条，再经芽接成活后根据苗木的种类要求培育。

3.3.1 苗圃的建立

橡胶苗圃分砧木苗圃和增殖苗圃。前者为培育砧木或优良实生种植材料，后者则为繁殖良种提供芽条。

3.3.1.1 苗圃地选择条件

①要近水源，排水良好，且不宜淹涝，地下水位过高。

②土壤疏松，土层深厚，至少在 50cm 以上，肥力高。土壤质地过分黏重或石砾过多，以及碱性土均不宜作苗圃。

③阳光充足，开阔，比较静风，交通方便。

④东北坡或面对寒潮冷风坡面不宜作苗圃，应选择东南或南坡及寒潮背风坡。

⑤冬季未出现过辐射降温凝霜的地块。

3.3.1.2 苗圃地的规划设计

为合理、经济利用土地和组织生产，要根据生产任务和该地的具体条件进行规划设计。

(1)苗圃面积设计

根据培育苗木种类的不同，增殖苗圃、砧木苗圃和定植面积之间的用地比例 1∶10∶400，即 1 亩增殖苗圃可提供 10 亩砧木苗圃的芽接用芽片，10 亩砧木苗圃芽接后的苗可提供 400 亩大田定植。计算公式如下：

砧木苗圃面积=[定植面积×(每亩定植株数+补换植用苗)]/(每亩育苗株数×50%)

(注：式中 50%是得苗率，即扣除应淘汰的弱株，芽接不成活和留圃作大田补植用的苗后，实际可作大田定植用的苗数占育苗总株数的比值，是根据经验所得的一个系数。)

(2)道路网及排灌系统设施

为了便于苗圃的抚育管理以及运肥、运苗木，必须规划好主道 3.5~4m 宽，副道 2~2.5m 宽和纵横小道 0.7m 宽。如果是临时性或面积不大的苗圃，可以不设主、副道。有自流灌溉或提水灌溉条件的苗圃，要结合道路修好排灌渠道。如苗圃为坡地，上方要开截水沟，以阻拦和排泄径流，同时建设好排灌系统。

(3)苗床设计

苗床设计要根据苗圃地的自然条件和苗木留圃时间的长短而定。平地苗床长 10m，面宽 0.8m。为了便于管理，芽接操作和挖苗，一般每床种两行。苗床走向，平地为东西向，坡地应等高设置。株行距大小是根据不同地区、不同类型苗木和育苗方式而定，在甲等宜林地，砧木苗是 40cm×50cm，在乙、丙等宜林地是 30cm×40cm，袋装苗(袋育苗)在普通苗床上挖浅平沟，每沟并列放 2~4 行，设计苗床时可根据实际情况确定。

苗床分高床和平床两种。可根据降水和土壤排水情况选择。降水多或土壤黏重地区，可用高床，床面高约 15cm。易出现干旱的沙性土可设平床，床面与地面相平，床边仅高出 2~3cm。

3.3.1.3　苗圃地的备耕

苗圃整地要求耕深 25~30cm。清除杂草、树根和石块，使土壤细碎、疏松透气。按设计要求，结合修道路和排灌系统的同时，修筑苗床。起苗床时，要施足基肥，一般每亩施有机肥或堆肥 2 000kg，过磷酸钙 20~30kg。新垦林地，土壤肥沃可以不施或少施。

3.3.1.4　催芽床的准备

催芽床是在普通苗床上铺上厚 5~7cm 的细沙，床边最好用石条或砖块等围住，沙子不会流失，可长久使用。催芽床上盖好阴棚。

3.3.2　砧木、芽条的培育

3.3.2.1　砧木的培育

(1) 选种

种子要求选用'PR107'和'GT1'混栽种区'GT1'橡胶树结果的种子，选择在每年 8 月中旬至 9 月第一批成熟的橡胶树的秋果。

(2) 采种

橡胶树种子成熟后落到地面，捡种子必须及时，并选择种皮有光泽，表面花纹清晰，种粒较重，剖开后胚、胚乳和子叶均为乳白色的种子。采集完种子后，需尽快运输到育苗基地，运输的种子可用麻袋、木箱包装，运输过程中要注意控制水分和通气，同时要避免日晒雨淋。种子放置半个月则有 40% 不能发芽。因此，采种时要做到随熟、随采、随运、随播。

(3) 沙床催芽

①种子运到，要做到随到随播。催芽床上方搭建高 2.5m 左右的阴棚，不搭建阴棚的，播种结束后要在催芽床上盖薄的遮阳网(当有 20% 种子出芽时揭去)。

②橡胶树种子按间距 2~3mm 播下，并使种子腹面向下或侧向，切忌发芽孔向上，深度以淋水后微露龟背为宜，铺好种子后，用薄木板或平铲压实，再覆一层薄沙，并把覆盖的沙刮均匀、平整，然后淋水，每天早晚各淋水 1 次。

种子发芽过程(图 3-11)：在适宜的外界环境条件下，播种后 5~7d 开始萌发，10~15d 为发芽盛期，至 20d 时发芽可达 80%~90%。种子从萌发到第一蓬叶稳定约需 3 周。

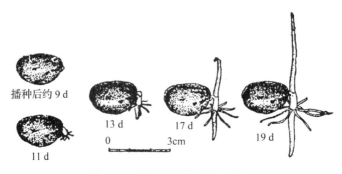

播种后约 9 d　　11 d　　13 d　　17 d　　19 d

0　　3cm

图 3-11　橡胶树种子萌发过程

（4）砧木苗移栽

①播种后，当幼芽生长高度达到 5～10cm，叶子处于小古铜期（古铜初期），芽杆挺直，芽叶未展开，此时移床较佳，为便于拔苗和减少伤根，在移床前要淋 1 次透水。

②拔苗时，用手捏住茎基部，轻轻拔起，用力要均匀，移苗过程中注意保护好苗的子叶和种子。

③对于子叶受伤或折断、黄化、主根弯曲或畸形的籽苗，以及大量移床半个月后剩下的籽苗要淘汰。

④沙床起苗后，通过及时淋 1 次水，来填平因起苗留下的空穴固定拔苗时周边被松动的籽苗。

⑤拔出的籽苗应及时移栽，地播苗要拉线栽种，袋育小苗的袋土移栽之前要淋 1 次水，以方便把籽苗栽种到袋子内。移栽时间最好安排在上午 10:00 之前及 16:00 之后，阴天可以全天移栽。栽种后，要立即淋水。

（5）橡胶砧木苗移栽后的管理

①水肥管理　砧木苗移栽后就要淋透定根水，在叶蓬稳定前，晴天每天早晚各淋 1 次水，如果遇到阴天或晨雾重的天气，则每天淋 1 次水，以后随着苗木耐旱能力的逐渐增强，淋水次数逐渐减少。当幼苗新叶蓬开始伸展时就可以施第一次肥。以后每抽一蓬叶施 1 次 1:6 人畜粪水，或 1:100 尿素，或 1:50 硫酸铵水溶液。

②土壤管理　如果杂草生长旺盛，要及时控制，原位浅松土。

③苗木管理对于黄化苗或生长不良的苗，要及时换植。

④预防自然灾害。

防风。在寒风或常风较大的地区要在迎风方向搭防风障保护幼苗或提前种高秆绿肥作防风障。

防寒。有霜冻地区在冬前首先要清除苗床的死覆盖或在死覆盖上盖土，并要做好防霜准备，如搭活动霜棚和设熏烟堆。如出现凝霜，要赶在太阳出来前用水淋洗霜。低温期间，增殖苗木不能修除萌芽。

防治病虫害。苗期常见病害主要是白粉病、炭疽病和麻点病。虫害常见有蚂蚁、蛴螬、大头蟋蟀等。

防牛兽害。应设围篱或挖防牛沟，并派专人看管保苗。

防火。冬旱季节要开好防火带，并加强专人巡逻。

3.3.2.2　芽条增殖

芽条增殖在专门繁殖芽条的增殖苗圃进行。目前生产上所需的芽条有两类。一种为绿色芽条，即适用于小苗或籽苗芽接。这类称丛枝增殖圃。另一种为褐色芽条，即木栓化或半木栓化的芽条，适用于大苗芽接。这类称栓化芽条增殖圃。

芽条增殖，应根据生产性推广的品种和林段规划进行繁殖。

（1）绿色芽条的培育

当增殖苗的芽条生长 8～9 个月，4～5 蓬叶，高达 120cm 左右时，在 90cm 高处密节芽上方截顶，促使分生出 4～5 条侧枝，生长约 8～10 周，新抽侧枝顶芽稳定、叶片老化时即可锯取使用。随之又在下 1 蓬叶的密节芽上方切干，培养下一蓬的侧枝，逐蓬下切，一年可锯取 3 次，到最低 1 蓬时，即应重新培养新直立的芽条，以备来年重复使用，每株增殖苗可连续取芽条多年。每株增殖苗每年可产绿色芽条 12~15 条，每条可取 7 个芽片。其他管理作业项目同于培育褐色芽条，仅剪叶以增加透光，促芽条栓化的作业可免。

还可以采用连续打顶法繁殖。连续打顶法是将芽接苗摘顶促使侧芽萌动，约经 45d 后待侧枝老化时将其取下作芽条用，并在原锯口下再锯去一节促使继续抽发侧枝，这样芽条的主干越锯越低，向下推移。锯到近地面的最低 1 蓬叶的密节芽时，从所抽生的侧枝中只取下其中一部分，留下 3 个粗壮的侧枝，待这 3 个侧枝长至 2 蓬叶后，取每一侧枝的顶蓬用于芽接，侧枝上的芽又可萌动，长成第二级侧枝，再各留 2~3 个侧枝，以后按同样方法留第 3、第 4 等多级侧枝，树冠又复向上伸展、扩大，形成一种"灌木"树形的、繁殖大量侧枝芽条的增殖苗。

（2）褐色（栓化）芽条的培育

增殖褐色芽条的苗圃，种植株行距为 80cm×100cm 或 100cm×100cm。用芽接桩建立的增殖苗圃，1 年后即可锯取芽条。第 1 次锯芽条时，一般在芽接位上方 15~20cm 处截取，以保留足够抽生二次芽条的部位，第 2 次及其以后各次均在抽芽点上方 10cm 处截取，留芽条数量视株行距、植株生势而定，一般每株留 2~3 枝芽条，每年取芽条 1 次，采条 3~4 次后应在第 1 次采条处切锯，以利复壮。每株增殖苗第 1 次可取 1m 长芽条，第 2 次约 2m，第 3 次及以后各次为 3~4m。每米芽条一般可取 10~15 个芽片。培育芽条，除做好除草、施肥等日常管理工作之外，还应注意：

①防止品种混杂，在芽条出圃前，做好品种鉴定。在锯取、包装、运输芽条过程中，要防止把品种搞乱。

②在取芽条前一个半月应停止施用化肥，以免植株生势过旺，影响芽接成活。

③剪叶　在锯芽条前两周适当剪去下部叶，保留顶部三蓬叶，以增加透光，加速茎干木栓化，提高芽片利用率。剪叶时只剪去叶片，叶柄可自行脱落。

④选苗　应选择顶蓬叶充分老化，光泽好至抽新芽在小古铜期，易剥皮的芽条锯取。切忌在顶蓬叶淡绿盛期锯取。

⑤修枝抹芽　锯芽条后，砧木上抽出的芽要及时抹掉。芽条上萌生的侧芽过多也要抹掉，仅留 2 条为宜。

3.3.3　芽

芽接就是将优良品种的芽片（接穗）接到普通实生苗（砧木）上，以获得优良种植材料的方法。橡胶树的无性系芽接繁殖技术，一般常用的方法有褐色芽片芽接、绿色芽片芽接等。

芽接之所以能够成活，是因为砧木和接穗之间有亲和力。亲和力就是砧木和接穗在组织结构上，生理和遗传上彼此相同或相近并能互相结合在一起，正常生长、发育的能力。植物间亲缘关系越近，亲和力越大，芽接时易成活。另外，对养分、水分需要多少及需要的类型相似的植物，其亲和力大，芽接易成活。

3.3.3.1　大苗芽接技术

大苗芽接主要采用褐色芽片进行芽接。从木栓化的芽条上取下木栓化的芽片进行芽接，由于芽片的颜色是褐色的，所以也称为褐色芽片芽接。

（1）芽接准备

要使芽接获得很高的芽接成活率，在芽接开始之前一定要做好各项准备工作。

①捆绑材料的准备　如塑料薄膜。

②芽接工具的准备　芽接箱、切芽片刀、芽接小刀、粗磨刀石、细磨刀石各 1 件（图 3-12）。芽接箱的作用是放置芽片，切修芽片，放芽接的其他工具，芽接完毕也可当坐凳休息。切片刀和芽接刀的质量要好，芽接工人才可以把刀磨得锐利。

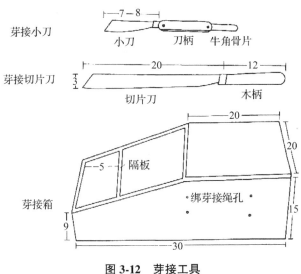

图 3-12　芽接工具

③芽接用品的准备　为了使芽接能顺利地进行，每个芽接工人，都应该配备 1 张约 1m×0.5m 的麻袋片，以备包裹芽木使用，1 块小毛巾或白布块，以备包切好的芽片。每人配 1 支圆珠笔，还要准备好发给每个芽接工人的芽接记录表。

④芽木的准备　增殖苗圃的芽木，在芽接前 4~7d 应将半木栓化部分的叶片从大叶柄中部剪去，以利于加速芽条木栓化和增加芽片的利用数。还要注意在锯芽条时，一定要在芽条处于稳定或刚抽芽生长阶段，这样芽木才容易剥皮。

若芽接所用的品种要由其他单位供应芽条，则要做好采、运、贮芽条的准备工作。

采芽条要准备好手锯、封芽接口的石蜡，芽条编号用的红蓝铅笔。需要运芽条，则视芽条数量多少和路途远近而进行准备。如果芽条数量少，运输路途近，当地又有芭蕉苗，可将锯下的芽条，用芭蕉假茎皮切截成比芽条长度长 30~40cm 的芭蕉茎皮，将芽条包裹在内，将包皮两端摺回捆紧，运输最好。如果数量大，路途远，则要准备芽条箱运输。芽条箱用 2cm 厚的木板制成，长 1.1m，高 0.5m，宽 0.5m，内可装长 1m 的芽条。也可按运输的车辆大小进行制作。木箱内要用谷糠和木屑作填充物。也可用椰子纤维作填充物，谷糠和木屑使用前最好要经开水煮过或蒸过进行消毒杀菌。再将煮蒸过的谷糠和木屑用清洁水冲洗后晒干装入麻袋备用。

将芽条锯成 1m 长一段。每个品种在芽条的一端用小刀劈去一片外皮，深达木质部，用红色铅笔写清品种名称和号码或代号，接着用熔融的石蜡，将芽条两端和劈写芽条品种名称的切锯口封起来。小心不要碰伤芽条，以免损坏芽条眼，将芽条按一层木屑、一层芽条装入芽条箱内。装时要使木屑湿润。然后盖上箱盖，钉紧，写明品种名称，装车运输。

采运芽条前，要准备好芽条贮藏室。因为运回的芽条一般要芽接数日，有时阴雨天无法芽接，芽条必须进行贮藏。有条件的地方最好做好沙床。沙床厚 3~5cm 即可。芽接不完的芽条分别品种，铺放在沙床上，上面盖上麻袋，并保持湿润。

⑤砧木准备　要做好两件事：一是砧木苗圃要整洁干净，杂草要铲除，使芽接工人能够顺利进行芽接；二是苗圃各个苗床要统一打桩编号，以利于芽接工人芽接完后进行清查登记。除以上两件事之外，芽接之前还要进行砧木剥皮试验。到砧木苗圃用芽接刀试剥砧木的皮，看能否顺利剥开。一般砧木生长处于稳定和抽芽期，是容易剥皮的；处于变色期是不易剥皮的。在生长季节 4~10 月，砧木生长旺盛，抚育管理良好的砧木，一般都可以剥皮。但在非生长旺盛季节，或砧木抚育管理不良的情况下，要特别注意。不易剥皮的砧木，不能芽接，因为这样的砧木芽接成活率是很低的。

（2）切芽片

①芽的种类和识别　叶芽着生在叶蓬中、下部叶的叶腋里，芽眼大而饱满，是最佳用芽。鳞片芽位于两蓬叶的鳞片痕上方，发育不够饱满，其中眼较大者可以选用。每蓬叶的顶端叶片生长密集，这些叶芽称密节芽。在密节芽的顶端，叶片小叶痕小，这类芽又称针眼芽。在芽条上有时会发现有个别凸起似乎像叶痕的芽，但切下芽片没有芽眼点，这种芽称为假芽。芽条在冬季落叶后，春季始，气温突然升高，会引起芽条芽眼萌发，已萌发的芽又称为萌动芽，未萌动的称为休眠芽。不过凡是已萌动过的芽，都不能用作芽接，接后不会抽芽。芽接使用的芽片主要是叶芽，也可用芽眼较大的鳞片芽和密节芽。生产上一般只用叶芽，其他芽基本不用。假芽切下剥片后，极易分辨，因内边没有芽眼点，接后虽活不会抽芽，切勿芽接。

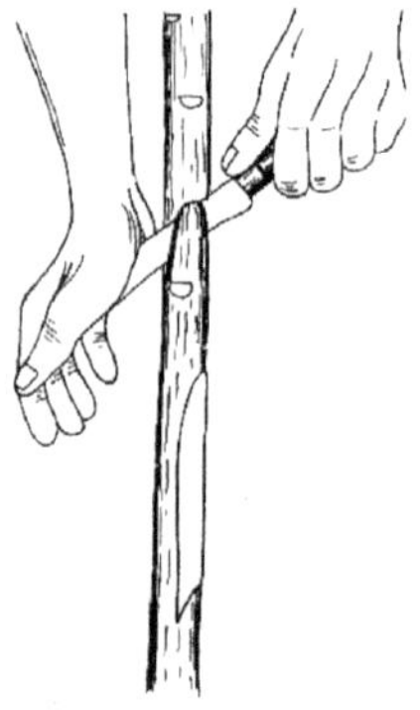

②切芽片　是从芽条上用切片刀把一个芽苞连同表皮和木质部一起切下来。芽片的规格：长 5~7cm，宽 1.5~2cm，厚 0.2~0.3cm 的均匀的一片。切片刀一定要磨得锋利，切芽片时要用一块旧布垫衬在大腿上，把芽条紧靠在腿内侧，芽条的芽眼向上，从芽条下部开始逐片向上切取芽片，以免漏切。切片时，一般用推压法：一手握刀柄，一手抓按刀背，双手均匀用力将刀往下斜推压，将芽片切下。要做到充分利用芽片不要浪费。一般每米芽条要切 10~15 个芽片，切好的芽片要用湿布包好，放在芽接箱内，就可以开始芽接了（图 3-13）。

图 3-13　切芽片

（3）开芽接位

开芽接位是在适宜芽接的砧木上开一个适宜放置芽片的位置。所谓适宜芽接的砧木，一般是指生长至少 1 年，离地 15cm 处的直径 1.8cm（带杆过冬砧木 1.5cm）以上，砧木要生势良好、健壮，且处于稳定或抽芽生长阶段。芽接位要开在离地面约 2~3cm 的地方，在便利操作的前提下尽量开低芽接位。开芽接位的操作：一手拿芽接小刀，另一手辅助，在砧木离地 2~3cm 的地方将刀尖插入皮层达木质部，均匀用力，向上垂直划破树皮，长约 6cm 再上约 2cm 向内倾斜。先开左边线，继之用上同法在距 2cm 左右划一条平行的线，在芽接位的顶部两线交合，即开成一个芽接位。开芽接位时，切割破皮的线上会有胶水流出，通常以先开芽接位十多株砧木后，转回头再进行芽接。

（4）修整芽片左右两边

依砧木的大小，从芽接箱内选取一个合适的芽片，一手握紧芽片的一边，一手用小芽接刀将芽片边缘修整齐，要一刀到底，修至木质部，不要重刀。修完一边，再修整芽片的另一边缘。使芽片宽度适合芽接口宽度，芽片宽度一般比芽接位小 0.5cm 左右。要始终保持用刀修割过的表面清洁，以提高芽接成活率（图 3-14）。

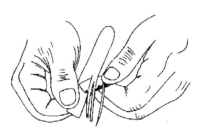

图 3-14　修整芽片侧边

（5）剥芽片

剥芽片是把修好边芽片的木片和皮片分离开来。一般都是用咬剥法，先将芽片上部皮片稍分离，皮层在外，木片在内，再用牙咬住木片上端，嘴和手均匀用力，手将芽片拉直，右手大拇指顶着木片将木片拉曲，轻轻地把皮片从木片上拉下来。剥离过程中务必保持皮片直、木片弯。剥离成功的芽片，必须是芽片里边的芽点完整无缺。辨别的方法是，剥下的芽片内表面呈新鲜白色，无因受伤引起的水渍状、丝状伤痕，在叶痕位置的上部

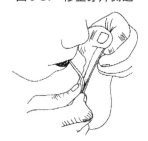

图 3-15　剥芽片

有 1 个小的、凸起的、嫩白色的团块，这个团块就是芽点，这个点保存完好的，即为芽接的好芽片。有时剥下的芽片芽眼易脱掉，这主要是芽条不好所引起的。为了克服或者减少这种情况发生，可用芽接小刀的刀尖，在芽片内木片的芽点痕上轻轻挖去一层木质，以帮助芽片的顺利剥出。整个操作过程一定要保持形成层的清洁，绝对不能玷污或用手摸，否则会影响芽接成活（图 3-15）。

剥芽片也可直接用手剥，即一手拿芽片，一手拉木片。在剥皮状况极其良好的情况下，这种办法速度较快，也能获得较好的芽接成活率。

（6）修整芽片上下两端

芽片剥好后，将芽片形成层一面仰平放置于芽接箱的盖板上。放时注意不要颠倒，芽片芽眼要向芽接者身边，即芽片有叶痕的一端向外。然后轻轻拿住芽片下部的边沿，用芽接小刀在芽片上端离芽点 2~2.5cm 的地方，横切一刀，把芽片切断。在芽片下端，在距芽点 2~2.5cm 的地方把芽片切断。修整芽片时，芽接刀的刀尖部先接触芽片，再用力往下切断，这样芽片不容易移动。另外，下刀的刀刃不是垂直向下，而是稍微向内倾斜，以利于和砧木紧密结合。操作时要保持芽片清洁，如果发现有污物沾在芽片上，用干净的木片尖端把污物轻轻地剔除掉。

（7）放芽片和捆绑

先擦净芽接口四周的凝胶，再揭开腹囊皮，随即将备好的芽片放入芽接位内，保持芽眼向上，芽片居中，注意拿芽片时要拿芽片的两侧，然后将腹囊皮照原状盖回，用手按住，不让芽片移动磨伤形成层（图 3-16）。随即用塑料薄膜带由下而上由左而右，螺旋形一圈一圈捆绑紧。

芽接如果在高温干旱季节或木充分暴露的情况下，捆绑好后应随手采胶叶 3~4 片，重叠起来，绑在芽接位上，进行

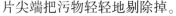

图 3-16　揭开腹囊皮放入芽片

遮阴。

(8)填写芽接记录表

芽接完成后，每天都要在收工前，把本日芽接的株数和芽接地点苗圃排号，芽接品种，芽接人等情况，按芽接记录表的各项内容和要求，详细填写清楚(表3-2)。

表3-2　橡胶树芽接记录表

_____场(公司)　_____队　苗圃名称_____　芽接人_____

时间 (年月日)	品种	床号	起止 行号	芽接 株数	解绑		锯砧		其他
					成活株数	成活率(%)	成活株数	成活率(%)	

(9)解绑

按照芽接表记录的日期，到了解绑的时间就应该及时解绑(图3-17)。芽接两天后，砧木和芽片的幼嫩组织细胞分裂，产生愈伤组织，使二者连成一体。13d后，芽片上损缺的形成层得到修复并开始活动，产生新的木质部和韧皮部组织，至此芽接成活。一般芽接后18~20d即可解绑，但这也和芽接季节和地区有一定的关系。生长旺盛的季节，解绑的时间短些，18d即可解绑；低温季节芽接解绑的时间长些，有的会延长到25~28d。解绑过早，解绑后芽片还会死亡；而解绑过晚，砧木腹囊皮会产生木质部将芽片包合在一起，使解绑工作难以进行。解绑后将腹囊皮切去。

一般成活的芽片，皮色呈青绿褐黄，芽点饱满。未成活的芽片，皮干腐，有的霉烂。难断死活的芽片，最好用刀尖刮皮试一下，解绑芽接未成活的植株，随即用解绑的膜带捆在砧木茎上的下部，标出明显标记，把成活的株数清点清楚后，记入芽接记录表内。

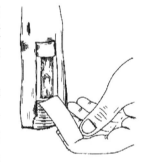

图3-17　解绑成活的芽片

(10)锯砧

锯砧就是将砧木锯除，促使芽接的芽苞能及时萌发，生长成一株芽接苗。若需带杆过冬，不锯去砧木，这个芽不会萌发。解绑后成活的植株，一般在1周后就可锯砧，锯砧的方法，是用手锯在芽接位上方3~5cm处，呈反芽接位30°~45°斜度，将砧木锯掉，锯口用蜡涂封。锯砧的芽接桩，如需当年定植上山的，可在锯砧后芽片芽萌动到3~5cm时，挖苗上山种植。用作塑料袋苗上山的，可以挖起移到塑料袋内，待在袋内长到2~3蓬叶时，将袋装苗上山。留作高截干芽接苗，或留作增殖苗圃芽条的，就留在原圃让其抽芽生长。在接近冬季，为了避免寒害，也可以不进行锯砧，带干过冬，翌年按计划定植前再锯。

3.3.3.2　绿色芽片小苗芽接技术

绿色芽片小苗芽接技术是20世纪50年代末和60年代初期发展起来的芽接技术。它在缩短橡胶树非生产期和降低成本方面有一定作用。

(1)芽接工具准备

绿色芽片小苗芽接的工具准备，和褐色芽片芽接使用的工具大致相同，捆绑芽片要用透明的聚乙烯塑料膜带（宽 1cm，长 30~50cm）。芽接箱、切片刀（一般不用）、芽接记录表、铅笔等都要备齐。

（2）芽条采取

绿色芽片小苗芽接，由于使用的砧木小，所以使用的芽条大小最好与砧木一致。

不论采用哪种方法繁殖绿色芽片芽条，都要加强芽条的抚育管理，使芽条生长健壮，这样易于芽条剥皮和提高芽接成活率。另外，要特别注意芽条的密度，要通风透光，不能庇荫。采芽条时一定采顶蓬叶稳定或刚抽芽的芽条，变色期不能采用。绿色芽片的芽条，采条的时间应在早晨，当天采的当天用完，最好是随采随用。若采下的芽条在隔天芽接运往别地，则要把叶子全部剪除，用芭蕉茎外皮或用芽条箱妥善地包装好后启运。芽条的切口也要封蜡，写清品种。运到后及时进行芽接。据报道，将绿色芽条在 0.2% 杀菌剂液体中浸 3min，放入塑料袋扎口密封，贮藏 30~40d 成活率达 80% 以上。

（3）芽片的利用

采取第 1 蓬叶稳定的绿色芽条，一般每条只有 3~4 个芽片，平均可利用的为 2 个芽片。如果需要多利用芽片，可在采取芽条之前 10~14d，将部分叶子从大叶柄中部剪断，5~7d 后残柄脱落，再过 2~3d 叶痕愈合老化，芽片即可利用。也可不进行剪叶处理，芽接时用芽接小刀在大叶柄离茎约 1cm 处切断，带柄剥下芽片，进行芽接。

（4）切芽片

绿色芽片小苗芽接切芽片的方法和褐色芽片芽接方法完全不同。不用切片法，而是用各种不同的削芽方法。

①拉切法　即手将芽条握紧，另手握刀把芽片拉切下来。

②推切法　即一手不但握芽条，而且还用大拇指帮助推刀背把芽片切下来。

③削切法　即一手紧紧握住芽条，另一只手用刀均匀地把芽片削切下来，但切下的芽片规格都是一致的。芽片的长度约 6cm，并带木质薄片。还有一种切取芽片的方法，就是带有叶柄的芽片，按芽接砧木需要的芽片大小，在芽条上芽片的四周，用小刀尖将皮划破，用手拿住叶柄部位把芽片从芽条上拔起来。所有绿色芽片的切取都是切一片，芽接一株。未切片利用的绿色芽条，在芽接过程中要小心保管好，保持遮阴，不要碰伤损坏（图3-18）。

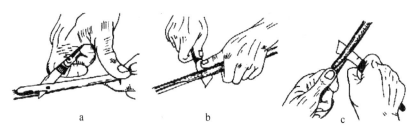

图 3-18　芽片切取法

a. 拉刀；b. 推刀；c. 削刀

（5）剥芽片

从管理条件良好生势旺盛的绿色芽条上切取的芽片，一般是很容易剥皮的。它没有褐色芽片修芽片两边木质毛边的操作，用手拿住芽片皮的上端，另手拿住芽片木质的上端，两手各自的拇指或中指相夹，上下拉开。如果利用带叶柄的芽片，则需直接从芽条上按以上介绍的做法拔取。拉剥下来的芽片形成层一面向上平放在芽接箱木板上，即用芽接小刀修两边后切割成适接芽片，直接进行芽接(图 3-19)。

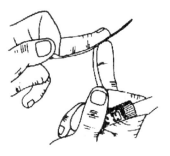

图 3-19　剥片方法

(6)开芽接位

同开褐色芽片芽接位(图 3-20)。砧木一般用 6~8 个月，直径 0.8~1cm，皮色由绿变褐的实生苗。小苗芽接开芽接位，也需预先排胶，一般都是先开 10 多株。注意只是用小刀划破皮，不把皮拉开，在进行芽接时，再把皮去掉。开好芽接位，切出腹囊皮后，芽接位内一定要保持清洁，不能有污物或水滴等进去，以免影响芽片愈合。

(7)放芽片

开好芽接位后，按芽接位的大小切割一个适宜的芽片，用上面褐色芽片的方法修切整齐，注意芽点向上，不可倒置，插入芽接位上端或下端预留的皮舌内，用透明塑料带进行捆绑。

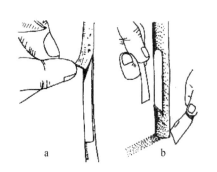

图 3-20　开芽接位

a. 拉开腹囊皮；b. 放芽片

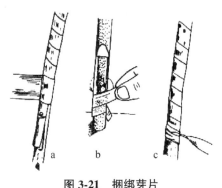

图 3-21　捆绑芽片

a. 由上往下捆；b. 由下往上捆；c. 捆绑结束

(8)捆绑芽接位

芽片放妥后，用塑料带在起头端预留出 2~3cm 长压住在第一圈内，然后小心护住芽片，尽量不可让其滑动，如果由上往下捆(由下往上捆法相似)，则下一圈的带上边压住上圈带的下边，一圈一圈，直到把芽接位从上到下全部捆绑严密。最后一圈要把尾端压死在圈内拉紧。这样绿色芽片小苗芽接的整个技术操作过程就完成了(图 3-21)。

(9)填写芽接记录表(见表 3-2)

(10)解绑

芽接后 15~18d，可以进行解绑。解绑是用芽接小刀在芽接位捆绑的两端将塑料带切断。芽片成活的显鲜绿色，死亡的芽片变褐色或干烂。

(11)锯砧

绿色芽片小苗芽接的锯砧，视芽接苗的用途而定，留苗圃生长的就要及时锯砧，如要另外装袋培育袋育苗的，则在装袋前锯砧，以免抽芽太长影响操作和移植成活。锯完砧登记好成活情况。

3.3.3.3 籽苗芽接技术

1989 年，中国热带农业科学研究院橡胶栽培研究所黄守锋成功研究了一种新的橡胶树无性繁殖方法——籽苗芽接法，芽接成活率可达 70% 以上，比培育芽接树桩苗约缩短1 年时间。

（1）砧木

砧木为经沙床催芽、苗高 20~30cm 并处于伸长至展叶期的籽苗。将砧木从沙床上拔起，用水冲洗籽苗茎基部的泥沙，并置于装有少量水的桶里，以备芽接。

（2）芽条

芽条为绿色枝条，取自顶蓬叶老化或萌动期其顶部 1~2 蓬叶、直径 0.5~1.2cm 枝条。或增殖苗圃截干植株抽生的侧枝及幼龄胶树的小枝条，一般只利用鳞片芽和叶柄脱落的叶芽。为提高芽眼的利用率，可在枝条新梢生长初期，摘除部分嫩叶，促使叶柄退化脱落，以取得叶痕较小的叶芽。

（3）开芽接口和芽片准备

橡胶籽苗在展叶前，下部茎干呈扁形。芽接口位置选在籽苗基部的扁平面上，宽度为茎周的 1/2，长约 3cm，下端距离子叶柄 1~3cm。保留 1/3 腹囊皮以备夹托芽片。

芽片宽度与芽接口宽度相当或稍小，宽 0.30~0.35cm，长 2cm。

（4）捆绑和栽苗

绑带用厚度为 0.03mm 左右的聚乙烯薄膜切制，宽 0.8~1.0cm，长约 20cm。放置芽片时，一手握籽苗根颈处，苗茎倾斜，芽接口朝上，一手放芽片，芽片下端为残留腹囊皮夹托着。由下往上捆绑，当绑带盖过芽接口顶端后，用拇指和食指把剩余的绑带捻成线状，并压入最后一圈拉紧。

芽接完毕的籽苗重新放回盛有浅水的桶里，至该单元芽接结束时将苗栽种在备好土的塑料袋里。平放时塑料袋规格为 30cm×50cm，塑料厚度 0.05mm，用肥沃表土并混拌优质牛厩肥作营养土，装土后袋重 2.2kg 左右。将袋置于平地上，袋与袋相靠，排列成宽约1m、长度不拘袋装苗床。苗床上方搭置阴棚，并经常淋水，保持袋土湿润。

（5）解绑、切顶和抹除砧木芽

芽接后 25~30d 解绑。芽接成活的幼苗保留第一对真叶的 2 片复叶，在叶片上方将嫩茎或顶芽切除，称为切顶。每 3d 巡回检查 1 遍，将砧木上萌动的叶腋芽和子叶芽抹除。解绑后将芽接成活的袋苗重新放置，按相隔 50cm 左右开浅沟，每行放 2 行苗袋，逐步揭掉阴棚，使芽接苗有较宽的生长空间。

3.3.3.4 幼树芽接法

幼树芽接法主要在改造低产实生树和低产无性系时使用。种植大田后 3~4 年的幼树，还未达开割，已发现品种不良需要改换品种，或在大田优良品种中混杂有不良品种需要改换品种。这些树已经分枝成为幼树，所以称为幼树芽接。其方法主要是依树龄大小及皮厚度，选择适宜的芽片。如果芽片不够厚，捆绑芽接位时，在芽接位腹囊皮外面要衬垫一块较硬的竹片，用小铁线将芽接位捆紧。其他操作和普通芽接法一致。

3.3.3.5 提高芽接成活率的关键

芽接成活率的高低与天气、砧木生势、芽条质量、芽接技术等有密切关系。提高芽接成活率的主要经验有以下 4 点：

①选择有利的季节和天气 温度、风、雨等都影响芽接成活率。实践表明，芽接时，平均气温28℃左右成活率最高。平均气温低于20℃，成活率显著降低。一般5～10月是适于芽接的季节。天气情况也影响芽接成活率。炎热天气中午不宜芽接。干旱季节和下雨时不宜芽接。

②选好砧木，管好苗木 砧木生势好不好，决定芽接成活率的高低。选择生势健壮、茎粗2～3cm、顶芽稳定至刚萌动，容易剥皮的砧木进行芽接，成活率高。旱季在芽接前进行施肥、灌水是提高芽接成活率的重要措施。

③管好芽条 芽条要新鲜，容易剥皮。芽条粗细尽可能与砧木大小相一致。一般在芽接当天上午锯芽条比较好，这时芽条水分比较充足。远途运输的芽条两端要封蜡，并用剥开的芭蕉茎或木箱包装，箱内要用谷壳等填充物，保持芽条湿润、通气。在芽接时，备用的芽条要注意遮阴保湿。

④掌握熟练的芽接技术 芽接是一项非常细致的技术工作，在芽接操作过程中要做到"快、准、洁、稳、紧"。"快"，芽接全过程，芽片放进芽接位要快，减少暴露时间，动作也要快。"准"，开芽接位、切芽片、放芽片要准。"洁"，保持芽接口、芽片和芽接工具清洁，不让胶水、杂物玷污芽接位、芽片。"稳"，捆绑要稳，不能使芽片移动，擦伤形成层。"紧"，捆绑时要用力均匀，圈圈捆紧。

小 结

本章在介绍我国植胶区常用的橡胶树品种、特性、形态特征的基础上，介绍了橡胶树品种鉴定的方法和植胶生产上常用的几类种植苗木（籽苗芽接苗、芽接桩、袋装苗、高切干苗）的特点及其培育过程。对苗圃建立、采种、播种催芽、移苗和芽接等培育苗木全过程提出了技术要求。

思考题

1. 优良橡胶树品种应具备哪些特性？
2. 如何区别橡胶树品种？
3. 简述芽接操作过程。
4. 如何提高芽接成活率？
5. 简述籽苗芽接苗、芽接桩两种苗木的特性。

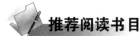

推荐阅读书目

1. 橡胶栽培学. 2000. 王秉忠等. 中国农业出版社.
2. 橡胶育苗和栽培. 1997. 李纯达等. 中国农业出版社.

第4章 胶园建立

【本章提要】

橡胶树是经济寿命长达数10年的高大乔木。做好胶园的基本建设，对橡胶树的速生、高产，提高抗灾能力和胶园的生产效益都具有重要的意义。本章讲述的内容是新胶园的建立与老胶园的更新。新胶园的建立过程包括宜林地的选择、规划、植胶种植园开垦、林间道路建设、"五林"营造、水保工程等各项基本建设的实施和橡胶树苗木的定植及早期管理。胶园更新内容与新建胶园基本相同。

4.1 宜植胶地等级的划分标准

依据农业部2006年发布的《橡胶栽培技术规程》的规定，宜植胶地等级的划分（表4-1）以受寒害、风害情况，结合土壤等因素综合考虑。

（1）甲等宜植胶地

轻、中风害，基本无寒害或轻度寒害地区，土壤肥沃，在正常抚育下7年可达开割标准。

（2）乙等宜植胶地

中、重风害，轻、中寒害，土壤肥沃或较肥沃地区，在正常抚育下8年可达开割标准。

（3）丙等宜植胶地

中寒害地区，在正常抚育下9年可达开割标准。

（4）不宜植胶地

有下列情况之一者，为不宜植胶地。

①历年橡胶树寒害严重，目前推广品系不能安全越冬的地区。

②地下水位在1m以上，排水难的低洼地。

③坡度大于35°的地段。

④土层厚度不到1m，且下为坚硬基岩或不利根系生长坚硬层的地段。

⑤瘠瘦、干旱的砂土地段。

⑥开垦前根病较严重的地段。

表 4-1　宜植胶地等级划分

类　别		等　级		
		甲等	乙等	丙等
主要气候条件	年平均气温(℃)	>22 >21a	21~22 20~21a	<21 19~20a
	月平均气温≥18℃月数(个)	>8 9a	7~8 8~9a	<7 7~8a
	年降水量(mm)	>1 500 >1 200a	1 200~1 500 1 100~1 200a	<1 200 1 000~1 100a
	平均风速(m/s)	<2.0	2.0~3.0	>3.0
胶园生产力	年产胶能力(kg/hm^2)	>1 500	1 200~1 500	<1 200
	定植起至达开割标准的月数(个)	≤84	85~107	≥108
限制因素	近50年出现最低温≤0℃的低温天气次数(次)	0	1~2	>2
	近50年出现持续阴雨天≥20d,期内平均气温≤10℃的低温天气次数(次)	0	1~2	>2
	近50年出现风力>12级(32.6m/s)的台风天气次数(次)	≤2	3~5	>5

4.2　宜林地的规划设计

4.2.1　宜林地规划设计的原则和要求

(1)因地制宜

应根据自然条件和社会经济条件,从实际出发,长短结合,立足于经济效益做出全面规划。

(2)充分合理地利用土地

以种植橡胶树为主的前提下,合理地布局、规划好生产用地,做到胶、林、农、牧、副、渔、观光旅游等综合经营,全面发展;山、水、园、林、路综合治理,统一规划。

(3)开发利用与保护环境相结合

开垦种植与保护生态环境相结合。如植胶林段与防护林带、山顶和水源林地的规划,植胶地与道路的布局,水土保持工程与田间管理措施、机械化的配合等,都要统筹兼顾,全面安排。

(4)在进行总体规划时明确的要点

应当明确不破坏生态环境前提下,胶园基本建设工程是规划设计中的骨干,土地利用是规划的核心,橡胶树持续高产、稳产是规划设计要达到的目的,高经济效益是根本的要求。

4.2.2　宜林地规划设计的内容

橡胶树宜林地规划的基本任务是全面地、具体地确定土地利用和各项胶园基本建设的布局和规模。规划设计的主要内容是：

(1)安排生产用地

安排好以橡胶树为主的各项生产用地，尽可能地将可植胶的土地用于种植橡胶树，特别是一等宜林地。同时，也应按比例安排一定的生活用地。一般道路占5%以下，生活用地占5%以下，植胶用地占75%~80%以上，其他为"五林"(防护林、水源林、薪炭林、用材林和经济林)用地。

(2)橡胶树林段的划分和规划

林段是橡胶林土地利用和生产管理的最小区划单位。划分林段是将大面积的植胶地分成若干个橡胶树林地，以科学、经济地利用植胶土地资源，便于生产管理，提高工效，降低成本和因地制宜地采取不同技术措施，以达到橡胶树抗寒、速生、高产、高效的目的。橡胶树林段的划分可结合防护林带、山体走势、道路和其他重大建设工程进行。林段规划包括品种的合理配置、种植形式与密度、间种经济作物或覆盖作物、田间管理等。

(3)胶园基本建设的规划

胶园基本建设的规划主要是做好植胶地的水土保持工程项目、林段内水土保持工程形式的规划以及"五林"及防放养牲畜危害工程的规划。同时，还要规划好苗圃地和农作物田地的排灌系统。

(4)居住点、道路和管理区的规划

按方便生产和有利于经营管理的原则划分生产管理区、居住点和道路。居住点应有良好的水质和可靠的水源，道路应经济实用(规划改造应用好原来的道路)，少占生产用地，还应规划好电力、电信、收胶站建设等基础设施。

4.2.3　宜林地规划设计的程序和方法

(1)现场勘探和收集林地有关原始资料

如当地的气象资料、土壤情况、植被情况、地形地貌、水源等自然条件以及土地利用现状、居民点的分布、政府中长期道路规划、社会经济情况等，其中，对气象资料要特别注意最低气温、低温持续时间；常风风力、风向；旱季的持续时间等对橡胶树生长和产胶有危害性影响的因素资料。对土地利用现状要绘制出土地利用现状图，包含自然野生植物群落，多年生作物、农作物分类等，以便规划开垦土地时对各种类型的作物(植物)的利用做出安排。

(2)初步规划

根据已收集掌握的资料做出初步规划，主要内容有：橡胶树等各种作物的配置；植胶宜林地的等级划分；主干道路；居住点及范围；工业建设用地；永久性的工程设置。在初步规划时，要考虑室内设计与现场实地核查结合，使规划设计的项目做到切合实际。一般要用1∶10 000的地形图作为规划设计的底图，并参考航测照片，提高设计的精确性。

(3)林段的划分

将植胶宜林地划分成最小的植胶管理单位——林段，同时规划出其他作物的用地或田块。

（4）农业栽培措施规划

主要是规划好林段种植橡胶的品种、种植形式和密度、间种作物、梯田的形式与规格以及其他一些关键性的栽培措施。同时还应提出防护林的树种、树种配置及营造抚管措施。

（5）绘制胶园规划设计成果图和编写说明书

综合以上规划设计的内容，经过核查评议，把规划成果绘制成图，尽量将规划项目反映到图纸上，作为开垦、栽培、建设时实施的依据。同时还要编写说明书，对重要的规划内容加以说明。

4.2.4　林段规划

林段规划是橡胶树宜林地土地利用的最小区划（不包括碎部），为胶园布局和设计的基础。划分林段一方面要方便生产管理，提高工效，降低成本；另一方面要科学地、经济地利用植胶林地。因此，应根据地形、气候、土壤、水利等条件来划分林段，尽可能使同一林段中的自然小环境一致，才可避免橡胶树生长和产胶因环境影响而产生差异。

4.2.4.1　林段规划设计的要求

①为方便经营管理，橡胶林段的划分一般应结合地形地貌，以丘陵山地的山头、坡面或自然界线划分，林段面积在 $4 \sim 10 \mathrm{hm}^2$。

②每个林段应自然条件基本类似，土地连片集中。局部坡度 35°以上地段划为碎部，不得开垦。

③林段应有明显界线，可利用道路、河沟、山沟、山脊防护林等为界，并统一编号。

4.2.4.2　林段规划的步骤

规划植胶林段时，一般采用 1：10 000 的地形图作规划底图，并以航测照片作参考，按下列步骤进行。

①在地形图上，用明显的颜色勾划出植胶宜林地范围。

②将植胶宜林地范围内的非宜林地用另一种颜色划出。

③将植胶宜林地范围内的河流、大公路和一些大的天然障碍或人工建筑物标志出来。

④规划好通往植胶地的主干道路。

⑤规划好林段的边界。

⑥规划好"五林"。

⑦每 1 个林段应种植的橡胶树品种，采用的株行距及种植形式、梯田的规格，都应做出相应的规划设计，并做好面积、株数等的统计计算工作。

⑧提出各林段植胶后田间管理的主要措施，如施肥制度、耕作方式等。

⑨核算并提出林段开垦时所需种植橡胶树以及其他作物种子、种苗量，包括覆盖作物、防护林和间作作物等，以便及早做好种子种苗的准备工作。

⑩做出土地开垦的经费概算。

4.2.4.3　品种规划

由于植胶区的地理位置不同，地形、地势各异，对光、热、水、风等气候因素起着极为复杂的再分配作用，因而形成多种多样的植胶环境类型区，同时，也要根据橡胶品种的特点来合理配置品种。

(1) 合理配置品种的原则

①因地制宜 对口配置品种按照植胶类型区的自然条件，对口配置具有相应抗性的品种，以充分发挥地力和品种的潜力，是获得高产稳产的重要措施。在具体实施时，要避免盲目追求产量而忽视环境条件和橡胶树的抗性，当然也不宜过分强调抗性，而忽视产量。

②要立足严重灾害 再好的环境也要充分估测灾害侵袭的可能性；根据可能受害的环境，相应配置抗性强的品种。

③要多品种配置 由于各植胶区遭受的自然灾害不同，就寒害来讲，有的地区或有的年份以平流降温为主，也有辐射降温为主的，更有两者混合型造成寒害的年份。

④要良种良法 即使用良种的同时，要采取相应的技术措施，以提高良种的抗灾能力和发挥良种特性。

(2) 小区区划

低温寒害是云南省种植橡胶的主要限制因素，因此，在根据大区、中区的划分基础上，根据小地形因素，以坡向、坡位为主，并结合坡度、坡形、特殊小地形及橡胶树受害程度考虑，逐个山头(地段)进行"三面"(即阳坡、阴坡和半阳坡)、"两层"(即上、下坡位)或"三层"(即上、中、下坡位)的划分。按前表 2-4 划分为 3 种类型：轻害区、中害区和重害区。具体区划时要使用 1∶5 000 或 1∶10 000 地形图，通过现场调查，逐个山丘或地段进行。对低山及高丘可按三面(阴坡、阳坡、半阴或半阳坡)、三层(坡上、坡中、坡下)划分；对中丘或低丘可按两面(阴坡、阳坡)、两层(坡上、坡下)划分。在确定小区类型和界限后即标绘于地形图上，并作好必要的野外工作记录。小区面积大小可视具体地形单位而定，从十几亩至上百亩不等。一般每个小区面积不得小于一个树位，也不宜大于 500亩，以便生产管理。根据生产需要和自然特点还可划分小区副型，如据土壤自然肥力可分：高肥、中肥、低肥 3 种副型。通过副型划分，可为品种对口配置提供更科学的依据。

(3) 品种配置

使用品种，必须在农业农村部或省级主管部门确定的生产性推广品种中选用，并不能超过规定的推广规模。未经批准的新品种，不得用于生产种植。

根据所划分的环境类型小区特点，结合橡胶树各品种的特性，按类型小区进行品种配置。轻风(寒)区以生长快、耐刺激、产量高的品种为主，如'PR107'和胶木兼优及高产的品种，适当配置中抗高产品种力争产量；中风(寒)害区和重风(寒)区以生长快、耐刺激的中抗高产品种为主，如'热研 7-33-97''热研 7-20-59''云研 77-2''云研 77-4''云研 73-46''IAN873'(云南东部植胶区)等，适当配置高抗中产品种，提高保存率，争取高产量。

①主品种 每小区一般以 1~2 个最适应而又符合速生高产稳产要求的品种为主，占小区面积的 60%~80%，若小区环境条件基本一致的，主品种配置规模可视情况提高到80%~100%。

②辅助品种 除主品种外再配置 2~5 个其他的辅助品种。

4.2.4.4 种植形式、种植密度规划

橡胶树的种植密度是指在单位面积上的种植株数；种植形式是指橡胶树植株间的距离和排列的方式。一定的种植形式构成一定的密度，一定的密度可以有几种形式，橡胶树的种植密度和形式，直接影响到橡胶树的生长、产胶、抗性以及经营方式、投资和经济效益。要确定一个地区适宜的种植密度和形式必须依据地区的自然条件，同时也应考虑橡胶树是多年生的乔木，不同树龄会有不同的反应；另外，间套种的情况也是必须考虑的因素。因此，要选择适宜的种植密度和形式，必须从实际出发，因地制宜，力求合理，以获得较高的经济效益。

（1）种植密度和形式与橡胶树生长、产胶和抗性的关系

①密植树冠郁闭早，为获取阳光，高生长加速；后期，由于生势减弱，高生长缓慢。

②橡胶树的茎围生长在定植头几年，还没有形成郁闭的树冠，不同密度的树围比较一致。随着橡胶树的生长，树冠郁闭度增加，树围生长也随着受到抑制。密植的橡胶树，茎围生长受抑制的时间早，随着时间的推移，受抑制的程度越来越严重。因此，橡胶树的茎围生长，是随着种植密度和树冠郁闭度的增加而减少。

③疏植有利于树冠生长，密植的树冠郁蔽早，植株之间竞争激烈，两极分化严重，树高冠大、根系发达的植株越来越处于优势地位；而受压制的植株生长缓慢，越来越弱，结果推迟开割或形成不能开割的无效株。

④与树皮厚度的关系，橡胶树树皮厚度随着密度的增加而变薄。密度越大，原生皮的生长和再生皮的恢复越慢。

⑤疏植茎围增长快，树皮厚，乳管发育较好，单株产量也较高。密植的茎围小，树皮薄，乳管数量少，单株产量也较低，即单株产量随着密度的增加而减少。橡胶树的单位面积产量，系由单株产量和单位面积割胶株数所决定，而且均受密度制约。在一定范围内，种植密度增大，单位面积的割株数相对增加，单位面积产量也随之提高；然而，随着密度的增大，单株产量则减少。此外，密度增加，无效株也增加，相应地减少了割株株数。密度增加到一定限度，单位面积产量基本上达到了顶点，不再增加。如果在限度上再增大密度，单位面积产量的提高则很少。

⑥与抗寒、抗病的关系　据云南省植胶区的调查，种植密度、形式与橡胶树基部发生寒害（即"烂脚"）有密切的关系。密植的橡胶树林郁闭度大，林内直射光少，温度低，有害低温时间延长，加之湿度大，在湿冷情况下，导致"烂脚"严重。疏植的则相反，尤其是宽行距种植的，林内的光照充足，湿度小，寒害相对地减轻。如云南省瑞丽农场勐卯一队于1962年种植的无性系'PB86'，原植株行距3m×6m，每公顷555株，后因"烂脚"严重进行隔行疏伐，行距扩大为12m。1970年寒害调查结果，疏伐的"烂脚"寒害率6%，指数为1；而未疏伐的受害率为70%，指数2.8。种植密度与橡胶树的割面溃疡病的关系，同"烂脚"寒害的情况相类似。

（2）种植密度及形式

合理的种植密度及形式是根据纬度、气候、地形地势、土壤肥力、寒害性质、品种特性以及经营方式，如间种等条件综合平衡而确定的。我国植胶区纬度偏高，大部分植胶区山高坡陡，因而抗寒和水土保持是确定种植密度及形式的突出因素。根据几十年的植胶经验，我国适宜的种植密度及形式是每公顷种植株数以450株左右为宜，采用宽行密株种植形式，一般株距2.5~3m；行距8~10m，采用双行植（大小行）间作长期作物的林地行距可扩大到16m。日照短的阴坡、低温高湿的地段宜疏；日照长、通风透光较好的地段可稍密。平地和坡脚宜疏不宜密。不同品种，如抗风、抗寒、抗病，或具有树冠小枝叶稀疏、再生皮恢复快、单干型等特性的品种，可稍密；凡抗寒、抗病力差，或其有枝叶茂密、树冠大、再生皮恢复慢、多干型等特性的品种，应稍疏。

4.2.5 "五林"规划

根据每个植胶区生态环境，荒山荒地特点及生产生活需要，因地制宜地保留或营造防护林、水源林、薪炭林、用材林和经济林。并按五林各自的特点和营造目的不同，在设计时分别对待。

(1)防护林

根据防寒、防风、防放养牲畜危害、抗旱、水土保持等不同的用途，保留或营造防护林。注意防护林距橡胶林地边行不能少于10m。

新建防护林树种最好选择高大常绿、根深叶茂、树干挺直、抗风力强、生长较快、病虫害少、与橡胶树不为同一寄主，并具有较高经济价值的树种。防护林宜采用多层次多种类配植。

(2)水源林

凡水源附近原生的杂木林、竹林应全部保留，不得砍伐。缺林或少林的应规划营造。营造时以常绿阔叶、树冠大而浓郁、分枝多而密、根深而发达的树种为宜。云南植胶区一般可用栎类为主的常绿阔叶树种。

(3)薪炭林

提倡使用清洁能源。在无条件的地区，种植速生、快长、耐砍伐、燃烧值高的铁刀木等树种。薪炭林应尽量利用陡坡、箐沟和不宜植胶的荒地营造。

(4)经济林和用材林

经济林和用材林包括木本水果、干果、油料、竹林、珍贵木材林等，可用场内零星土地、非宜胶地选择优良品种进行营造。

"五林"规划设计时，要综合考虑，统一安排，尽量做到一林多用，提高造林经济效益。

4.2.6 道路规划

胶园的道路由主干道路、支干道路、林间道路和上山小道("之"字路)四级组成道路网，以方便运输和生产作业。

4.2.6.1 主干线和支干线

线路选择要符合短而顺；与现有的公路相连接；对内以居民点、加工厂为目的地，并尽可能地穿过大片的胶园中心。主干道路路基宽8m，量大纵坡8%；支干道路路基宽6m，量大纵坡10%，也可按交通部颁发的《公路工程技术标准》3级和4级公路修筑。

4.2.6.2 林间道路

要能连通支线和林段，路面宽一般3m，能常年通车，以保证运输。林间道路的设置应视地形及胶产品、肥料的运输需要而定，一般可沿林缘或在林内修筑；林段面积小或坡度在20°以上的较陡坡地，可在几个林段间的适当位置设一条主要林间道路，其他林段间及上山只修一般人行"之"字小道。

4.2.7 居民点、收胶点规划

居民点的规划要兼顾生活方便(靠近主支干线、有水、地势平坦)和生产管理方便(在生产地的中心)，收胶站(点)的规划要考虑收胶站(点)所属的所有林段之间的距离，以利投产时机车集运胶乳或凝胶块。

4.2.8 水土保持工程规划

云南植胶区地处热带、南亚热带季风气候区，每当雨季来临，暴雨频繁。在云南河口，也有日降水达239.2mm的记录。再加植胶地大多在丘陵山区，坡度较大，因此，胶园地面如无适当的覆盖和相应的水保工程，容易引起严重冲刷，致使地力衰退，橡胶树根系裸露，生长、产胶均受影响，日积月累，其后果十分严重。为长期合理利用土地资源，在植胶地开垦和胶园抚育管理的各项作业中，都必须注意水土保持工作。胶园水保工程的内容包括各种形式的梯田、蓄水沟(或称水肥沟)、截水沟(或称天沟)、泄水沟等。

4.2.8.1 梯田

(1)梯田的效应

在坡地上修筑梯田，可将大股的径流截留成分散的、小股的径流。除在梯田面上可蓄留部分降水外，还可使由上而下的径流，改变为等高的流向，从而缓和其强度，减少冲刷。根据华南热带作物科学研究院和海南国营阳江农场协作的试验表明，修筑梯田后，使地表的土壤冲刷明显减少(表4-2)。同时，表明各类梯田的土壤含水量也均比对照为高。据测定，全年的平均值，0～20cm土层中的含水量提高4%～5%，20～40cm土层提高2%～4.5%。另外，梯田表面沉积冲下来的淤泥，正是由于上述保水、保土、保肥的效果，从而使橡胶树的生长和产量都得到了改善。此外，修筑梯田后还便于管理和割胶，对于提高工效的作用也不能低估。

表4-2 不同类型梯田防止水土冲刷的效果

梯田类型	每亩土壤流失量(m^3)	流失表土厚度(cm)
水平梯田	0.247	0.037
环山行	0.773	0.116
沟埂梯田	0.786	0.568
不筑梯田(对照)	1.322	1.983

又根据中国科学院热带植物研究所在西双版纳年降水量1 459mm的情况下，对不同情况下观测的资料，开梯田的橡胶林、橡胶树茶树间种林与雨林的水土流失近似；间种增加层次保持水土，优于单一种植，显示了梯田与橡胶林保持水土的功能。

(2)梯田类型

①沟埂梯田 一般只适用于坡度5°以下的平缓地。

②水平梯田 在降水强度较小或坡度中等的植胶地区，适于修筑水平梯田。

③环山行(也名反倾斜梯田) 在降水强度较大的植胶区，或土壤透水性较差，或坡度较大的地区，均可修筑环山行。各类梯田类型如图4-1所示。

4.2.8.2 截水沟、蓄水沟、泄水沟

(1)截水沟

在高丘陵地区种植橡胶树时，丘陵的上部或顶部一般都已留有块状林地，以保护气候环境和防止丘陵上部水土的严重流失。为了防止丘陵上部的径流冲入胶园，还应在胶园的上方，等高环山挖掘1～2道深80cm左右的天沟或蓄水沟，以削弱上坡的径流。在陡坡地

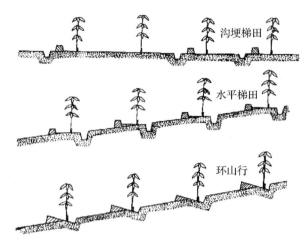

图 4-1　各种类型的梯田

段，天沟不宜环山整体挖成通沟，在一定地段距离保留一段原土层，以免积水过多使土体加重导致坡面滑坡。天沟也应挖排水口，便于大雨时排去大量积水。

（2）蓄水沟（水肥沟）

在胶园的橡胶树行间，挖一道长 150~200cm，宽 40~50cm，深 40~60cm 的沟穴，以截留地面径流和冲刷下来的土壤，并可聚集橡胶树的枯枝落叶，起到保水、保土、保肥作用，对橡胶树的生长和产胶有良好的作用。挖沟时，挖出的土壤可培护橡胶树的根。据观察，这些蓄水沟中橡胶树根系发达，落叶堆积腐烂后是很好的肥料。挖沟的胶园橡胶树生长量比无蓄水沟的胶园橡胶树大 3.6%~8.1%。挖蓄水沟的工作可在秋末冬初或初春进行，因在橡胶树生长季节挖土伤根太多，对橡胶生长产胶不利。挖沟后在沟上盖些草，以起到遮阴保湿的作用。

（3）泄水沟

在丘陵地区种植橡胶树，其下方有水稻田的，应在农田上缘挖泄水沟，以避免胶园的水冲入农田，毁损庄稼。泄水沟应按等高设置，深、宽各 50~60cm，并设排洪口，从沟里挖出的土堆在沟的下方，以便提高泄水和效果。

4.3　林地开垦

林地的开垦是在搞好植胶宜林地规划的基础上进行的，是胶园基本建设中极其重要的环节。林地开垦质量的好坏，会直接影响橡胶树的生长、产量、抚育管理和采胶工效，会长期影响胶园水土保持的状况，关系到劳力和投资等投入的成本。因此，在林地开垦之前应做好周密的施工计划，既应坚持质量标准，又要减少耗工和投资，还应抢在定植季节之前完成。云南省植胶区多为丘陵山地，雨量集中，病、寒害易发生，故在开垦时要认真做好水土保持，严格控制株行距，充分、合理利用土地，彻底清除根病病原和寄主，确保开垦质量，给橡胶树速生高产创造较适合的环境。

4.3.1 开垦的质量要求

(1)留表土

尽量保留和充分利用表土，为新植橡胶树和其他作物创造良好的土壤环境。

(2)清杂物

将地面树头、树根、石块等障碍物以及一些能诱发橡胶树病虫害源的杂草、杂木等清除干净，为今后的胶园管理、耕作准备条件。

(3)开梯田

坡地的水土保持工程，梯田或环山行的等高水平、宽度、内倾斜角度必须符合标准，以保证水土保持工程的质量。

(4)布置林间小道，排水系统及防牛设施

按规划设计要求，布置林间小道，排水系统及防牛设施等，严格控制种植橡胶树的株行距和密度，充分利用土地，并按规定大小挖好植胶穴，施足基肥，为橡胶树幼苗的生长创造良好条件。

(5)提前1~2个月完成开垦

全部开垦作业应在橡胶树苗定植前1~2个月完成。

4.3.2 开垦的程序和方法

林地开垦的方法有机械开垦和人工开垦两种，不同的开垦方法其开垦的程序也有所不同。以前用人工开垦的方法，现在都用机械开垦。

4.3.2.1 机械开垦法

采用农业机具为主，人力为辅的开垦方法属于机械开垦法。目前在开垦作业中常用的农业机具有：挖掘机(大型：清挖树桩，小型：开挖植胶带、定植穴、回表土)、推土机、装载机、重型犁、耙等。采用机械开垦速度快，质量好，机械作业为主，人力为辅，既可减轻劳动强度，加快开垦速度，又能提高开垦质量。

(1)机械开垦作业程序

倒树→清山(岜)→定标→修梯田→挖穴→回表土、施基肥。

(2)机械开垦的作业方法

①倒树　用推土机或经改装后的推土机(即在推土板上焊上几个齿牙，以防止树干滑动)作业。倒树时，树木不必经过修整，可借助庞大树冠的重力，帮助倒树作业的顺利进行。原有树木应按顺序连片地向同一方向推倒。在坡地则可将树木倒向坡下，注意避免树木枝条互相挤压或交叉扯拉，否则会影响清理工作的进行。推倒的树木截锯处理后，将木材分类堆放、清运。枝叶集中堆放，便于烧岜。

②清山(烧岜)　将小树、枝条、树头、树根和杂草砍碎晒干，用火烧毁。

③定标　具体做法见4.3.3定标。

④修梯田　机械化修梯田用小型挖掘机(带有推板)来作业，按照定好的标高，利用挖掘机的推板和挖斗配合，推出植胶带(环山行)，内倾角度达到10°，带面宽度2.5~3m。

⑤挖植穴　按照株距先用石灰粉标记出植穴的位置，植穴一般要求偏向于梯田面内侧，用挖掘机挖出植穴，穴的标准为70cm×80cm×100cm；石头多且挖掘机难以操作的地

段，可用人工挖植穴，穴的标准为 60cm×70cm×80cm。

⑥回表土　植穴挖好后要暴晒 1 个月后才回表土，施入基肥，以有利于植穴内深层土壤的熟化，对幼树生长有利。据测定，挖穴 3 个月后才回土的植穴，橡胶树当年生长量比随挖随回土的植穴大一半。坚持表土回穴是植胶的一项极重要的速生栽培措施。据测算，1 个 80cm×80cm×60cm 的植穴，回入肥沃的表土时，相当于施入 90kg 左右的压青材料和 2kg 的尿素。因此，有"保肥重于施肥"之说。

⑦施基肥　在植穴回表土时，每个穴应拌施 10~20kg 成品有机肥（或堆肥、牛厩肥），施过磷酸钙 0.25~0.5kg 或磷矿粉 1~2kg 做基肥。肥料要施在 40cm 深处。

4.3.2.2　人工开垦法

在坡度较大，机械难以作业的丘陵山地，或机械设备不足、土地面积不大的林地，采用人工开垦。人工开垦投资较少，但劳动强度大。

(1) 人工开垦的作业程序

砍林带边线定出林段边界（全垦时可省略）→砍岜→开设防火道→烧岜→清岜、清理有用木材→定标→修梯田、留表土、挖穴→回表土、施基肥。

(2) 人工开垦的各项作业要点

①砍林带边线定林段边界　这项作业只有在森林地和杂灌木林地上，将原生植被保留作为防护林时才进行，其他全垦地则不必要。作业时两人一组，按林地规划设计的防护林带位置与宽度，在林带的两侧同时砍伐前进，边砍边互相呼应，随时校正林带走向，掌握好林带的宽度。边线砍伐的宽度在 1m 以上，并相隔一定距离做上明显记号。

②砍岜　把林地地面的杂草杂木砍倒，俗称砍岜。砍岜时，由林地的一边开始或两头相向进行，在坡地上应从坡下向上砍，先砍去杂草和林下灌木，再砍大树。砍伐的杂草、灌木，留茬要低，砍伐的树木向同一方向倒下，便于清理。

③开设防火道　砍岜时，必须开设好防火道，防火道应开在下风头处，以防止烧岜时烧毁防护林或其他作物。

④烧岜　将岜地的杂草、杂木、枝叶等烧除，一般不应等枝叶干枯后才烧岜，而力求采用小烧岜，仅把一些枝叶、杂草、藤蔓烧掉，便于清理即可。烧岜宜在傍晚时进行，点火时要从下风头点起，使逆风而烧，要注意确保安全，防止森林火灾发生。

⑤清岜　清理有用木材，把未烧尽杂木、树枝清出林段，并处理好大树的树根，以防止根病的发生和传染。可用药剂毒杀处理树根，常用的药剂为 5% 2,4-D 丁酯或 2,4,5-T 丁酯，用斧背在树桩上砸去宽 10cm 的环形树皮，在形成层上，涂上药剂即可。

⑥定标（见 4.3.3 定标）

⑦修筑梯田、留表土和挖穴　人工修筑梯田与挖植穴同时进行。挖植穴时，将表土放在穴的两侧台面上，留足填满 1 个植穴的表土（不少于 0.5m²），然后将挖出的心土用于修筑梯田埂。修筑梯田时应以定标部位作为挖填方的分界，以保证梯田面的等高水平。在 20°以下坡地梯田面宽度为不少于 2m，内倾 5°~8°；20°~30°陡坡梯田面不少于 1.8m（内倾 8°~10°）；30°以上陡坡地梯田面不少于 1.5m（内倾 8°~10°）。环山行向内倾斜 12°~15°。较陡坡地为便留表土，从坡顶自上而下顺序开挖。

植穴要保持在梯田面的中心或内侧的 1/3 处，如以定标点作为梯田面内侧 1/3 的定点，则该行梯田和整个林段均应按此要求修筑梯田，否则，梯田面就不能保持水平等高，全林段的株行距也会不合格。

植穴一般要求偏于梯田面内侧(图 4-2)，以免梯田边缘受冲刷而使橡胶树根外露，但在寒害严重的地方，特别在阴坡，则应将植穴适当外移，以减少"烂脚"的发生。

植穴挖方穴和圆穴均可。一般穴面宽 80cm，深 70cm，底宽 60cm。挖穴时，要把表土与心土分开堆放，心土用作修筑梯田，表土回穴。

⑧回表土、施基肥　挖穴后 1~2 个月将表土填回穴内并施基肥。最好是在定植前 1 个月回表土，施基肥的种类和用量均与机械开垦法中的项目做法相同。

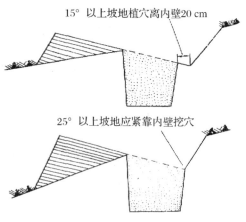

15° 以上坡地植穴离内壁20 cm

25° 以上坡地应紧靠内壁挖穴

图 4-2　坡地环山行上的挖穴位置

4.3.3　定标

定标是指按种植橡胶树的形式、密度和规格，在林段内具体定出植穴的位置。坡地在定标工作中要尽量做到每一条植胶带的走向等高水平，避免出现断行、插行，以保证梯田和环山行的质量，做到充分利用土地，合理安排橡胶树种植位置。在 5°以下的平地或缓坡地上，可采用"十"字线定标法，在 5°以上的坡地、山坡地要采用等高定标法。

4.3.3.1　"十"字线定标法

定标时，先在靠近林段内的一边按行距定出一条基线，一般是平行于林段的长边，然后按植胶行距的数倍距离定出与基线平行的第二条基线，如行距为 10m，则按行距的 5 倍或 6 倍距离，在距第一条基线的 50m 或 60m 处，定出平行于第一条基线的第二条基线，以上述两条线为基准，就可按株行距的要求，进行"十"字交叉拉线，不断延伸，定出每一条植胶行和植穴的位置(图 4-3)。

如林段形状不规则的可先从较规则的一边，或以最长的一植胶行做基线定起，逐步向不规则的地段延伸。

平地定标时，如果采用长方形的定植形式，植行最好东西走向，株间交叉排列。这样可使植株均匀地得到阳光，树冠分布较匀称，并有利于行间覆盖或间作物的生长，但也要结合地形及风向等方面考虑。

在定一条基线时应距离林带边缘 5~7m，作为林段内的通道，又可避免防护林树木影响橡胶树的生长。

"十"字定标需要的工具：全站仪、经纬、标杆、测绳钢尺、皮尺等。用罗盘仪定向和做直角交叉定线都较正确和简易。

4.3.3.2　等高定标法

凡是坡度大于 5°的坡地，用等高定标法。等高定标法主要采用基线定标法和基点定标法。

(1)基线定标法

在一个林段内或坡面上选一个具有代表性的地段，从上到下或自下而上地先定出一条基线，在基线上按规定行距的水平距离测出每一行的标点，然后由这一标点开始，向左右

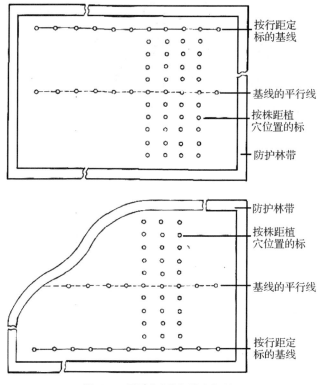

按行距定
标的基线

基线的平行线

按株距植
穴位置的标

防护林带

防护林带

按株距植
穴位置的标

基线的平行线

按行距定
标的基线

图 4-3 平地"十"字线定标法

两侧按等高水平定标(图 4-4)。

基线定标法简单,易于掌握应用,但不可避免地要出现断行和另加插行;在上下两行间距大于行距的 1.5 倍时,只好插行。否则浪费土地,并减少单位面积内的株数。在选择有代表性的地段时,如一个林段或山坡的坡度都比较陡,只有局部地段比较平缓,基线就应设在坡度较陡的坡面上;反之,基线就应选在比较平缓的坡面上。这样可尽量减少断行、插行。

(2)基点定标法

不设基线,采取逐行灵活选择代表性基点,然后再从此基点开始定标的办法。其好处是可以减少断行、插行。具体做法是,在一个林段或坡面上选一块具有代表性的地段,先定出一条等高的植胶带,从定好第一行植胶带,照顾到上下行,依通过的地形坡度变化情况,确定在规定范围内的行距,并找一适宜点开始定上一行或下一行的植穴标,如此延续扩展进行,直至整个林段定标完毕(图 4-4),表示左侧坡度比较陡,右侧比较平的一个林段。

第一行定标完毕后,准备定第二行标时,在较缓的山坡侧定基点,如按规定行距设基点,侧定到林段较陡坡侧时,必然会出现行间过窄而断行,在这种情况下应把缓坡侧基点的行距适当放宽。反之,如在林段的较陡侧坡定基点,就要比规定的行距缩小,否则定到缓坡侧坡时,就会出现行距过宽而需要加插行。

用基点定标法,工作人员要具有鉴别坡度大小的观察力和一定的实践经验,林段坡面坡度较一致,改变不大,同时定标前林段内的清岜整地工作应做得较好,使定标工作人员

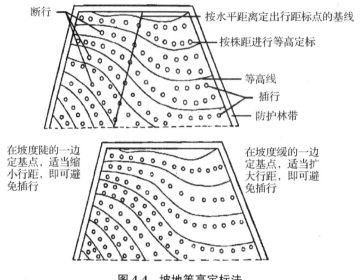

图 4-4 坡地等高定标法

能看到林段的全貌，以便确定每一行间的行距和选定基点，否则会出现比基线定标法更大的误差。等高定标的工具有：水准仪、测坡仪、人字水平架、望筒等，此外还有标尺、标杆、测绳、皮尺等。

4.3.3.3 断行及插行弥补方法

由于在同一林段内或同一坡向的坡面上，地面坡度有大有小，使两条平行等高的植胶带延伸时，两行之间的距离就会发生变化，坡度小的地方两行相距远，坡度大的地方两行相距近，如按坡度小的地方定出一定距离的两行植胶带，到坡度大的地方可能两行相遇在一起，不得不取消一行；相反若按坡度大的地方定行距的两条植胶带，到坡度小的地方，两行间的距离就会很大，以至不得不加入插行，这就是断行、插行的由来。如断行、插行出现过多，会造成梯田不连贯，林相不整齐，土地利用不经济，林间管理也不方便。因此，为了减少断行、插行，可以用调节株行距方法来弥补。一般来说，增加插行比多断行好，因为，插行处坡度相对地较平缓，对于上下环山行植胶带的衔接较好处理。

4.3.3.4 定标时应注意的事项

（1）定标前应校正仪器

手持水准仪、测坡仪、水平尺的校正方法是将仪器上的"十"字线（也称照准线）与觇牌上的"十"字线调整到相等高度，然后把仪器和觇牌分别立在等高点上互换位置观察，如都等高，表明仪器没有误差；反之，则检查误差原因，加以调整。校正手持水准仪的方法是，首先将觇牌"十"字线调至与观测人的眼睛高度一致之后拉开一定的距离，在相等高度的位置上，通过眼睛将水准仪的"十"字线与觇牌的"十"字重合，如果仪器中的水平气泡与照准横线相重合，说明没有误差，否则要重新调整。

（2）确保仪器和观测人员固定

定标时应尽量减少仪器的移位，仪器移位点，应观察更准确些；观察时眼睛不要太靠近仪器的视孔；观测人员应适当固定，避免因视力不同产生误差。

（3）定标顺序

定标时一般由山顶到山脚，并随时计数。

（4）断行或插行标记

在出现断行或插行的地方，要相应做出标志，以方便施工。

（5）"大弯随弯，小弯拉直"

在急弯的地方多插几根标，使梯田修得更水平些，标线过于弯曲时，可根据"大弯随弯，小弯拉直"的原则，加以全面修正。

4.3.4　修筑水土保持工程

在胶园内修筑水土保持工程，可以有效地防止土壤的冲刷，提高土壤的含水量和肥力，起到保水、保土、保肥的作用，促进橡胶树的生长，提高产胶量，便于管理和割胶。

4.3.4.1　5°以下的平缓地段

一般不必专门修筑梯田，按照等高开出植胶带（平缓坡地内倾 5°~10°）。植胶后，结合施肥挖掘水肥沟，以达到拦蓄径流和保持水土的目的。

4.3.4.2　25°以上的坡地

必须修筑梯田，一般是修筑田面宽 2m 或 2.5m 的水平梯田或环山行。水平梯田为带面水平，梯面可向内倾斜 5°~10°，在梯田外缘要筑 20cm×30cm×60cm 的土埂；环山行的外缘不筑土埂，但田面要向内倾斜 15°。

4.3.4.3　其他水土保持工程

开挖蓄水沟（或称水肥沟）、截水沟（或称天沟）和泄水沟等。

4.4　胶园更新

树龄较老或因遭受自然灾害影响，单位面积内的有效割株少，橡胶产量低的胶园，在失去其经济效益时，必须实行重新种植，这种作业过程称为胶园更新。胶园更新是橡胶树生产周期中的重要阶段，也是使橡胶产量加速递增的重要措施。本节重点叙述胶园更新的要求和程序。

4.4.1　胶园更新的要求

4.4.1.1　做好更新规划

首先调查现有胶园橡胶树保存率、死皮、寒、风害灾害以及胶树产量等情况，据此分类排队，综合分析，做出更新规划。更新的标准两点：第一，云南省第一代胶园前期采用常规割制，后期采用乙烯利刺激新割制，割胶达 35 年以上；新胶园采用乙烯利刺激新割制，割胶达 40 年以上，已无可供割胶操作的树皮时，给予更新。第二，自然灾害造成的残缺胶园，每亩有效开割树少于 10 株，产量低于同类型的 60%，给予更新。一般先更新单位面积产量低的胶园，后更新次低产的胶园；先更新甲等、乙等宜林地胶园，后更新丙等宜林地，淘汰非宜林地胶园。

更新胶园，要按新一代胶园建设的要求，对山、水、胶、林、路进行综合规划；按照橡胶林—二线作物和间作物或覆盖作物的多种多层植被的生态模式实行规划，把新一代胶园建设成工程质量高、抗灾能力强，优质、高产、高效的现代化橡胶生产基地。

4.4.1.2 提前做好更新准备

为了减少更新对橡胶产量的影响，节省投资和减轻劳动强度，在胶园更新前，应做好以下几项准备工作。

(1)制订更新计划

更新计划包含总任务和年度计划、地点和投资。计划的制订涉及强割的安排，种苗、资金、各项物资和肥料的准备。把更新的年度、面积、具体地段做出规划，并绘制成图，以便组织落实更新措施。

(2)提前强割

根据胶园更新规划的次序，按更新砍伐的时间，制定出强割措施，以挖掘橡胶树的最大产胶量，采取比正常割胶强度大一倍或几倍的措施，尽最大可能在胶树砍伐前获取更多的橡胶产量。在更新前3~5年采用强割制度进行强割，充分挖掘胶树最后的产胶能力。强割的技术措施：

倒树前3~5年，（S/2+S/4↑）d/4+ET（4.5%~5.5%）；

倒树前1~2年，（2S/2+S/2↑）d/4+ET（5%~6%）、（S/2+2S/2↑）d/4+ET（5%~6%）。

(3)提前育苗

根据更新定植计划，必须提前准备好足够的优良定植苗木，包括优良品种的橡胶苗、覆盖苗及间种用的经济作物苗等。优良的橡胶种植材料，不仅能缩短非生产期，也是速生、高产、稳产的重要条件之一，必须在种植前，按"选优汰劣"的原则，挑选优质苗木定植，严禁使用劣苗。

(4)根病树调查和处理

由技术人员对更新林段逐株检查，并对病区、树做出明显标记和记录，用挖或爆破的方法处理。

(5)提前做好器材准备

维修更新机具，准备好人工配套用具，如锯、斧、锄、刀等，此外，肥料、农药等都应备足。

4.4.1.3 积极发展多层栽培、多种经营

胶园更新时，无论面积大小，应对更新地段进行统筹规划，制订合理的种植计划，积极发展多层、多种经营。实行间作，可以提早收益，以短养长，提高胶园的经济效益。在自然灾害严重的地区，还应配置适合当地生长的二线作物，以提高胶园抗灾能力。

4.4.2 胶园更新的方法和程序

4.4.2.1 胶园更新的方法

(1)全面更新法

全面更新法是指把更新胶园中的老橡胶树全部推倒，重新种植橡胶树以及间作物等的方法。其优点是有利于进行山、水、胶、林、路的全面规划，合理利用土地，提高机械化作业的程度；使橡胶树—间作物和覆盖作物配套种植，既可促进橡胶幼树的生长，又可改造自然环境，更有利于按高标准建设现代化胶园。所以，全面更新是目前较普遍采用的更新方法。按更新时使用机械程度的高低，可分为机械更新、人力更新和人机结合更新3种，现在都用机械更新。对倒树、清除树根、挖穴等作业均使用农机具。机械更新的工

效高，成本低。

（2）林下更新法

在更新胶园中，按新设计的定植株行距种植橡胶树苗，对老橡胶树进行适当的疏伐，并将杂草、杂木清理出植胶带，待新种的橡胶幼树生长 2 年后，再砍伐其余老胶树。林下更新，老胶树可多割胶 1~2 年，胶园也不致有暴露荒芜的时期。在风害严重的地区，橡胶幼树在老龄胶树庇护下，可减少强风的为害。但林下更新，不利于按高标准，规划设计建设现代化胶园的要求实施开垦作业。同时，砍伐老胶树时易压坏幼树，保留老胶树过多，又会抑制幼树生长，影响林相整齐，也不利于清除病虫害。目前，林下更新已不再采用。

4.4.2.2　胶园更新的程序

胶园更新规划是根据当地自然条件和承担的生产任务而制定的。以先更新宜林地的低产老胶园，再更新次低产的老胶园为原则，有计划地、相对集中安排，以利管理。胶园更新的程序：制订更新计划→更新前强割→倒树→清岜→林段的规划设计→开垦→定植。

（1）倒树

用推树机械直接把树推倒。

（2）断木

将推倒的橡胶树分段锯成原木，按长度、大小分类堆放在汽车能到达的地方，以便装载运输。橡胶树原木很容易受到病虫侵害，倒树后 48h 内必须进行防腐处理。

（3）清岜

把剩余的枝条、树根等清理到林段的边缘或沟边，集成小堆，然后再进行清理或焚烧，以利于挖穴和修筑山行等开垦作业。

（4）根病树桩的处理

①根病普查　更新前必须全面进行根病普查，最好根据更新计划，提前一年落实到林段，更新林段确定后，即开始逐株调查，并在树上做好标记，以利于处理。

②药剂处理　用 5% 浓度的 2,4-D 丁酯、2,4,5-T 丁酯或 5% 的毒秀定等，在树桩上环状砸剥 10cm 宽的树皮，立即将药剂涂于环剥带上，毒杀效果较好。

③要病树清理　根病树全部用人工挖除或爆破清除，翻出的病根集中暴晒，烧毁。陡坡要适当控制，以免动土过多，水土流失。

④重根病林段处理　重根病林段，在集中处理后，最好先种绿肥或短期农作物 1 年，第 2 年再植胶，植穴土壤采用"敌力脱"硫黄、粉锈宁等消毒，以减少对幼树的侵染。

4.5　定植

定植是将种植材料从苗圃移栽到大田的一项作业，是直接关系到橡胶树的成活、生长以及林相整齐度的关键性工作。它涉及的内容主要是选择适宜的定植季节，掌握定植技术和植后的初期管理。

4.5.1　定植时间和天气

适宜的定植时间，应是既能达到最高定植成活率，又可使苗木冬季到来之前有较大的生长量，为安全越冬和速生打下基础。因此，应该利用有利的气候条件或积极创造条件，争取及早定植。云南植胶区常因早春干旱、土壤湿度小，植胶区多为山地交通不便，定植材料多为裸根苗，导致定植成活率不高。因此，定植时间应选在5~7月雨季来临时定植，视各地雨水条件和环境条件宜早定植，最迟不得超过7月上旬结束，争取当年苗长到三蓬叶以上越冬。如果有条件可在3~4月抗旱定植，春季抗旱定植，生长期长，当年生长量大，更有利于橡胶树安全越冬。

4.5.2　定植前苗木的准备

定植前苗木的准备工作主要是对定植材料采取有效的保水、保芽、保皮、保根措施，以利苗木定植成活和健壮生长。

4.5.2.1　芽接桩

在挖苗前12~20d于芽接口上方5cm处切干，切口封蜡。最好在接芽抽出1~3cm时（一般不宜超过5cm），挖苗定植，保留主根40cm，侧根15~20cm，挖苗前用小竹筒对剖，盖住芽后绑捆作为护芽盖保护芽。

4.5.2.2　高截干芽接苗

选用苗龄3年的芽接苗、茎粗3cm以上的壮苗。在定植前10~15d截干，截干高度在离地2.5m处的密节芽下方2cm处，切口封蜡，同时主根50cm处切断主根，茎干用石灰水刷白，以减少吸收阳光热量和水分蒸发，待顶端顶芽萌动时挖苗定植。挖苗时主根保留50cm，侧根留15~20cm。高截干芽接苗一般用于芽接桩苗定植后第2年的补换植。

4.5.2.3　籽苗芽接苗（小筒苗）

在1~2蓬叶，顶蓬叶稳定或刚抽芽时，移到大田定植。定植前1周停止淋水，以免在定植时袋土松散。如在雨水较少季节定植，应在植前1天对植穴淋水，使土壤充分湿润。在植前1~2d对苗木适当修剪，中下部叶蓬每片剪去1/3，顶蓬叶全部保留，以减少植株的蒸腾，提高成活率。

挖苗时要保护好萌动芽和根系。裸根苗要用1∶2∶7的新鲜牛粪、黄土和水拌为黄泥浆蘸根，做到随挖苗、随浆根、随运苗、随定植、随淋水、随盖草（膜），苗木运输过程中应轻拿轻放，要防晒、防品种混杂。

4.5.3　定植操作

4.5.3.1　定植深度

定植过浅，侧根容易外露，影响成活；过深则泥土淤埋芽片，影响幼苗生长。
①芽接桩的定植深度以芽接口离地面2~3cm为宜。
②高截干苗可适当深种，将接合点埋入地下，以减少"象脚"部位对割胶产量的影响。
③袋苗的定植深度宜维持原来的位置。

4.5.3.2　芽片方向

芽接桩的芽片一般向东北或向北，以尽量减少太阳直晒芽片。在丘陵地种植，芽片向梯田内壁，在常风大地区，芽片迎主风方向，以防止幼苗被强风吹袭从基部撕裂。芽接桩苗定植结束后要及时解除护芽盖。

4.5.3.3 多次回土，分层压实

(1)定植裸根苗

一般分 3~4 次回土压实，使根系与土壤紧密接触，以利根系吸收水分，定植时保持主根垂直，侧根舒展。切忌将侧根从基部踩断。

(2)定植袋苗

先用刀切破袋底，将袋苗放置穴中，从下往上把塑料袋拉至一半高度，在土柱四周回土，用力均匀地踩实(不能踩到土柱)，再将余下的塑料袋拉出，并继续回土压实。

4.5.3.4 盖草、淋水

回土完毕后，在穴面盖一层 2cm 厚的松土，并平整成锅底形，淋足定根水，然后盖草(或地膜)。高温干旱天气还需用带叶树枝遮阴，如植后无雨，每隔 5~7d 要淋 1 次水。

4.5.3.5 其他工作

(1)及时管理苗木

定植结束后，要按管理目标和劳动力资源划分管护岗位，以便尽早对苗木进行管理。

(2)插防风桩固定

定植袋装苗，对茎干纤弱的胶苗要插防风桩固定。

(3)深种技术

在风害严重的地段、无性系组培苗可采用深种技术。芽接桩裸根苗深种是印度、马来西亚等国的一项成果。其做法是将芽接部位适当提高，而定植时仍将芽片置于正常的离地高度，即芽片下面的部分砧木茎干被埋入土中，苗木根系处在较深处，埋入土中的实生砧木茎干逐渐转变成上粗下细，呈主根状，并从上面生出不定根，形成新的侧根。因此，深种起到延长主根的作用，并且增加侧根，增强了橡胶树在土壤里的固着力，是预防风害倒伏的措施。

4.5.4 抗旱定植

早春定植具有很多优越性，但云南西南部有春旱，若要在春季定植则需要有抗旱措施。除使用袋装苗外，国内外又研制了一些特殊的抗旱定植措施，主要有吸水树脂法、土包围洞法和围裙种植法。

(1)吸水树脂法

用高吸水树脂与水按 1∶14 拌成糊状，定植时阳坡每株取拌好的液体 400g、阴坡每株取 300g 加入盛 15~20kg 水的水桶中搅匀，作定根水淋苗木。每株定植后 7d 左右再淋 1 次水。或在定植后每株穴面撒施 40g 干粉，淋足定根水后加地膜的方法效果也好。此法操作简单，成本低，适用于有水源的林段。

(2)土包围洞法

在定植完毕并淋定根水后，围绕树桩 7~8cm 向内斜插一圈小木棍子(约 8 条)，直径约 15cm，棍子露出地面部分长 20cm，再用报纸或其他材料在木棍圈外侧围成高 20cm 的纸套筒，再在纸套外侧培土，一直培至纸套顶部，做成中央留洞(底大口稍小)的土包，苗木在洞中生长。由于土温比较恒定，在洞内造成一个温度相对较低的小环境，此外，土包本身也是穴面覆盖层，具有良好的保水作用。用土包围洞法定植时必须注意：做土包时尽量使幼芽处在洞正中部位，以防止土包顶部的高温灼伤嫩芽，此外，洞内较阴凉，大头

蟋蟀喜栖息其内，危害嫩芽，要注意防虫。在定植（更新）较多单位，可考虑用"塑料套筒"外培土，定植后可多次使用。

（3）围裙种植法

围裙种植法，也称沙龙（Sarong）种植法，是马来西亚在定植高截干苗时所采用的一种方法。具体做法是：挖长×宽×深为 60cm×60cm×40cm 的植穴，用粗约 4cm，下端削尖的木棒在穴底中央向下端捣一小洞，深度以能放置主根为准。把高截干苗的主根插入洞里，从四周将洞土压实，使土壤与主根末端紧密接触，再将穴下部填土并压实，使苗木稳固。再用平放大小为 96cm×25cm，长方形，两端钻孔用铁丝穿结成直径 30cm、深 25cm 的塑料套筒套住未埋土的苗木根部，套筒内填入混肥表土，压实，并向套筒内淋定根水。塑料套筒外暂不填土，穴面盖草，如连续干旱需及时淋水 1kg，以保持套筒内土壤湿润。由于根系四周有套筒围着，水分不易向四周扩散，只需淋少量水就能满足苗木需求。待苗木第一蓬新叶稳定时，取出塑料套筒，并将整个植穴用土填满，用此法种植高截干芽接苗成功率达 95% 以上。塑料筒可使用 2~3 次。

4.5.5 定植后的初期管理

（1）遮阴、淋水

定植后如遇持续干旱天气，应对接芽遮阴，淋水抗旱，防止苗木旱死。

（2）抹芽

用芽接桩作种植材料的要及时修掉砧木芽，减少消耗不必要的水分、养分。如接穗抽出两个以上的芽时应修掉弱芽保留一条壮芽。高截干苗顶部抽出的芽全部保留，以增加同化面积，促进苗木生长，以后任其自然疏枝。高截干苗如果回枯，宜立即切干至健康组织。当切成低切干时，保留一个壮芽重新培养树干。

（3）补换植

定植当年，要对林段的缺株和弱株用同龄同品种的苗木进行补植，做到当年林段全苗，苗木整齐。定植芽接桩，同时备 10% 的袋苗供补植用。二年生林段补换植应用高截干芽接苗，使补换植能赶上原定植苗。第 3 年以后，一般不再补植，此时补植的苗木必然受到原定植苗的抑制，常成为无效株或迟效株。

（4）保护苗木

植后要除净植穴周围杂草，用毒饵诱杀害虫及筑护好防放养牲畜危害工程（沟、壁、铁丝网、刺篱），以防畜兽为害。

（5）排水培土

定植后如遇大雨天气，植穴内有积水时要及时排除，露根要及时培土。

（6）防寒过冬

定植后要做好当年的防寒工作（方法见抗性栽培）。

（7）防日灼病

在易发生日灼病的地区，可在植穴周种植花生、大豆等。

4.5.6 林谱的建立

不论是企业还是私有胶园，定植结束后均应立即建立每个林段的林谱。林谱一式两份,以便为抚育管理、开割、定产等提供科学可靠的依据。林谱内容如下(表4-3、表4-4)。一个林段的林谱,从定植到更新,应保持档案资料齐全、完整。林段树位一经划定,不可随意变动。

(1)林谱封面

写明单位(种植户)名称、林段号、林谱建立年、月、日等。

(2)林段基本情况记录

写明海拔、坡向、坡度、垦前、植被、土壤、开垦(复垦)时间、面积、穴数、株行距、机械或人工开垦、垦前根病情况、梯田规格质量、基肥数量品种、定植材料、定植株数、平均每亩株数、定植时间、逐年补换植材料和株数等。

(3)绿肥覆盖及间作记录

品种、种植时间、收获情况等。

(4)林段抚育管理记录

逐年主要作业项目、数量、质量等。

(5)橡胶树生长量记录

逐年登记胶树的茎粗生长量,从定植后一直到全面投产后5年止。

①叶蓬数　各林段每年年底全面普查茎粗生长1次(当年定植的普查叶蓬数)。

②树围平均生长量　芽接树量离地面100cm处树围,普查后计算成平均生长量填入林谱。

(6)投产记录

树位规划及编号,逐年累计开割株数和开割率,正式投产时间(年、月),逐年胶乳产量、干胶含量及年平均单株和单位面积干胶产量、胶工姓名等。

(7)自然灾害情况记录

记录灾害种类(寒、风、病、虫、牛、兽、火灾等),灾害程度、面积和株数,防治及处理措施等。

表 4-3　幼龄胶园林谱档案

生产队		林段号		垦前植被		土壤肥力		坡向		坡度		定植时间	
面积(亩)		株数		株行距		品种		种植材料		基肥(kg)		投产时间	
	年度	年		年		年		年		年		年		年		年		年	
		累计增长量	本年增长量	累计增长量	本年增长量	累计增长量	本年增长量	累计增长量	本年增长量	累计增长量	本年增长量	累计增长量	本年增长量	累计增长量	本年增长量	累计增长量	本年增长量	累计增长量	本年增长量
开割前	茎围(cm)																		
	存苗株数																		
	自然灾害																		
	抚育管理情况																		
	施肥量																		

表4-4　开割胶园林谱档案

山号(林段号)：　　　　　树位号：　　　　　定植时间(年、月)：　　　　　品种：

	年　度	年	年	年	年	年	年
开割后	胶工姓名						
	割胶株数/总株数						
	开割率(%)						
	胶乳总产量(kg) 干胶含量(kg)						
	总产干胶量(kg)						
	平均单株产量(kg)						
	平均亩产(kg)						
	自然灾害						
	抚育管理情况						
	施化肥量						

附：

附表　胶园开垦定植标准

作业项目	质量要求	工期
一、清烧坝	要求大田内的残枝、杂草、树根等全部清烧干净	
二、规划定标	按照中幼林管理措施要求实施，包括砍削标签、定行标和穴标；株行距：9m×2.5m 或10m×2.5m(20°以上陡坡地形复杂的山地)；林间道路和"之"字路规划	
三、挖梯田	梯田面宽2m(陡坡地1.8m)，梯田面内倾为5°~8°，外筑埂30cm×30cm，内壁保持75°~80°，留足(0.7m³)回穴表土	
四、挖穴	穴边离内壁不超过20cm，植穴规格：正方形，口宽90cm，垂直深度80cm，底宽70cm	
五、开通林间道路和"之"字路	林间道路要便于管理和割胶时行走；"之"字路宽0.5m以上，坡度8°以下，能行驶独轮人力运输车	
六、回穴	用表土回穴，要求打碎土块、捡除草根、树枝、石块，拌施复合肥1.5kg/穴、有机肥(腐熟纯猪、牛厩肥0.5m³/穴，或腐熟干燥纯鸡粪5~10kg/穴)、钙镁磷肥1.5kg/穴	
七、定植	要求主根垂直，侧根舒展，苗木正直，分层回土压实，芽接面统一面向主风方向定植，根系不直接与肥料接触	
八、补换植	用袋装大苗补换，定植后每月底检查，发现缺株当月补换。要求单年保苗率100%，无缺株	

注：①要求严格检查每道工序。

②挖梯田内壁垂直高度平地0~50cm、缓坡50~100cm、陡坡100cm以上。

③在原带面开梯田按平地计价，碎石地统一增加30%工价。

小　结

本章介绍了胶园建立的主要内容：包括从植胶宜林地的选择、规则设计、开垦及更新、定植和林谱档案建立方面阐述了胶园建立的过程和技术要求，并明确了具体操作的标准。

思考题

1. 简述胶园规划的内容、程序和方法。
2. 简述林段规划内容和步骤。
3. 简述胶园开垦程序和技术要求。
4. 简述橡胶树种植密度和形式与橡胶树生长、产量以及抗性的关系。
5. 简述橡胶苗定植技术要求。

 推荐阅读书目

1. 橡胶栽培学 . 2000. 王秉忠等 . 中国农业出版社 .
2. 云南橡胶树栽培 . 2008. 周艳飞 . 云南大学出版社 .

第5章 胶园管理

【本章提要】

胶园管理是指胶园建立以后，在胶园的整个经济寿命期内，对胶园所实施的各项抚育管理措施。可以分为中幼林管理和割胶树管理两个阶段。中幼林管理主要是为了速生，割胶树的管理主要是为了高产和稳产。管得好的林段，胶树生势壮，林相整齐，开割早，开割率高，高产、稳产、病害少、树皮恢复快；反之则差。

5.1 胶树树身管理

树身管理主要包括：除芽、修枝、补换植、清除寄生物、防病虫害、防火、风、寒害及灾后处理。目的是求全苗、速生、林相整齐。

5.1.1 除芽、修枝

除芽、修枝是将砧木和接穗上多余的幼芽、嫩枝抹除，减少不必要的水分和养分的消耗，以利于接芽萌发，促进茎干生长，并可使树干正直平滑，方便将来割胶。

芽接桩定植后，通常要 3~5d 巡回检查 1 次，接穗芽外的砧木萌芽一律修除干净。从接穗芽上抽出几个幼芽的苗木，只保留 1 个壮芽，其余的全部摘除。

低截干芽接苗，选留一个着生部位高、角度小的壮芽，除去其他的芽。高截干苗回枯至树干不足 1.8m 的，也需要像低截干苗一样只留 1 个芽，重新培养主干。抽芽部位在 2.2~2.5m 以上的高截干苗，选留着生分散、方位合理的枝条 3~4 条为主枝，其余抹去。塑料袋全苗上山时，抹去侧芽，保留顶芽。

各类种植材料定植后都应培养有 3m 正直平滑的树干（高截干苗 2.5m），凡在这段茎干上抽出的幼芽和侧芽都应及时修除。抹芽时要用利刀由下往上将芽削去，以使树干圆滑。

已形成树冠的胶树，其下垂枝、病枝、枯枝，每年都要进行修除。处于风口、易发生"烂脚"的林段，离地 3m 以上中小枝条也应适当修除。修枝宜在冬旱季进行。易发生"烂脚"的林段宜在冬前进行。修枝应用利刀，切口应修平涂封，严防乱砍。

5.1.2 补换植

补换植是保证林段全苗、林相整齐，提高单位面积产量的一项重要措施。在定植当年就应对定植不成活和生长不良的植株进行补、换植，并且越早越好。定植芽接桩应同时准备约 10% 同品种的袋装苗作为补换植用。定植第 2 年仍需补换植的应采用高截干苗。第 3 年以后一般不再补、换植。补、换植后，应对补、换植苗加强管理，促进生长平衡、林相整齐。

5.1.3　清除寄生物

寄生物多发生在中龄和成龄树，如桑寄生、木龟等。寄生后夺取水分和养分，影响橡胶树的生长和产胶；严重时引起枯枝，木龟严重时导致不能割胶。因此，对桑寄生每年冬季胶林落叶后，必须全面清除一次，大枝上应切挖干净；小枝条连同寄生植物锯断清除。据热带农业科学院用 10% 的草甘膦与水按 1∶1 的比例配成药液，均匀喷洒在寄生植物的叶面上，处理后 10d 左右叶片几乎全部枯落；4 个月后，寄生植物枯死。在寄生枝方向的茎干基部钻洞施药，效果也好。木龟是橡胶树受刺激后或品种自身生理因素（如热垦系列某些品种）树皮中细胞异常分裂而形成的。严重时乳管系统受到破坏，失去产胶能力，无法割胶。因此，在出现时应及早彻底清除。最宜在 5~9 月橡胶树生长旺盛时期进行。伤口涂保护剂，促进伤口再生皮愈合，并注意防止虫害。

5.1.4　防火、风、寒害及灾后处理

（1）防火

定植后当年的幼苗，在植株周围进行人工覆盖的，进入干旱季节，风干物燥，要做好防火工作，加强专人巡逻，以免发生火灾。

（2）防风

定植当年的幼苗，材质脆，加上砧木和接穗的结合点尚未完全愈合，1~3 蓬叶的芽接苗最易遭受风害劈裂。为了防风害，在幼苗旁插立一根木杆，再用软绳或塑料带将幼苗绑在木杆上。在风害严重的地区，对胶树可进行截顶（目前一般林地不提倡截顶，任其自然疏枝）、修枝整型，培养矮而分枝均匀的树冠；并注意营造防护林和种植抗风能力强的品种（如'PR107''热垦 628''云研 77-4'等）。

（3）防寒及灾后处理

在寒害易发地区，冬季应对当年种植的幼苗搭盖三角式的草棚，以保护顶部幼嫩组织。并在冬前适当施用钾肥。低洼的林段要疏通林带，避免冷空气停滞而加剧寒害。冬季不宜盖草。盖草的草面上必须再盖土。因盖草后，草层把地面与空间分隔，因而得不到地中热量的补充；再由于草面辐射冷却变重了的冷空气易于停滞在草内空隙，致使草面最低温比裸地还低，因而会加重寒害。越冬后应适时清除胶园防寒设施，以免影响苗木生长，造成危害。

橡胶树受寒害后，在越冬后气温回升稳定时进行处理。干枯或枝枯的寒害树，要在干枯界线分明时，在分界线下方 2~3cm 处斜锯、修平，涂保护剂；寒害"烂脚"的胶树，其烂皮范围在树围 1/6 以下可不处理；1/6 以上的应清除坏皮层及凝胶，清洁伤口，木质部上涂保护剂，以防虫蛀；烂皮达 1/2 以上的，除用上述方法处理外，还可用"植根法"（在坏死部位的上方接抗寒实生苗桩）进行挽救。

5.2 胶园植被管理

为建成速生、高产的胶园，从胶园建立开始，就必须十分重视胶园的植被管理，尤其是前 3 年的管理。

5.2.1 除草（控萌）

杂草具有种类繁多、类型复杂、生命力强、防除困难等特点，因而除草是胶园管理中一项重要的长期性、经常性的作业。胶园除草主要是防除对橡胶树生长、产胶危害大的恶性杂草，如白茅、硬骨草、蔓生莠竹、大芒、香附子、两耳草、芒萁等。在防除方法上，有人力、畜力和机械防除、化学防除、生物防除等。由于除草剂的迅速发展，化学防除越来越普遍，已成为除草的主要手段。目前我国胶园的除草，总体来说也是以化学防除为主。普遍使用的除草剂是草甘膦，化学名为 N-（膦羧甲基）甘氨酸。它是一种广谱、高效、内吸传导、低毒的萌后除草剂。国内产品为 10% 草甘膦铵盐水剂（国外产品为农达 41% 水剂。有效用量，一年生恶草约 $0.75 kg/hm^2$，多年生杂草为 $1.5 \sim 3.0 kg/hm^2$，均匀地喷 $1 \sim 2$ 次就可消灭上述的恶草，配药时加入少量洗衣粉效果更佳；人工除草具有灵活易行的特点，除草原则是"除早、除小"，把杂草控除在幼苗阶段。植胶带宜用人工除草，与盖草、松土结合一起进行，有利胶苗生长。保护带宜用控萌，即用长柄刀砍除高草。除草主要在幼树胶园，每年至少除草 4 次。开割胶园仅除胶路草和保护带控萌。

5.2.2 覆盖

覆盖有减少土壤水分蒸发，抑制杂草，均衡土壤表层温度，减少土壤直接被雨水冲刷，增强水土保持能力，改善土壤水肥状况等作用，是幼龄胶园管理的一项有效措施。

胶园覆盖分为活覆盖和死覆盖两种类型。死覆盖是用盖草、地膜的方式进行的覆盖。盖草、地膜结合覆盖效果更好。活覆盖包括天然覆盖和人工覆盖。

（1）天然覆盖

天然覆盖主要是保留胶树行间自然生长起来的杂草、灌木等。这种覆盖，有蔽荫土壤、土壤温度稳定、减少水土流失、保持土壤肥力以及提供胶园盖草材料等作用；如控制得当，也可促进橡胶树正常生长和产胶。天然覆盖一般在容易引起土壤冲刷的陡坡、山地和人工覆盖难以生长的成龄胶园采用。

（2）人工覆盖

人工覆盖主要是在橡胶树行间种植多年生蔓生豆科覆盖植物或其他覆盖植物（如有爪哇葛藤、毛蔓豆、蝴蝶豆、无刺含羞草等）。人工种植的覆盖植物有 4 个特点：一是生长迅速，能够有效抑制其他杂草生长；二是提高林管效益；三是覆盖材料腐烂后能够形成大量有机质，改善土壤理化性状；四是有利于减少暴雨冲刷，保持水土。采用人工覆盖方法管理胶园植被是幼龄胶园的一项多、快、好、省的管理措施。

覆盖材料的种植，一般采取种子直播的方式，直播种子有毛蔓豆、爪哇葛藤、蝴蝶豆、无刺含羞草等。播前先将种子在 70~80℃ 的热水中处理 6~8h，然后植于平整好的种植地上。

5.2.3 间作、套种

橡胶树是多年生高大乔木，种植密度疏，非生产期长，在相当长的时间内，胶园地上和地下都有很大的利用空间，尤其是在采用宽行密株的种植形式下。

5.2.3.1 胶园间套种的意义

合理的胶园间套种改变了橡胶树的物种结构和时空结构，充分利用光、热、水和土地等自然资源，提高土地生产率，发挥土地的潜力，以短养长，长短结合，提高经济效益，增加经营者的经济收入或满足种植者的直接需要；有利于胶园生态平衡；促进橡胶树的生长，增加橡胶产量。但不合理的间套种也会给橡胶树带来不良影响，如造成水土流失和土壤肥力下降、寒害加重等。

5.2.3.2 间套种应注意的问题

①间套种必须坚持从实际出发 在合理安排橡胶种植形式和密度情况下，因地制宜地安排间作套种。

②选择平地或缓坡地的林段间套种 坡地间套种要等高种植，要等高起垄，不能顺坡起垄，以减少水土流失。

③要选择保水保土能力较强、影响橡胶树生长不大的作物 在平缓、肥沃地区，一般以间套种花生、豆类等较好，在比较干旱或坡度较大地区，以间套种番薯、大薯、瓜类等为好，橡胶树行间不宜种木薯、香茅、旱稻等消耗地力大，对橡胶树生长有严重影响的作物。

④套种要轮作，不要连作，以调节土壤肥力，减少病虫害 通常采用番薯和花生轮作或旱稻、花生、番薯轮作。

⑤间套物必须与胶树保持一定的距离 以减少间套物与橡胶树间的竞争和造成橡胶树"烂脚"。距离大小因树龄和间套物而异。在一至二龄的林段，间套花生、豆类和番薯时，距离橡胶树以不小于 1m 为好。三龄以上的林段，距离橡胶树以不小于 1.5m 较好。如间套种茶树、咖啡、南药等多年生经济作物，间套物必须距橡胶树 3m 以上。

⑥掌握好间套种的种植时间 幼龄胶园的间套种，主要根据间套种的生长要求与劳力情况进行安排。

⑦注意间套种施肥管理 应根据间套种的不同情况进行施肥管理，不能只种不管，否则既不能使间作物丰收，又不利于橡胶树的生长和产胶。

5.2.3.3 主要的间套种模式

(1)1 年生大田作物

①橡胶树+花生模式 即胶园周围营造防护林，橡胶树行间间作花生。

②橡胶树+豆类模式 即胶园周围营造防护林，橡胶树行间间作豆类。

③橡胶树+薯类模式 即胶园周围营造防护林，橡胶树行间间作薯类，这里的薯类不包括木薯，因为木薯会传染紫根病，并大量消耗地力。

④橡胶树+玉米模式 即胶园周围营造防护林，橡胶树行间间作玉米。

⑤橡胶树+魔芋模式 即胶园周围营造防护林，橡胶树行间间作魔芋。

(2)园艺作物

①橡胶树+菠萝模式 即胶园周围营造防护林，橡胶树行间间作菠萝。

②橡胶树+茶树模式　即胶园周围营造防护林，橡胶树行间间作茶树。

③橡胶树+胡椒模式　即胶园周围营造防护林，橡胶树行间间作胡椒。

④橡胶树+咖啡(柠檬)模式　即胶园周围营造防护林，橡胶树行间间作咖啡或柠檬。

⑤橡胶树+珍贵林木　即在保护带种植适合本地生长的降香黄檀、印度紫檀、格木等珍贵树种(结合环境友好型生态胶园建设)。

(3)药用作物

药用作物主要是胶树、南药模式。即胶树行间间作性喜阴，能在郁闭度大的胶树林下正常生长发育的南药，如益智、砂仁、巴戟和绞股蓝等。

5.2.4　环境友好型生态胶园建设

改革开放以来，我国天然橡胶产业持续快速发展，为实现国家天然橡胶供给安全、推动我国热带地区，尤其是边疆民族地区经济发展、增加农民收入发挥了积极作用。但部分地区在发展过程中，重速度轻质量、重种植轻管理、重效益轻生态，致使违规种植橡胶树和民营胶园建设质量差、管理粗放等问题凸显，使我国部分植胶区生物多样性保护、水土保持等面临严峻挑战。因此，以生态胶园建设为抓手，促进发展方式转变，是我国天然橡胶产业实现可持续发展的必然选择。

5.2.4.1　生态胶园和环境友好型生态胶园

(1)生态胶园

按照生态学和经济学原理，从植胶自然环境特点出发，通过改善胶园的种植结构，改革传统的单一种植模式和改进现有胶园管理措施，构建以橡胶树为主的复合生态系统，构建胶园的生物多样性，提升胶园生态功能，保持胶园持续高产稳产。

(2)环境友好型生态胶园

依据生态系统平衡理论和近自然林理论，通过协调胶园生产活动与胶园及其所处环境的相互关系，从而建立稳定健康、具有较高多样性特征(物种、生态系统或景观多样性)，能产生多种生态效益，且在一定程度上能够获取橡胶产量的胶园。

5.2.4.2　环境友好型生态胶园建设理论

(1)近自然林理论

近自然林理论起源于德国，1898年盖耶尔(Gayer)第一个提出了近自然林的理论，按照森林自然规律来经营森林。此后，在长达近百年的时间内，因为人工林结构不稳定和地力衰退的问题，近自然林理论一直是林业理论和科学研究的重要对象。

(2)生态工程理论

马世骏(1915—1991)院士主张"变消极的环境保护为积极的生态调控"，提出了"整体、协调、循环、再生"的战略方针。将生态工艺的设计与改造、生态体制的规划与协调、生态意识到的普及与提高作为社会、环境同步发展的根本措施。

5.2.4.3　环境友好型生态胶园建设种植方式

采用"片段化""网格化"和"立体化"的种植方式。

(1)"片段化"种植

在山顶、超坡度(坡度大于35°)和大的沟谷两侧种植兼顾生态和经济效益的珍贵用材及乡土树种，成为山地胶园中的"绿岛"，起到涵养水源、保护水土的生态功能和开发长期经济效益的作用。

（2）"网格化"种植

合理布局林间道路，在路基两侧或一侧，选择干性好、生长较快的用材树种，以 3m 的株距种植；以路为界限、行道树为景观分割各种种植模式，形成网格化的格局。

（3）"立体化"种植

在坡度为 25°~35° 橡胶林下，种植豆科绿肥植物，培肥地力，减少水土流失；在 25° 以下平缓坡地，加宽橡胶树保护带，种植辣木、诺丽、咖啡、西番莲等经济作物；在珍贵用材及乡土树种形成荫蔽后，根据不同微环境，探索林下种植耐阴药用植物及食用菌。

5.2.4.4　环境友好型生态胶园建设类型

环境友好型生态胶园建设，在基因多样性、物种多样性和生态系统多样性 3 个层次上增加胶园生物多样性，改善胶园生态功能，实现天然橡胶产业发展与生物多样性保护更加协调，健康持续发展基础更加坚实，经济、社会和生态效益更加显著。它是解决发展中国家在经济发展、有限的资源投入和脆弱的生态环境之间发生尖锐矛盾时的有效方法与途径。在云南植胶区摸索出了 3 种环境友好型生态胶园建设类型。

①非生产期胶园　短期间作。

②宽行密株胶园　长期间套作。

③成龄胶园林下　耐阴中药材及经济作物种植。

5.2.4.5　环境友好型生态胶园建设配套技术

推广种植高产、优质、高抗橡胶树新品种、珍贵用材及乡土树种和经济作物，禁止使用化学除草剂，探索病虫害绿色防控，保护带种植豆科绿肥植物，实行胶园养分诊断配方施肥、安全高效采胶等先进技术措施，提高胶园土地的利用率和整体效益，增加农民、农工收入，进一步改善或提升胶园生态服务功能。

（1）科学发展主导产业

进行优良品种推介、科学抚管、营养诊断指导施肥、安全高效采胶、病虫害绿色综合防控、气象减灾防灾等方面的科技培训与服务，提高橡胶树的产出质量与效益。

（2）不断探索新兴产业

进行经济林木、药用植物、功能性植物、固氮绿肥植物、珍贵用材及乡土树种等植物和动物特性等方面不断探索形成林下新兴种植、养殖产业。

发展环境友好型生态胶园是改善胶园生态环境，提高胶园经济效益，建设植胶区生态文明，实现"绿水青山就是金山银山"的重要举措。

5.3　土壤管理

胶园土壤性状对橡胶树生长、产胶影响巨大，因此，胶园土壤管理是胶园管理的重点。胶园土壤管理是改良土壤结构，创造有利于橡胶树根系生长的环境，提高土壤肥力，保证橡胶树需要的水分和养分，促进橡胶树速生快长，提高产胶能力，实现胶园高产稳产目的的重要措施。

5.3.1　中耕松土

幼龄胶园的中耕松土结合除草进行。通过中耕除草，减少了杂草与橡胶幼树对土壤水分、养分的竞争；同时，松土能切断地表毛细管，从而减少土壤水分蒸发。

幼龄胶园中耕松土一般在雨季末、旱季初进行。方法是先将树根周围的杂草铲除，再松土5cm左右，并将所铲杂草埋入土中。松土时要注意少伤根。

5.3.2 梯田维修

定植后的梯田，经过雨季雨水的冲刷，梯田受到不同程度的损坏，因此，必须每年在雨季结束后或冬季进行梯田维修，方法是加固田埂，扩宽带面，填平冲刷沟，对外裸露的橡胶树根进行培土。

5.3.3 扩穴改土

5.3.3.1 扩穴改土的作用

①改善土壤的理化性状 扩穴改土对土壤理化性状的效应表现在疏松土层，增加土壤的总孔隙度，土壤的保水性、通气性都加强，心土层的有机质和有效养分含量得到提高。

②促进橡胶树根系向纵深发展，扩穴时切断的伤根能萌发新根增加吸收根的数量。

③促进橡胶树生长，提高产量。

5.3.3.2 扩穴改土的时间和方法(图5-1)

(1)扩穴改土的时间

不当的时间进行扩穴改土会在短期内抑制橡胶树的生长和产胶。为了避免这种抑制作用和保持扩穴改土操作有较高的效率，扩穴改土应在胶林休眠落叶期之前和雨季末期进行，即在秋末冬初的11月至翌年1月。

(2)扩穴改土的方法

①带状深翻改土 一般适用于3年生以上的胶树，根据胶树年龄、根系发育状况不同，离胶行1~2m处挖壕沟40~60cm宽、40~60cm深；然后分层施入有机肥和磷肥。通常施放肥量，压青10kg、磷肥1kg/株，分层回土；多余的土壤用于露根培土或维修梯田。此法在平缓地形可以用人工挖沟，也可以用拖拉机牵引深耕犁进行，提高工效。

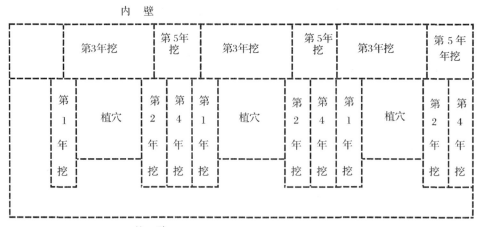

图5-1 幼林胶园压箐沟开挖示意

②株间扩穴改土　一般适用于两年以内的橡胶幼树林段；先在橡胶树两侧树冠冠幅边缘处挖 1.2m×0.5m×0.4m 的深沟两个，压青 25kg，施磷肥 0.25～0.5kg/株，然后回土，第 2 年更换位置继续扩穴改土。

5.3.4　施肥

5.3.4.1　橡胶树所需营养元素

植物生长所需营养元素包括大量营养元素(碳、氢、氧、氮、磷、钾、钙、镁)和微量营养元素(硫、铁、硼、锰、铜、锌、钼)。大量营养元素占干物质的千分之几至百分之几十，而微量营养元素的含量仅占干重的十万分之几到万分之几十，其中，碳、氢、氧的数量最大，由植物从空气和土壤中吸取水分和二氧化碳获得，其余元素主要来自于土壤。营养元素具有以下性质。

(1)同等重要性

所有的营养元素，不管其含量多寡，在橡胶树体内都是同等重要的，当橡胶树缺乏某种养分时不能用另一种养分来代替。

(2)最小养分律

植物的生长量或产量受营养元素供应的最低数量的因素(最小限制因素)限制，即植物生长量随着限制因素的养分供应量的增加而增加，直到这个因素不再是限制因素为止。

橡胶树是多年生经济作物，在长期生长发育和产胶过程中，需要不断地从外界吸收营养物质。尤其是开花结果和开割后，随着果实生长和采胶量的增加，所需营养也相应增加，才能保持养分平衡。要使橡胶树速生、高产、稳产，延长经济寿命，合理施肥是一项重要措施，目的就是促成土壤中各种营养元素含量的均衡，避免某些营养过剩而对橡胶树带来不利影响。而在施肥时，又必须按照各种肥料的性质，以及根据橡胶树本身营养的特点和它的生长发育规律施用，才能使肥料发挥最大的效用而达到使橡胶树发挥最大的效益。

橡胶树对于各种营养元素的缺乏，在植株体的不同器官表现不同的缺陷症状，因此，可以利用症状表现初步鉴定缺素情况。

5.3.4.2　橡胶树缺素症状检索表

甲：未分枝胶树

Ⅰ. 在较老和下部的叶片上出现症状

　　A. 叶片褪绿变黄，颜色均匀一致 ··· 缺氮

　　B. 叶片褪绿，但颜色不一致

　　　　a. 叶脉间变黄由叶缘向中脉延伸 ··· 缺镁

　　　　b. 叶缘呈黄色斑驳，叶尖常焦枯 ··· 缺钾

　　　　c. 叶片不褪绿，但叶缘大部焦枯 ··· 缺钼

Ⅱ. 在茎干中部和上部的叶片上出现症状

　　A. 叶片浅绿色，中脉和侧脉呈暗绿色 ··· 缺锰

　　B. 叶片正常黄色，背面青铜色 ·· 缺磷

Ⅲ. 在新抽叶或顶蓬叶上发生症状

　　A. 叶片扭曲

    　　a. 叶小，狭长、带状，叶缘波形 ·· 缺锌
    　　b. 叶略变小，均匀的暗绿色，形状不规则，难得有两片形状相同的叶片 ······ 缺硼
    　B. 叶片不扭曲
    　　a. 叶片未褪绿，叶尖和叶缘枯焦变成浅棕色 ······························ 缺钙
    　　b. 叶小，顶端焦枯，腋芽有抽枝的迹象 ·································· 缺铜
    　　c. 叶很小，不焦枯，呈浅绿色到柠檬黄色 ································ 缺铁
    　　d. 叶片先褪绿，然后叶尖枯焦 ··· 缺硫
乙：分枝胶树
　Ⅰ. 完全曝光叶片上发生症状
　　A. 叶片褪绿，颜色均匀一致叶片呈浅绿色到柠檬黄色 ·················· 缺铁
　　B. 叶片褪绿，但颜色不均匀
　　　a. 叶脉间变黄，由叶缘向中脉延伸 ·································· 缺镁
　　　b. 叶缘变黄，中脉附近后褪绿，黄色与绿色组织间无明显界限 ················ 缺钾
　Ⅱ. 树冠中蔽荫叶片上发生症状
　　A. 枯焦，叶浅棕色 ··· 缺钙
　　B. 不显枯焦，叶浅绿色到黄色，叶脉暗绿色 ·························· 缺锰
　　C. 不显枯焦，叶片变黄，叶色均匀 ································· 缺钾

5.3.4.3 常用肥料的种类、特点

在橡胶树生长过程中所施肥料的种类很多，大体分为有机肥料和化学肥料两大类。

(1)有机肥料

有机肥料是指含有大量有机质的肥料，如牛(猪)厩肥、绿肥、堆肥、沤肥等。它的共同特性是：一是有机肥料除含有作物需要的氮、磷、钾三要素外，尚有钙、镁、硫、铁等养分。此外还含有刺激作物生长的维生素、抗生素及生长激素等。二是有机肥料中的养分多呈有机形态，必须经过微生物的分解转化才能被橡胶树吸收利用，因而肥效缓慢但持久。有机肥含有大量有机质，在微生物的分解作用下形成腐殖质，具有改良土壤结构，提高土壤肥力的作用。

胶园常用的有机肥料有以下几种：

①牛(猪)厩肥　牛(猪)每年排泄出很多粪尿，加上在栏内垫草垫土，可以获得大量的牛(猪)厩肥。牛吃的饲料比较粗，粪便含纤维多，分解和肥效也较慢。猪吃的饲料比牛好，所以猪粪尿的质量较好，肥效也较快。

②堆肥　用杂草、落叶、嫩枝、农作物茎秆、垃圾等为原料，堆积发酵腐烂而制成的肥料，可以在橡胶林段附近就地积制使用。堆肥是一种较好的有机肥料，含有丰富的有机质、腐殖质以及维生素、生长素等。

③沤肥(水肥)　用杂草、嫩枝叶、粪尿等在肥池中加水沤制而成。这种肥料是有水有肥，肥效快。在旱季使用对橡胶树的生长和产胶极为良好。但要注意的是在沤制过程中，沤制用的肥池不能漏水，同时要加盖或搭棚避免日晒，以防止养分流失或挥发。

④绿肥　直接压入土中作为肥料的植物新鲜茎叶，叫作绿肥。在胶树行间种植的爪哇葛藤、蝴蝶豆、毛蔓豆、无刺含羞草和野生的飞机草、日本草等都是很好的绿肥。绿肥质量的好坏取决于植物的种类和压青材料的老嫩程度。豆科植物的青嫩材料养分含量高，易

腐烂，肥效也快。绿肥最好在植物开花前后采割，因为这时植物压青材料产量最高，含的养分较丰富，组织比较幼嫩，易于分解腐烂。如果采割过早，产量低；过迟则材料老化，难分解。

⑤其他　主要有火烧土、草木灰等，虽然磷、钾含量比一般土壤高，但有机质却烧掉了。

（2）化学肥料

化学肥料是用化学方法合成，或开采矿石经过加工精制而成的肥料。化学肥料的性质和特点有：

①养分种类少，含量高　一般只含有一种或几种养分，如尿素只含氮素，过磷酸钙主要含磷素，硫酸钾主要含钾素，所以施用时要各种肥料配合，才能适应作物对养分的需要。但化学肥料养分含量高，每次施用量少。

②肥效快，但不持久　化学肥料所含的养分大都能溶于水，能为作物立即吸收利用，肥效快，一般施用 3~5d 即可见效，所以一般多用作追肥。但因为它易溶于水，也易造成流失，所以肥效不能持久。贮存化学肥料时，要注意防雨受潮，施用方法要少量多次。

③有显著的化学反应和生理反应　如连年单独施用化学肥料，就会破坏土壤结构，使土壤板结。因此，在施用化学肥料的同时，应该配合施用有机肥料，才可避免单施化肥所造成的不良影响。

化学肥料的种类很多。按其所含的养分不同，主要分为氮肥、磷肥、钾肥和含氮、磷、钾及其他元素的复混（合）肥料。常用的化学肥料的种类和性质有：

①氮肥　只含氮素养分的肥料，常用的是尿素，多用于追肥、根外施肥。

②磷肥　含磷素养分的肥料，常用的有过磷酸钙（即普钙）、磷矿粉，用于基肥。

③钾肥　有硫酸钾、氯化钾等，可用于追肥。

④复混（合）肥　指肥料中同时含氮、磷、钾中的任何 2~3 种及其他元素的肥料。常用的复合肥有磷酸铵、磷酸二氢钾等。复混（合）肥一般作基肥在冬季管理时施用，也可作追肥在 2~10 月施用。

5.3.4.4　施肥措施

（1）幼树期的施肥

幼树期指的是橡胶树苗从定植起到开割所经历的阶段。为了使橡胶树速生，在很短的时间内达到开割标准，除了其他管理措施外，必须进行合理施肥。

①施肥种类和施肥量　据测定，当橡胶树达到开割标准时，氮、磷、钾 3 种养分的含量相当于 1 年生幼树含量的 40 倍左右，养分含量增加的速度很快。如果土壤养分不能满足胶树的需要，橡胶树的生长就会受到抑制。

确定施肥种类和施肥量时，不仅要了解幼树时期橡胶树吸收或积累养分的数量，而且还要知道土壤能够提供橡胶树养分的状况，这样才比较全面。具体参考表 5-1。

②施肥时期及施肥方法　有机肥与磷肥在年末 11 月至翌年早春 2~3 月结合扩穴、深翻改土、压青施下，每年一次，施肥的深度宜在地表下 20cm 左右，不超过 40cm。在环山行上，可施在靠近内壁的水肥沟内或橡胶树两侧。每年轮换施肥穴的位置。

氮肥则在生长季节 4~9 月分多次施下，宜穴施并盖土。也可结合有机肥施在固定的水肥沟中。临近冬季时不宜施化学氮肥，以免遭受或加重寒害。在没有寒潮侵袭的地区，

表 5-1　大田橡胶树施肥量参考标准

肥料种类	施肥量［kg/（株·年）］			说　明
	1~3 龄	开割前幼树	开割树	
优质有机肥	10 以上	15 以上	20 以上	以腐熟垫栏肥计
硫酸铵	0.4~0.8	0.5~0.75	0.75~1.0	尿素减半
过磷酸钙	0.3~0.4	0.2~0.3	0.4~0.5	—
氯化钾	0.05~0.1	0.1~0.15	0.2~0.3	缺钾或重寒害地区用
硫酸镁	—	0.1~0.15	0.15~0.2	缺镁地区用

冬季也可施沤肥以加速橡胶树生长。原则上最好在橡胶树生长季节，每抽 1 蓬叶施 1 次。如在早春 3 月底定植，则第一年可施 4~5 次；如在 7 月定植，则施 1~2 次。

钾肥与有机肥、磷肥混施于肥穴更好，不宜撒施。

施肥部位原则上应是见根施肥，即施在橡胶树根系较密集的部位，以利于根系迅速吸收养分和减少肥料的淋湿或固定。不同树龄的橡胶树根系水平分布的范围不同，大致与树冠的范围相一致，而吸收根多集中分布于树冠外围投影下的土层中。挖施肥沟施有机肥，可诱导吸收根的生长，一般来说，1~2 龄时，施在离树干 30~40cm 处。3~4 龄时，施在离树干 50~60cm 处。5~6 龄时，施在离树干 100~150cm 处。吸收根的垂直分布多集中在离地面 0~30cm 的土层中。

（2）割胶树的施肥

橡胶树达到开割标准，就进入割胶时期。在这一时期，施肥主要是为了促使橡胶树继续长高、长粗，提高胶乳产量，达到高产、稳产的目的。长期施肥试验证明，不断地施肥是提高橡胶树产胶潜力和增加胶乳产量的重要措施，是高产、稳产的基础。施肥种类和施肥数量见表 5-1。

①施肥时期　割胶树在每年 2~4 月抽第一蓬叶，开放春花。这时的抽叶量占全年总抽叶量的 60%~70%，叶片中的氮、磷、钾含量在全年中也以这个时期最高。这一蓬叶抽生的好坏，对全年的生长和产量关系重大，必须保证第一蓬叶抽好，因此，3~4 月抽叶期是割胶树需要养分比较多而集中的一个时期。

7~8 月在第二蓬叶抽完后，胶树逐步进入全年的高产期，同时茎粗增长显著。据测定 7~10 月 4 个月的茎粗增长量，占全年增长量的 60%~70%。因此，7~10 月间橡胶树需要的养分也比较多而集中。

10 月后，气温逐渐下降，橡胶树生长减慢，并逐步进入休眠期。叶片中的养分含量逐步下降，到落叶前是全年最低点。

根据以上情况，结合肥料性质，割胶树的施肥大致可分以下几个时期：

冬季停割时，结合林管、维修梯田和挖水肥沟，施有机肥和化学磷肥。这个时期挖水肥沟对橡胶树没有多大影响，而施的有机肥经过 2~3 个月的分解，就可供给橡胶树上半年或整年生长和产胶的需要。磷、钾肥在土壤中不易移动，损失较少，而且必须与有机肥混合施才能充分发挥肥效，因此，也应在这时与有机肥一起施下，通常将其一年中的施用量全部用作基肥施用。

在早春抽叶前半个月左右，趁下雨天气追施第 1 次化学氮肥，施用量占全年氮肥用量的一半，以保证第一蓬叶抽好。此时虽然橡胶树尚未萌动抽叶，但根系已开始活动。在有下雨的情况下，化肥就可以很快渗透到土壤中去，为开始活动的根系所吸收。

7 月前后施第 2 次化学氮肥，施肥量占全年氮肥用量的 30%～50%，以满足橡胶树第 2 个需肥较多时期的需要。冬前不宜再施氮肥，以避免加重橡胶树寒害。

在干旱季节可施适量水肥（沤肥），这对提高胶乳产量有明显的效果。

②割胶树的施肥方法　化学氮肥、有机肥和磷肥，一般施于水肥沟中。水肥沟的位置应统筹安排，或者在两株橡胶树中间，或者在离橡胶树 1.5～2m 左右的地方，逐年变动位置。肥沟的深度一般为 40～50cm，宽度不超过 50cm，长宽视施肥数量而定，一般为 1～1.5m。

在撒施或穴施肥料前，在树的周围除草。在行间只进行控萌，要保留地面矮草，不可全面除光，否则，会引起土壤冲刷，使林段土壤水分状况恶化，影响橡胶树的产胶量和生长。

5.3.4.5　对橡胶树合理施肥应注意的问题

(1) 在保肥基础上施肥

在西双版纳地区，相当一部分是次生林、竹林地开垦植胶，土壤肥沃，一般表层土壤的有机质含量较高，这是近百年或几百年积累而成的自然财富。如果开垦不当，或开垦后利用不当，土壤肥力会很快下降，造成严重的损失。据计算，如果表层 20cm 土壤中有机质减少 1%，就相当于每亩地损失 $2×10^4$ kg 新鲜绿肥。林地开垦后，土壤有机质含量从 4% 左右下降到 2% 左右是很容易的，这就相当于每亩损失 $4×10^4$ kg 新鲜绿肥。

(2) 施肥应以有机肥为主化肥为辅

因为有机肥肥源广泛，养分多种多样，肥效持久，能改良土壤结构，既肥苗，又肥地，可以避免长期施用化肥所带来的许多副作用。在解决有机肥的肥源问题上，必须"积"与"种"并重。养牛、养猪积肥，利用林段杂草、杂树叶沤肥、堆肥等，都是很好的积制肥料的方法。此外，还需大力种植绿肥覆盖作物，尤其是豆科的绿肥覆盖作物，不仅能产生大量有机质，而且能够利用空气中大量存在的氮素，为土壤提供大量的氮素养分，提高土壤肥力水平。

(3) 注意平衡施肥

一是氮、磷、钾养分之间的比例，要根据橡胶树不同情况来供给，而不要偏轻偏重，造成养分的不平衡；二是要照顾大面积橡胶树的需要，而不要把有限的肥料集中施给少数橡胶树。

(4) 施肥与产胶的关系是间接的关系，而不是直接的关系

施肥要通过树围增大、乳管增多、树皮恢复良好、长势健旺等来增加产量。不能以为施肥能直接而很快地增产胶乳，以致在施肥后不恰当地增加割胶强度，结果造成橡胶树死皮或减产。

施肥对橡胶树的速生高产有很重要的作用。应该认识和掌握施肥的客观规律，根据树情变化（橡胶树一生中的生长发育阶段和一年中的生长物候期），不同地区的土壤肥力状况、气候特点，来决定施肥种类和数量，在最适宜的时候，用恰当的方法施下橡胶树生长和产胶所需的肥料，使施肥发挥较好的效果。这样合理施肥，才能使橡胶树速生高产。

5.3.4.6　营养诊断指导施肥

橡胶树的营养诊断指导施肥，是将橡胶树的矿质营养原理运用于施肥措施上，它能使橡胶树的施肥更为合理化、科学化和标准化。植物体内的营养元素，亏缺到肉眼能观察其所出现的症状时，则会严重影响到作物的生长、产量和品质。因此，运用营养诊断及早发现它所亏缺的营养元素，及时施用肥料，就能保证橡胶树的快速生长，增加产量和提高品质。

(1)叶片分析营养诊断指导施肥

橡胶树叶片分析营养诊断指导施肥，就是采集橡胶树的叶片，分析其养分含量，根据叶片中营养元素含量的多少及养分间的比值，衡量橡胶树的营养状况。叶片营养诊断指导橡胶树施肥的技术要点。

①正确划分诊断单位　由于自然条件和人工抚育措施的不同，使橡胶树叶片的养分状况也有差别。因此，必须根据不同情况将生产上的橡胶树划分成若干个采样单位，即诊断单位。

诊断单位是根据土壤类型、坡向、破位、橡胶树类型(树龄、品种、种植密度)、施肥管理和割胶制度(用刺激剂与否)等划分的。诊断单位面积不宜过大，否则会影响诊断的准确性，一般一个诊断单位 $6 \sim 7hm^2$。但是，诊断单位又不宜过小，否则采样数量多，工作量大。一般在生产管理单位的基础上划分诊断单位。但也可把相近的不同生产管理单位内相同类型的林段、山头、树位划成一个诊断单位。在测定特殊试验区、观察区的橡胶树营养状况时，则应该根据试验要求，按不同处理来划分诊断单位。总之，正确划分诊断单位非常重要，它是叶片诊断中的重要步骤，也是提高营养诊断指导施肥准确性的重要环节。

②掌握采样时期　最佳采样时期为每年 7~9 月。首先，这 3 个月的橡胶树叶片养分含量较稳定，变化小。其次，这 3 个月的橡胶树叶片养分含量接近于年平均值。最后，这 3 个月的橡胶树叶片的养分含量，明显地反映出施肥对叶片养分的影响。以上原因说明了橡胶树营养诊断叶片分析，采集叶片样本的时期以 7~9 月为好。而在一天之中，应在上午太阳升起后到 11:00 采集叶片较好，但不要在雨天采样。

③选择适宜的采样部位和数量　橡胶树树冠中不同部位的叶片，由于受阳光照射的强度不同，生长就有差别，其养分含量也有差异。诊断用的叶片，要求养分含量稳定、变异小、较好地反映橡胶树营养状况以及采集容易为宜。据研究，成龄橡胶树宜采集树冠下层主侧枝上的顶蓬叶，幼龄橡胶树则宜采集暴露在阳光下的顶蓬叶。而在每蓬叶上应取其基部的 2 片复叶，并将复叶两旁的小叶去掉，留下中间的 1 片小叶作为分析样本。在一个诊断单位内，随机采集有代表性的橡胶树 10~20 株。每株采样树在左右两侧或东西两个不同方向各采集一蓬叶，即每株树采两蓬叶，将所有采集的小叶混合在一起，作为该诊断单位的分析样本。所采集的叶蓬，其顶芽萌动生长和叶片老化程度对叶片养分影响很大。顶芽萌动时，叶片养分向顶芽运送，影响叶片养分含量。因此，采集的叶蓬必须是稳定、老化的。

④注意采集样本的方法　在一个诊断单位内采集 10~20 株橡胶树。这些树应均匀地分布在整个诊断单位内，不要偏在一部分地区，也不要带主观性采集，要随机取样。只有这样，采集的样品才能代表生产上真实的情况。对于少数的风害树、病害树、死皮树等，

除了特别需要研究外，一般不作采样树。

采样路线可按地形而定，在平地或坡度小的地方，用"S"或"V"形采样法，也可用"X"形采样法。在坡度大的或维修梯田的林段，最好在上、中、下的植行中采集。

⑤做好样本分析前的处理工作　每个诊断单位的样本采集完毕后，应立即写上标签，注明样本编号、采集地点、日期、橡胶树品种、试验处理和其他情况等。并把标签挂在样本的叶柄上，用线或胶圈把叶柄连同标签一起捆绑好，挂在通风干燥的地方晾干，或在80℃的烘箱内烘干，也可在阳光下摊开晒干。注意防止样品发霉腐烂和变质。然后送到化验室进行样本处理和养分测定。

⑥鉴别、评定橡胶树的营养状况　根据长期试验的施肥效应和叶片养分状况，以及不同类型的叶片养分含量，总结出在生长健康、产量好的橡胶树叶片养分诊断指标，见表5-2。

表5-2　橡胶树叶片养分诊断指标

养分	叶片含量(干重%)			元素之间的比值(正常值)
	极缺	正常	丰富	
氮	<3.0	3.3~3.6	>3.8	氮/磷 14.1~14.6
磷	<0.20	0.23~0.25	>0.28	氮/钾 2.8~3.3
钾	<0.8	1.0~1.3	>1.5	钾/磷 4.3~5.0
钙	<0.4	0.6~1.0	>1.3	钾/钙 1.3~1.7
镁	<0.25	0.35~0.45	>0.6	镁/磷 1.5~1.8 钾/镁 2.8~2.9

将大田样本测定结果与此指标比较，便可判别各诊断单位橡胶树的养分状况。首先，按养分含量的高低诊断。如某一种养分含量低于此指标，则说明该诊断单位的橡胶树亏缺此营养元素，需要施用含该种养分的肥料；如高于此指标，则说明测定的该种养分过剩或丰富，可以停止施用含有这种养分的肥料；如测定的养分在正常值指标范围内，说明该养分含量正常。这时是否需要继续施肥，应参照该橡胶树立地土壤的养分状况、施肥历史以及橡胶树叶片中各养分之间是否平衡来确定。如果此地土壤未施过该种肥料，而土壤养分含量仍然高，测定的橡胶树叶片养分含量也属正常，这说明这种养分来源于土壤中的自然养分，不是施肥供应的。在此情况下可以不必施肥。如果对橡胶树施过较多的肥料，而土壤养分含量并不高，测定的橡胶树叶片养分含量属正常，这表明叶片养分主要来源于肥料。这时应继续按过去的施肥方案施肥，保持养分平衡。此外，尽管测定的这种养分正常，但别的养分含量较高，则仍然需要继续施用这种养分的肥料。

其次，按养分间的比值诊断，若某一种养分与其他养分的比值明显偏低时，应加施该种养分的肥料，若某一种养分与主要养分间比值已高于正常值，则可暂时停止施用该种养分的肥料；若一种养分元素仅与某种养分间不平衡，而与其他养分元素间比值正常时，则对该养分元素不必调整施肥，而应考虑对另一不平衡的养分是否加施肥料。

最后，叶片中镁和钙含量过高时，会引起钾/镁、钾/钙和镁/磷的比值失调，降低橡胶树产胶量和胶乳质量。对于这样的橡胶树应增施钾肥和磷肥，应调节钾/镁、钾/钙、镁/磷的比值，才能对橡胶树的产胶起到良好的作用。具体可参照表5-3。

表 5-3 橡胶树叶片养分含量指标与施肥方案

| 分级 | 叶片营养水平 | | | | | 肥料用量[kg/(株·年)] | | | |
| | 养分元素(占干重%) | | | | | 施氮肥（相当于硫酸铵*） | 施磷肥（相当于过磷酸钙） | 施钾肥（相当于氯化钾） | 施镁肥（相当于硫酸镁） |
	N	P	K	Ca	Mg				
极缺	<3.0	<0.20	<0.8	<0.4	<0.25	0.75	0.50	0.35	0.20
缺	<3.3	<0.23	<1.0	<0.6	<0.35	0.50	0.35	0.25	0.10
正常	3.3~3.6	0.23~0.25	1.0~1.3	0.6~1.0	0.35~0.45	0.30	0.20	0.15	0.05
丰富	>3.6	>0.25	>1.3	>1.0	>0.45	0.10	0.10	0.05	0
极丰富	>3.8	>0.28	>1.5	>1.3	>0.6	0	0	0	0

＊若氮肥是用尿素，则用量减半。

（2）胶园土壤的营养诊断

胶园土壤养分状况的分析测定，是橡胶树营养诊断指导施肥工作的重要组成部分。因为胶园土壤养分直接影响着橡胶树的营养状况。将土壤养分的测定与橡胶树叶片养分分析结合使用时，可更合理地指导橡胶树的施肥。

①土壤样本的采集　采集胶园土壤营养诊断样本时，要根据土壤类型、胶园管理情况和橡胶树生长类型来划分诊断区，一般以树位或林段为单位。

首先，应按成土母质划分出主要土壤类型，再按地形部位的不同，土壤剖面中的障碍层、诊断层、土层厚度、表土层厚度、土壤质地等区分出不同性质的土壤。其次，要将性质特殊、肥瘦悬殊的土壤列为必要的采样诊断单位，再把剩余的、普通的土壤类型，按林段或树位划分成若干个采样单位，一般每个诊断采样单位不超过 6.67hm²。诊断采样单位划定后，即可进行调查采样。

土壤营养诊断用的样本按不同研究目的可分为两种：一是诊断评定该地段土壤的平均肥力；二是研究土壤的基本肥力特性。前者是按多点取混合样本，即在每个诊断单位中按蛇形路线，进行随机多点取样，每个点挖取自然土壤若干，将各点的土样混合后，除去混于土中的石砾、树根、杂草根，按"十"字分样法取样，从中取出 0.25~0.5kg 的土壤作为诊断分析的土样。由于橡胶树吸收根主要分布在地表 20cm 厚的土层内，因此，每个采样点应从地面至 20cm 深处均匀取点，如每 10cm 取等量土壤混合，切勿表土多，心土少；或心土多，表土少，这都会引起误差。

土样采集后，用布袋或塑料袋装好，系上标签，注明采样地点、层次深度、样号、日期等即送化验室化验分析。胶园土壤营养诊断分析测定的项目有：

土壤氮，主要是全氮和水解氮。

土壤有机质。土壤有机质不仅是土壤肥沃度的指标，有时也是土壤氮素、磷素供应状况的主要指标。

土壤有效磷。用 0.03mol/L 氟化铵（NH_4F）和 0.2mol/L 盐酸（HCl）混合液提取，溶液中的氟离子（F^-）在酸性条件下能与 Fe^{3+} 和 Al^{3+} 生成稳定的络合物，而使土壤中的磷酸铁、磷酸铝中的磷转入溶液中。活性强的磷酸钙可为盐酸溶解。此法提取各种状态的土壤有效磷与橡胶树生长、产胶以及施肥效应有较好的相关性。

土壤有效钾。用 1mol/L 醋酸铵平衡法提取后测定。

微量元素。主要测定土壤中可给态微量元素的含量，以钼、硼、铜、锌为主。

②土壤养分含量分析结果的说明和应用　根据土壤养分含量与橡胶树营养状况，生长与产胶量之间相关性分析研究，以说明土壤营养诊断的分析结果。如果土壤养分含量测定值不与生长在该土壤上的橡胶树的相对生长量、产胶量相联系，则土壤测定分析值将成为没有意义的数字。首先，应根据土壤养分含量分析值确定要不要施用含某种养分的肥料；进而把土壤测定值与肥效的反应联系起来，可以据此将肥料需要量分成若干个等级，按施肥量把测定值分级，即"高"（不需施肥）、"中"（施用适量肥料）以及"低"（需要大量施肥）。比较理想的做法是先做出每一级不同肥力（如高、中、低三级）土壤的肥效反应曲线，依此列出回归方程式，再将土壤养分测定值计算出相应的、最经济的肥料施用量。然后，根据各种养分的测定结果进行分析，研究不同的施肥量、不同的土壤养分含量对橡胶树生长、产胶的效果，为橡胶树施肥提供依据。根据中国热带农业科学院的研究结果，适于橡胶树正常生长所需要的土壤养分含量见表 5-4。

表 5-4　适于橡胶树正常生长的土壤养分含量（0~20cm 土壤）

有机质（%）	2.0~2.5	全氮（%）	0.08~0.14	有效磷（mg/kg）	5~8	有效钾（mg/kg）	40~60
K/Mg	0.1~0.2	有效铜（mg/kg）	0.20~0.25	有效硼（mg/kg）	0.15~0.25	有效锌（mg/kg）	1.5~2.0

当土壤养分含量低于表 5-4 中所列值时，施用相应养分的肥料就能有显著的效果，不施肥时橡胶树的生长和产胶即会受到明显的抑制。即使土壤养分含量在上述正常值范围内，也应按常规施用肥料，以保证橡胶树速生、高产、稳产。只有在养分含量过高时，如全氮量在 >0.2，有效 P>12，有效 K>80 毫克/kg 时，可暂时不施用该种肥料。

镁素养分在诊断中不能仅靠代换性镁的绝对值来衡量评定，而要看代换性盐基中钾、钙、镁离子的比例。据研究，100g 土中代换性 K/Mg 比值 >0.2 时，对橡胶树应施用少量镁肥，代换性 K/Mg 比值 <0.1 时就不必施用镁肥。

5.3.4.7　配方施用

橡胶树营养诊断指导施肥主要根据胶树叶片营养诊断，参考胶园土壤养分测定值来确定主要营养元素氮、磷、钾、镁的施肥量。通过营养诊断，可采用适合该营养状况类型的相应配方的混合肥来施肥。配方施肥针对性强、使用方便、高效、省工、省肥。橡胶树专用肥料及配方施肥技术已在各植胶区广泛应用。

各农场或胶园根据叶片、土壤营养诊断结果，以诊断单位为基础，划分成不同营养类型区，标出分布区或图。根据胶橡树缺（富）主要元素状况，土壤母质肥力状况，在科研单位指导下，制定出适合该地区主要营养状况类型区的橡胶树专用肥配方，提供专用肥厂家或自己配制混合肥料使用。在配方一经确定后，为检查诊断结果与使用的配肥是否适当，隔 3~5 年诊断 1 次（复核）是必要的。以便根据橡胶树生长、产胶、土壤养分流失等状况及时调整配方，更切合橡胶树营养要求达精准施肥的目的。

5.4 橡胶树常见病虫害防治

5.4.1 白粉病

白粉病是橡胶树的主要病害之一，老叶不感染白粉病。嫩叶初感白粉病后叶片出现闪光的蜘蛛丝状菌丝，并向四周扩展，慢慢在病叶上出现白粉。白粉病菌侵染橡胶嫩叶，嫩梢和花序破坏组织正常生长，致使嫩叶绉缩、卷曲，严重时落叶枯梢。橡胶感染白粉病后严重影响叶片光合作用，从而影响产胶量。

防治白粉病的药剂有硫黄粉、粉锈宁、腈菌唑、石硫合剂等，硫黄粉可用丰收-30 喷粉机喷洒，其他药剂用压缩喷雾机喷雾，按比例兑水喷雾。粉锈宁 1 500~2 000 倍，腈菌唑 2 000~2 500 倍，石硫合剂 300~500 倍。

5.4.2 炭疽病

炭疽病是橡胶的主要病害之一，全年均可发生，但多在早春橡胶树抽出第一蓬叶时发生流行。炭疽病侵染橡胶嫩叶、嫩梢和果实。古铜色嫩叶感染病后，在阴雨低温的天气条件下，出现暗绿色、像开水烫过的无规则病斑，病斑扩展很快，有时在病斑边缘可见有黑色坏死线，病情严重时，叶尖叶缘变黑、扭曲，叶片很快凋萎脱落。淡绿色叶片感病后，病叶出现一些近圆形或无规则的暗绿色或褐色病斑，病斑周围凸凹不平，叶片皱缩畸形，随着叶片的老化、病斑边缘变褐色，中间显灰褐色，有时会穿孔。接近老化的叶片感病，病斑凸出叶面，嫩梢和叶柄感病后，感病处显黑色小点或棱状黑色条斑。

防治橡胶炭疽病的药剂很多，可用多菌灵 800 倍、百菌清 800 倍、福美双 1 000 倍、施保功 3 000 倍，兑水喷雾，均可防治橡胶炭疽病，但栽培上还以选用抗病品种为主要措施。

5.4.3 割面条溃疡病

割面条溃疡病是开割橡胶主要割面病害。发病初期，先在橡胶树新割面上出现一条或数条乃至几十条竖立的黑线，显栅栏状排列于割面上，病痕可深达皮层内部乃至木质部，随着病情的加重，黑线扩大为条状病斑，进而病部坏死，针刺病皮不流胶。低湿阴雨时，新老割面上，甚至原生皮上出现水渍状病斑，受害割面上常有虫孔、蛀屑及小蠹虫。有时还伴有泪状流胶或渗出锈色液汁，在高温的条件下，病部会长出白色霉层。

割面条溃疡病的防治措施主要以农业防治为主，辅助于化学防治，农业防治措施是加强胶园管理，保持通风透光，保持割面干净干燥，做好冬季安全割胶，10~12 月割面条溃疡病流行期，转割高割面，割面不干不割。化学防治的药剂有乙锰 800 倍，甲霜灵 1 000 倍，杀毒矾 1 000 倍，多霉 2 000 倍喷洒。

5.4.4 绯腐病

橡胶绯腐病主要危害橡胶树枝条及茎干，通常发生在树干的第二第三分枝处。感病初期病部树皮表面出现蜘蛛状的银白色菌索，然后病部逐渐萎缩、下陷，显灰黑色爆裂后流胶，最后显现出一层粉红色泥层状菌膜，树皮腐烂。一段时间后，粉红色菌膜变为灰白色，重病的枝干病皮腐烂，露出本质部，病部上部的枝条枯死，叶片枯萎但不易脱落。

绯腐病的防治主要是选用抗病品种，另外要加强胶园管理，雨季前砍除园中灌木、高草，疏通林带，增大通风透光度，降低胶园湿度。对于病部的处理可用利刀将病皮刮干净，然后将 1:1 的沥青柴油合剂涂抹伤口，以促进伤口愈合。绯腐病的防治药剂可用 0.5%~1% 的波尔多液，每 15d 喷一次，至病害停止扩展为止。

5.4.5 根病

根病是为害橡胶树根系的传染性病害，橡胶根病有红根病、褐根病、柴根病。橡胶树感染根病后，不管是红根病或是褐根病或是柴根病，根系的吸收能同样受到破坏，养分和水分不能正常吸收，橡胶树生长受阻，表现出树冠稀疏，叶片变黄无光泽，甚至卷缩落叶，枯枝多，顶部叶片变小，蓬距缩短。红根病、褐根病，根部表皮粘着一层泥沙，不易脱落，感病根腐烂发出蘑菇味。3 种病害的区分在于：

①红根病 洗净病根后可见枣红色菌膜，感病木质部腐烂初期显淡褐色坚硬，后期显黄色、湿腐，松软似海绵状，病根的皮部和本质部之间有一层淡黄色"腐竹状"菌膜。

②褐根病 感病根木质部表现显褐色，有"之"字线纹，菌丝形成蜂窝状，木质硬而脆。

③紫根病 病根表皮显紫色，不黏泥沙，有密集的紫色菌索覆盖。死亡病根表皮有紫黑色小颗粒，病树基部或露出地面的侧根长出紫色，松软的海绵状菌体。

防治方法：围绕橡胶树基部挖 20cm×20cm 宽的浅园沟，用十三马啉兑水配成 700~800 倍药液淋灌，每株淋灌 2kg 药液，每 6 个月淋 1 次。重病树用十三马啉 100 倍涂抹病部，控制病部扩展。

5.4.6 虫害

橡胶树的虫害主要有蟋蟀、蝼蛄、六点始叶螨、小蠹虫、介壳虫等。

(1) 蟋蟀

蟋蟀危害橡胶树的症状是咬断幼苗基部，有时也爬到 1m 多的地方，咬断幼苗或咬断顶梢侧梢。

防治方法：消除胶园杂草堆，破坏蟋蟀生活场所；用巴丹或万灵粉 800~1 000 倍混合米糠或饼干制成毒饵诱杀。

(2) 蝼蛄

蝼蛄危害橡胶的症状是咬断幼苗嫩茎，将根部咬成纤维状。

防治方法：蝼蛄的趋光性很强，可在晚上用灯光诱杀。蝼蛄活动在地下，每亩用辛硫磷 0.25kg 制成毒土撒施在胶园中或用辛硫磷 600 倍喷雾于胶园土面上。

(3) 六点始叶螨

六点始叶螨主要危害胶树叶片，吸取叶片汁液，使叶片呈现黄色斑块，严重时可使全叶枯黄脱落。受害部位常出现凹陷状，并盖有稀疏的丝网和白色的脱皮壳。

防治方法：在新叶刚老化时用三氯三螨醇 1 000~1 500 倍+阿维菌素 3 000 倍喷雾。

(4) 小蠹虫

小蠹虫在健康的橡胶树上是无法通过皮层进入木质部的，只有在衰老、伤病等失去排胶机能部分才被钻蛀。

防治方法：发现小蠹虫蛀洞时，结合伤树处理，用具有熏蒸作用的敌敌畏 200~300 倍兑水喷雾。

（5）橡胶树介壳虫

橡胶树介壳虫又名龟蜡蚧，属同翅目蜡蚧科，该虫是橡胶树病虫害中传播快、危害性大的一种害虫，已引起种植业者重视。介壳虫危害橡胶树以刺吸式口器吸食橡胶树幼嫩部位的绿色汁液，导致枝梢干枯，叶片枯黄甚至整株死亡，并能诱发煤烟病的大量发生。

防治方法：用 15% 的毒死蜱烟雾剂，每隔 4~5d 喷 1 次药，连续喷 3 次；或者用 18% 氧化乐果乳油水剂，每隔 7~10d 喷 1 次，连续 2~3 次。

附：

附表 1　当年定植林管理措施和要求

作业项目	质量要求	工期	单价
一、种覆盖作物或间种农作物	种覆盖作物，可采取条状翻土，深 20cm，每保护带翻土 3 行，每行宽 1m，茅草地深翻，拣净茅草的低下根茎，经暴晒后碎土条播或塘播。间种农作物，翻地需离梯田埂外缘 1m，不得种高秆作物，20°以上陡坡地不得间种，所有林地不准间种木薯、芭蕉芋，间种农作物地宜在秋收前套种或秋收后立即种覆盖作物，要求覆盖作物面积占林地面积 50%		
二、植胶带除草	要求植胶带面无杂草		
三、植胶带翻土	根圈范围内浅松土深 5cm，根圈外翻土深 15~20cm		
四、砍草	杂草残桩不得超过 50cm		
五、扩修梯田	要求梯田面平整，内倾 5°~8°，外筑埂高 30cm、面宽 30cm，扩带内壁倾斜 75°~80°		
六、植胶带覆盖	离胶树茎基 10~20cm，整个植胶带盖草厚度 15~20cm		
七、日常抚管	修枝、抹芽；维修"之"字路等；补换植		

说明：抗旱定植的林段各增加一次锄草、砍草工序。

附表 2　1~3 年幼林管理措施和要求

序号	工序	质量要求	完成时间
一	挖压青坑	每株挖一压青沟，规格长 100cm、宽 40cm、深 40cm	
二	施有机肥	施于压青沟内，每穴施 0.02m³(约 20kg)	
三	植胶带锄草	杂草锄干净，带面无杂草，将杂草扒入压青沟(不准扒土入沟)	
四	砍草	杂草残桩不得超过 50cm	
五	压青	砍草结合压青，青料压实填满后覆土	
六	施化肥	在根圈范围内、树冠滴水线外侧开环型沟均匀施下，施后盖土，每株年施化肥 0.8kg，分 3 次施。第 1、第 2 次每次 0.3kg，第三次 0.2kg	
七	扩修梯田	要求梯田面平整，内倾 5°~8°，外筑埂高 30cm、面宽 30cm，扩带内壁倾斜 75°~80°	
八	植胶带翻土	植胶带面深翻土，深 15~20cm，翻压杂草	
九	植胶带覆盖	结合砍草进行植胶带覆盖，杂草残桩不得超过 50cm，离橡胶树茎基 10~20cm，整个植胶带面覆盖厚度为 15~20cm	

（续）

序号	工序	质量要求	完成时间
十	日常抚管、茎干涂白	修枝、抹芽	
	合计		

说明：①当年定植时没有种植覆盖作物的，在抚管第一年可再种植；

②种植覆盖作物的胶园，在年底用覆盖作物覆盖，相应减去年中砍草工序及费用。

附表 3　4~7 年幼林管理措施和要求

序号	工序	质量要求	完成时间
一	挖压青坑	每株挖一压青沟，规格长 100cm、宽 40cm、深 40cm	
二	施有机肥	施于压青沟内，每穴施 0.02m³（约 20kg）	
三	植胶带锄草	杂草锄干净，带面无杂草，将杂草扒入压青沟（不准扒土入沟）	
四	砍草	杂草残桩不得超过 50cm	
五	压青	砍草结合压青，青料压实填满后覆土	
六	施化肥	在根圈范围内，树冠滴水线外侧开环型沟均匀施下，施后盖土，每株年施化肥 0.8kg，分 3 次施。第 1、第 2 次每次 0.3kg，第 3 次 0.2kg	
七	扩修梯田	要求梯田面平整，内倾 5°~8°，外筑埂高 30cm、面宽 30cm，扩带内壁倾斜 75°~80°	
八	植胶带翻土	植胶带面深翻土，深 15~20cm，翻压杂草	
九	日常抚管	结合砍草进行植胶带覆盖，杂草残桩不得超过 50cm，离胶树茎基 10~20cm，整个植胶带面覆盖厚度为 15~20cm	
	合计		

小 结

本章重点围绕橡胶树树身管理、植被管理、土壤管理、病虫害防治及生态胶园建设等方面内容进行介绍，结合橡胶树生长发育特性制订较为科学合理的周年管理计划。

思考题

1. 简述幼龄期胶园管理的技术要求。

2. 制订一份幼龄胶园管理工作历。

3. 简述环境友好型生态胶园建设的目的和意义是什么？

4. 制订一份成龄胶园管理工作历。

5. 列举一种橡胶树主要病害及防治技术措施。

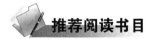

推荐阅读书目

1. 橡胶树育苗和栽培 . 1997. 李纯达等 . 中国农业出版社 .

2. 橡胶树栽培与割胶技术 . 2008. 张惜珠等 . 中国农业出版社 .

第6章 产胶与采胶

【本章提要】

胶乳的生物合成过程、排胶和停排的机理，以及橡胶树产量的组成等都是产胶的基础知识，橡胶树产胶生理是迄今仍在研究的重点内容。采胶是栽培橡胶树的目的，科学合理的采胶是橡胶树高产、稳产的基础。必须按照科学采胶的各项技术措施执行，从而能保证产品质量，延长橡胶树经济寿命。

6.1 产胶

6.1.1 产胶组织

胶乳在乳管中合成和贮存，乳管系统是橡胶树的产胶组织。乳管分布在橡胶树根、茎、叶、花、果和种子各器官中，而割胶主要是在茎干的树皮上进行的，因此，茎干树皮成为橡胶树的主要经济器官，与采胶生产关系最密切，决定着橡胶树产胶能力的高低及其经济寿命的长短。

6.1.1.1 树皮的组成及层次

橡胶树的树皮由周皮、韧皮部和形成层等部分组成，我国割胶工人根据其割胶的实践经验，将树皮划分成几个肉眼可以辨认的层次，作为掌握割胶深度的标准。从外到内分别称为粗皮、砂皮、黄皮、水囊皮和形成层(图 6-1)。

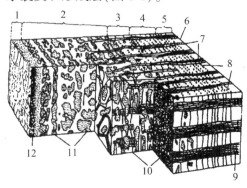

图 6-1 橡胶树树皮结构

1. 粗皮；2. 砂皮外层；3. 砂皮内层；4. 黄皮；5. 水囊皮；6. 形成层；

7、9. 射线；8、10. 乳管；11. 石细胞；12. 木栓层

①粗皮　主要是木栓层。木栓层由许多排列紧密的木栓化细胞组成，具有不透水不透气的特性，对树皮内部起保护作用。木栓层的细胞是死的，木栓层的里面，是活的单层木栓形成层和多层栓内层细胞；在植物学上，木栓层、木栓形成层和栓内层三者合起来称为周皮。在橡胶树茎干的原生皮中，栓内层较薄，含有叶绿体，呈绿色。在橡胶树茎干的再生皮中，栓内层较厚，含有花青素，因此带红色。

②砂皮　在粗皮内缘，外观黄褐色，摸起来有砂粒感。砂皮约占韧皮部的70%，其特点是有许多如砂粒状的石细胞。石细胞是细胞壁很厚而具木质化的死细胞，通常聚集成堆。砂皮外层中石细胞堆特别多，皮质较硬。因而，砂皮外层和粗皮一起又称硬皮。砂皮外层的乳管已经衰老，且因大量石细胞的发育而将其挤压得支离破碎，使其几乎丧失或完全失去产胶能力，这部分乳管被称为无效乳管。砂皮内层的石细胞较少，乳管数量较砂皮外层多，而且多数是能够正常产胶的有效乳管，有效乳管列数约占总列数的30%。

③黄皮　肉眼看去，皮质略带黄色，约占韧皮部厚度的20%，其中乳管最多，乳管列数占总列数的50%左右，是树皮中主要产胶的部分。黄皮中石细胞很少或完全没有，其与砂皮内层以及水囊皮一起又称为软皮。

④水囊皮　外观淡黄白色，幼嫩，含丰富的水分，是有输导功能的筛管密集的层次。其特点是皮内组织有大量含有液体的筛管，如果在割胶时割破水囊皮，就会流出水状溶液，这些溶液主要就是筛管的溢泌物。这一层皮的主要功能是输导营养物质；在植物学上，被称为有输导功能的韧皮部。在割胶树中，水囊皮的厚度通常不超过1mm，约占树皮厚度的10%，其中，乳管列数占乳管总列数的20%，但较幼嫩，产胶功能不强。

⑤形成层　是位于树皮与木质部之间的一层薄壁细胞所组成。在横切面上，形成层和由其刚刚分裂产生的细胞呈很窄的长方形，紧密排列在一起。形成层只是一层细胞，但形态上不易与由其刚刚分裂形成的细胞区分开来。形成层具有分生能力，向内分生形成木质部，向外分生形成树皮（韧皮部）。

6.1.1.2　乳管

树皮的各部分结构成分多少都与采胶有关，而其中关系最大的是乳管，乳管是由形成层分化出来的许多乳汁细胞（或称乳管理母细胞）上下互相联系、并要连接处的细胞壁分解融合而成。乳管是产胶组织，是影响采胶和产量的最重要的结构成分。

①乳管的数量　一般乳管列数越多，产量越高。不同品种、不同茎围的乳管列数不同。因此，选用乳管列数多和生长迅速的优良品种及加强对橡胶树的施肥管理，能加快茎围增长，提高产量。

②乳管的排列　乳管在橡胶树树皮中与树干的中轴成2°~7°的夹角，从左下方向右上方螺旋上升。由于这个原因，割线方向从左上方斜向右下方（称为"左割"），这样，能够割到更多的乳管，以获得较高的产量。

③乳管的分布　乳管在不同高度树皮中，随着树干的升高而减少。实生树的树干，离地面越近，其茎围、树皮厚度越大且乳管列数越多，产量也越高。芽接树则因上下树围相差较小，树皮厚度比较一致，乳管随高度的分布变化不大。另外，乳管在树皮横切面上的分布，在不同品种中也是有差别的。有的品种（如'PR107'）树皮中主要产胶的乳管列比较靠近形成层，因此，必须适当深割才能高产，但要注意切勿伤及形成层，否则会影响再生皮的恢复，并会使割面产生伤瘤。

④乳管的联系　乳管是以树干中心轴为圆心呈同心环状排列。同列(同层)乳管成网状结构(图6-2),互相连通,但不同列的乳管基本不连通(图6-1)。因此,割胶既不能太深伤树,同时也要割到适当深度才能获取产量。乳管间的联系情况也对产量有影响。两段不同年龄的树皮之间乳管列的联系不好,生产上割胶产生吊颈皮(两段不同年龄的树皮相连,其交界线上方15cm范围内的树皮),产量低。在割胶设计中,要尽力避免吊颈皮。此外,芽接树接合部位上下的乳管列之间的联系也是不好的。

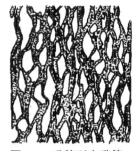

图6-2　乳管列中乳管呈网状连接

6.1.1.3　割胶对树皮结构的影响

在割胶过程中,橡胶树树皮结构往往会影响割胶的产量;反之,割胶也会影响树皮的结构,以致影响橡胶树的产胶和排胶。不合理的割胶方法容易引起乳管死亡。各种类型的死皮就是乳管死亡的结果。树皮发生死皮的部分,其乳管中的胶乳凝固,便不能继续产胶和排胶。

割胶通常使割线附近的部分筛管遭到破坏。如对紧靠割线处与远离割线处的水囊皮厚度进行比较,则发现紧靠割线处的水囊皮厚度较小,这就是由于水囊皮外层筛管受到破坏的结果。过去认为割胶不可避免地会切断筛管,但实际上筛管层(水囊皮)的厚度通常小于1mm,因而割胶时一般并不切断筛管。割线附近一部分筛管遭到破坏虽然是由于割胶的影响,但并不是筛管直接被切断的结果。

割胶对形成层的影响,表现在割胶后抑制茎围的增长。幼树开割后其生长与割胶的矛盾尤为突出,因此,必须注意调节割胶强度,正确处理这一矛盾。割胶伤树就是形成层被割而受到伤害,结果易在树皮上形成伤瘤,影响以后再生皮的生长和割胶,也影响近期的产量,因此,割胶应注意掌握适宜的深度,尽量避免伤树。

以上都是采胶对橡胶树产胶不利的一面。然而采胶也有促进产胶的一面,即采胶不但促进乳管中胶乳的再生,而且促进乳管的再生。实验表明,采胶树与不采胶树比较,它们的形成层细胞分裂产生的韧皮部细胞层数,并无显著差异,可是采胶树韧皮部中有较多的细胞分化为乳管列,故采胶树的乳管列就显著地多于未采胶树(表6-1)。又经研究证明,采胶树形成层细胞分化乳管列的比例增加是由于排胶的结果。

表6-1　割胶对橡胶树乳管分化的影响

处理	测定部位	乳管列数(1)	韧皮部细胞层数(2)	乳管比例(1)/(2)
割胶树	原生皮	3.8±0.8	22.7±2.6	0.17
	再生皮	6.1±1.2	28.7±3.8	0.21
停割树	原生皮	1.4±0.4	19.1±3.3	0.07
	再生皮	1.7±0.4	32.4±2.5	0.05

注:试验材料为橡胶树品种'GT1'植株7个月的新生树皮组织。

6.1.2　橡胶树产量形成与产胶

6.1.2.1　橡胶树的产量

橡胶树的产量,生产上一般是指单株或单位面积一年中所生产的干胶总产量。除此之外,在试验中还有应用单株每割次干胶产量及偶尔应用一生的干胶总产量。

橡胶树生长和产胶所需的原料和能量都来源于橡胶树光合作用的产物，因此，单株产胶量的高低取决于总生产量、干物质生产量及分配率的大小。单位面积上的产量除了这些因素外，还与单位面积上的可割株数有关。

(1) 光合产量

光合产量又称总生产量(产物)，也叫初级生产，它指单株或单位面积上的橡胶树，在一定时间内所生产的有机物质的总量(光合量)。光合量的大小由总光合面积、光合强度和光合时间所决定。一般来说，光合面积大，光合强度大，光照时间长，则光合产量就多。一株树一年中的总产量究竟有多大？目前还很难精确测定。一般是根据单个叶子的光合强度，结合树冠的总光合面积、光强分布以及当地的气候季节等情况加以估算。中国热带农业科学院彭光钦等于 1958 年选择一株 7 龄的实生树，测定分析结果如下(表 6-2)。

①总叶面积 7 龄实生树约有小叶 18 500 片，叶片总面积为 132m^2。

②1h 平均光合强度 根据树冠不同部位的光照情况，第 1 层叶片的光照强度为 100%，日平均光合强度为 1.40CO$_2$g/(m^2·h)，第 2 层叶片的光照强度为 33%，日平均光合强度为 1.14CO$_2$g/(m^2·h)，第 3 层叶片的光照强度为 23%，日平均光合强度为 0.84CO$_2$g/(m^2·h)，全树冠的平均光合强度为 1.13CO$_2$g/(m^2·h)。

③一天中全株树的 CO$_2$ 同化量 按一天的光合量 = Σ(不同叶层 1h 平均光合强度×各层叶片总面积)×1d 中光合作用小时数的计算公式，一天中全株树的 CO$_2$ 同化量为 1 788g，相当于葡萄糖 1 220g。

④一年中全株树的光合总量 根据总的天气状况(晴天、云天、阴天、雨天)及不同天气状况时的 CO$_2$ 同化量(晴天和云天每日的 CO$_2$ 同化量无显著差异，阴天和雨天每日的 CO$_2$ 同化量相当于晴天的一半左右)，可计算出一年中全株树的光合总量。

表 6-2 7 龄胶树的计算结果

天气	日数	光合产量/d	光合总量(g)
晴天	28	1 220	34 160
云天	138	1 220	169 580
阴天	16	610	9 760
雨天	123	610	75 030
全年合计	306		288 530

上述结果略去尾数后为 289kg。这个数字是从光合作用消耗空气中 CO$_2$ 的量来计算的。然而，呼吸作用还从胶树体内提供了相当于从空气中吸收的 CO$_2$ 量的 10% 左右。所以，一年中实际光合作用的产物应 317kg。

十分明显，用上述方法估算出来的总生产量是十分粗放的。其精确度不会低于±10% 的误差，但仍有一定的参考价值。

(2) 光合作用的日变化

影响橡胶树光合作用的因子很多，如光照、气温和大气相对湿度等，其中，以光照对光合量的影响最大，其次为气温或相对湿度，一天中光合作用随光照、气温、大气相对湿度等气象因子的变化而变化。

当光照强度为 500Lx 时，光合强度接近补偿点，在一定的光强范围内，随着光照强度的增大，光合作用强度也应增大。达到当天最大值后，则光强增加反而使光合强度下降。最适光照强度约为 50 000~60 000Lx，随品种、树龄和测定方法不同而有所变化。

光合作用强度与气温的关系。在一定温度范围内光合量随着气温的增加而增加，至最大值后，则气温增加反使光合量下降。橡胶树光合作用的最适气温为 25~30℃。

大气相对湿度与光合作用的关系，光合量随相对湿度的增加而急剧增加，以后，则增长速度减慢，至相对混达 90% 以上时，增加甚少。

橡胶树光合强度的日变化曲线在一年中存在着两大基本类型：一类是早晨和黄昏的光合作用强度比中午的大，即所谓中午光合强度降低的午休型；另一类是中午的光合作用强度比早晨及黄昏时大的正规曲线型。从全年看，虽然以午休型所占的比例较大，但也因品系和月份不同而有差异。

晴天，清晨开始，光照渐强，温度适宜，林间 CO_2 浓度处于一天中最高值；蒸腾作用小，叶的水分充足，叶片中日前所累积的糖已在夜间转移或转化，叶片处于生理活跃状态，因而上午 8:00~9:00 光合强度出现最大值。以后，光合量下降，直至 13:00 左右降至最低值。因为这时光照强、温度高，叶片强烈失水，气孔关闭，CO_2 供应受阻，抑制光合作用，而且上午累积的光合产物来不及运走，也不利于光合作用。13:00 以后，随着光强、气温逐渐下降而有利于光合作用，下年 16:00 左右出现第 2 个高峰，其后又逐渐下降，直至黄昏时达到补偿点。

(3) 光合作用强度的月变化

我国植胶的多数地区，一般情况下 12 月至翌年 3 月为越冬期。1 月低温、干旱，光合作用强度最低，第一蓬叶变色后期月平均光合作用强度逐渐提高。一年中光合作用强度最大值出现在哪个月份，试验报道不一。钟洪枢等(1959 年)测定一年中以 6 月光合作用强度最大(材料为实生树)；胡华等(1981 年)测定一年中 10~11 月光合作用强度最大(材料为无性系'RRIM600''GT1')。一年中以 7~8 月光合作用强度比较低，可能是因为海南岛那大地区，上述月份的光照强度和气温都比较高的缘故。

(4) 产胶量的年变化

橡胶树产胶量在一年中的变化，受各地气候条件和胶树物候状况的复杂影响。

以海南、海西植胶区来讲，3~4 月橡胶树正处于抽叶、开花物候期，产胶量很低；5 月新叶老化成熟，同化能力增强，加上小雨季来临，土壤湿度较大，产胶量显著上升，出现第 1 个高产季节，6 月，胶树处于第二蓬叶展叶变色期，加之常有短期干旱，故产量又有所下降；7~9 月，水热条件较好，且第 2 蓬叶成熟，叶面积大，同化能力强，其中 8 月虽有第 3 蓬叶抽发，但其量较少，影响不大，故产胶量逐月上升(海南岛东部，由于台风及暴雨的影响，产量则反而下降)；10 月叶面积达最大值，雨日减少，而土壤水分仍丰，晨间气温较低，有利排胶，因此成为一年中最高产的月份；11 月以后叶片衰老，水热条件差，产量又下降(图 6-3)。

云南西南植胶区胶树的产胶规律则与海南岛不同。据云南热带作物研究所 1996 年报道，认为影响该区胶树产量季节性变化的主要气候因素是气温和降水，而不是物候，橡胶

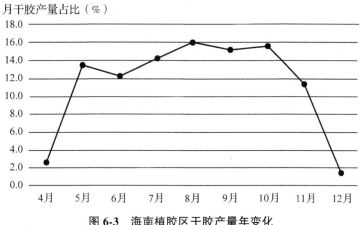

图 6-3　海南植胶区干胶产量年变化

树产量的周年变化为两头高、中间低的曲线。该地 3~4 月早晨 8:00 前后，气温一般在 15~18℃ 之间，静风极有利于排胶；午后气温在 20~28℃ 有利于光合作用和胶乳合成，加之越冬休割期长，养分贮备丰富，因此，尽管 3 月叶片还未稳定，但产量很高，是全年最高产的月份。7~9 月高温多雨，虽有利于产胶但不利于排胶，割胶日数少，因此是低产期，10 月雨少雾大，气温又开始下降，有利于排胶，出现两个高产月；11 月以后，水热条件不足，叶片衰老，产量急剧下降(图 6-4)。

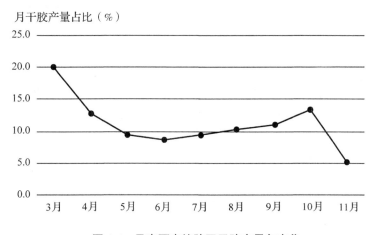

图 6-4　云南西南植胶区干胶产量年变化

6.1.2.2　干物质生产量

干物质生产量又称净生产量，是指从总生产量中扣除了呼吸消耗后剩余的产量，也就是实际积累下来的有机物质的数量。它包括根、茎、叶、花、果以及脱落的枝叶和取走的胶乳等。其估算公式为：

$$干物质生产量 = 总生产量 - 呼吸消耗量$$

(1)橡胶树的呼吸消耗量

橡胶树的呼吸作用是很强的。中国热带农业科学院 1958 年对上述 7 龄实生树进行测定，器官的呼吸量见表 6-3。

表6-3　橡胶树各器官呼吸量

器官	鲜重 （kg）	呼吸强度 $[CO_2 mg/(g \cdot h)]$	CO_2 呼吸量 （g/d）	葡萄糖消耗量 （g/d）
树干	42.5	0.12	122	83
老枝	32.5	0.18	140	95
青枝	10.3	0.62	153	104
根系	24.0	0.22	127	87
叶片	21.2	0.87	443	302
合计	130.5			671

表6-3中呼吸强度的数值是5月测定的，接近于全年平均呼吸强度。因此，按每日消耗葡萄糖671g计算，则一年消耗的光合产物为245kg，占全年累积同化物总量317kg的77.3%，仅剩下22.7%的同化物质用于干物质生产。胡耀华等（1984年）应用有关的数学模型对一个树龄为17龄、叶面积指数为5.6的'RRIM600'品系的呼吸作用进行估算，其结果是年呼吸总量占年光合总量的比率为62.23%，总呼吸量占总光合量的比率显著地随茎围的增加而线性地加大。

在正常天气情况下，一天中自清晨起，橡胶树的呼吸强度逐渐上升，至11:00~12:00达到最大值，以后缓慢下降，直至午夜之前达到最低强度而趋于稳定。

一年之中，橡胶树的呼吸强度随着植株的物候状况和当地的气候条件而变化。中国热带农业科学院1961年测定橡胶树呼吸强度各月的变化表明，6月或7月间达全年呼吸强度的最高峰。1~2月呼吸低，3月起显著上升，至8月达最高值，以后又逐月下降。均呈单峰曲线变化类型。

当然，呼吸消耗占总生产量的比例会因地区、品系、树龄、季节、年份以及栽培措施等不同而不同。一般说来，热带地区的植物，其呼吸消耗都在60%~80%。而在温带地区则在20%~60%。由此看来，通过各种手段降低橡胶树的呼吸消耗，提高干物质生产量，以提高产胶消耗比例是很有意义的。

（2）橡胶树的干物质生产量

橡胶树的干物质增长量是随树龄的增加而增加的。而前期增长速度较快，郁闭后缓慢。橡胶树的干物质生产量，马来西亚每亩最高可达3~4t，我国也可达1.5t以上。而国外报道，热带雨林有的高产树种可以达到每亩年生产干物质4~5t。因此，如何提高光能利用率，增加干物质产量是研究的课题。

6.1.2.3　橡胶树的分配率

（1）含义和估算公式

分配率又称相对生产力。对橡胶树来说，是指干物质产量中分配于生产干胶的百分率。由于橡胶是一种高能物质，每燃烧1kg橡胶的热量等于2.25~2.5kg的木柴。因此，产胶所消耗的干物质应等于干胶产量乘以2.5。分配率的估算式是：

分配率=[（年干胶产量×2.5）/（地上部分年干重增长量+年干胶产量×2.5）]×100%

（2）分配率与品系随着育种工作的进展，橡胶树的分配率不断提高

未经选择的实生树的分配率在5%左右，现代的高产品系分配率可高达54.6%。一般而言，高产无性系的分配率高，低产品系分配率低。

　　分配率是品种的特性，但也受管理条件、割年、割制等影响，特别是化学刺激可以大幅度提高橡胶树的分配率。海南农垦西培农场 1976 年实验对照橡胶树的分配率为 13.1%，而乙烯利刺激处理的为 34.4%。

（3）合理分配率的探讨

　　分配率并不是越高越好，因为存在着橡胶树自身生长发育和胶乳产量之间的合理平衡问题。如果树围长得很小，割线相对较短，虽然分配率高，但胶乳产量不一定高。因此，不少学者都在探讨合理分配率的问题。从分析目前的生物产量水平来看，分配率约在 20% 左右的高产无性系，才较为抗风，如果加强抚育管理，使植株生势苗壮，就有可能承受较高的分配率，而又不致于过分削弱茎干的生长，那么，可能 25% 的分配率较切合实际。

6.1.2.4　橡胶树的产量构成

（1）橡胶树的产量结构

　　栽培橡胶树的主要目的是获得橡胶胶乳，因此，不仅要为橡胶树积累更多的有机物质创造条件，而且要促使橡胶树合理地利用这些有机物质形成橡胶。为此，必须进一步分析橡胶树的产量结构，并研究影响这些因素的条件及其相互之间的关系，以便采取相应的农业技术措施，提高橡胶树的产量。

　　橡胶树的产量构成因素如图 6-5 所示。从图中可见，橡胶树的干胶收获不同于一生中只收获一次的农作物，也不同于一年中只收获一次的果树作物。橡胶树在整个经济寿命期

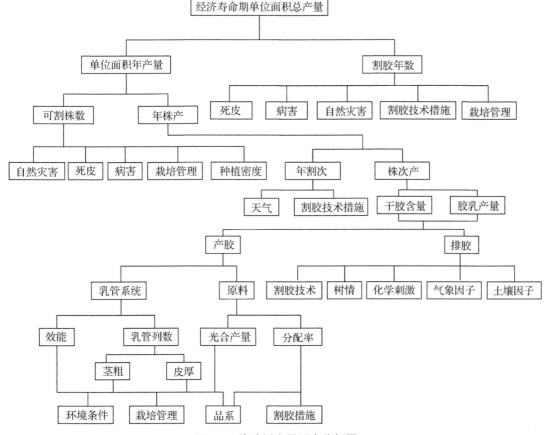

图 6-5　橡胶树产量因素分析图

间，一般可以收获约 30～40 年，而每年割胶很多次。而且收获是通过对橡胶树的创伤来获得的。因此，割次之间、月份之间和年份之间的产量是相互影响的。这就提出了如何正确处理高产和稳产的问题。

橡胶树的单位面积产量由单位面积上的开割株数，年割次和株次产量 3 个因素组成，它们的关系是：

$$年产量（kg/亩）＝每亩开割株数×株次产量×年割次$$

增加每亩可割数是可取的增产途径之一，关键的问题是在合理密植的基础上，尽量减少风寒害、病残树和弱株。而提高株次产量是最重要的增产途径，株次产量是由胶乳产量和干胶含量决定的（株次产量＝胶乳产量×干胶含量）。

（2）橡胶树的产量水平

从 20 世纪大面积植胶以来，橡胶树的产量已经提高了 3 倍，亩产干胶从原来未经选择的实生树的 30kg 到优良无性系已提高到 80～120kg。个别特高产的无性系可高达 250kg 以上。

（3）橡胶树的产胶能力

橡胶树的产胶能力到底有多大，据 Wit（1908 年）的报告，巴西亚马孙河中游玛瑙斯地区的野生橡胶树，每人每日割 100 株左右，每年除 8～9 月换叶开花时期停割以外，割胶 90～100d，单株年产干胶 2～3kg。一个有经验的工人在野生的高产区中割树 70 株左右，隔日割 1 次，每次得干胶约 20kg，如按年割 100 次计算，平均单株年产干胶 28.6kg。有一棵最大的橡胶树，开了 9 条割线，一次获得干胶 2kg。马来西亚学者根据现有材料分析后认为橡胶树单株干物质的年产量完全可达亩产 300kg 以上。

我国有人设想育成亩产 400g 的高产品系，并在育成高产品系之前，采用高产杂交组合，并通过早期产量预测；把特高产的单株选出，然后用动态的茎干芽繁殖，这样有可能争取达到亩产 600kg。

（4）影响橡胶树产胶能力的因素

胶乳是乳管细胞生命活动的产物，也是橡胶树生命活动的产物。叶片进行光合作用产生的糖以及根系从土壤中吸收来的水分、无机养分，既是橡胶树根、茎、叶生长、开花、结果的原料，也是胶乳生成的原料。因此，在生长和产胶两方面的原料分配上是有竞争的。但另一方面，生长和产胶又是统一的，因为橡胶树生长好，就会促进生长更多的乳管和胶乳。因此，产胶既受橡胶树内部因子（品种、长势、树情、物候、乳管机能）制约，也受栽培措施（种植密度、水肥管理）及环境条件（土壤、气候）影响。

①品种　不同的实生树、无性系的产胶能力有很大差异，高产橡胶树常具有 3 个生理特点：净同化率高；分配率适当；乳管堵塞指数低。因此，要因地制宜种植抗性高产品种。

②长势　植株长势健旺，代谢能力强，茎粗壮并皮好，乳管数量多、机能好，产胶能力则强；反之，产胶能力则弱。

③树龄　在橡胶树割胶经济寿命的几十年里，生长速度和产胶能力随树龄而发生变化。从开割到产量趋于稳定的一段时间称为初产期。实生树约为 6～10 年，芽接树约为 3～5 年。这一时期，生长和产胶的矛盾较激烈，产胶能力较弱。从产量基本稳定到产量下降时止约 20 年称旺产期。这一时期，生长减慢，生长和产胶的矛盾缓和，产胶能力较旺。大约 30 龄起至橡胶树失去经济价值为止的一段时间为降产衰老期。这一时期，生长

相当缓慢，树皮再生能力差，产量明显下降。因此，要因地制宜调节割胶强度和刺激措施。初产期割胶强度宜小些(更不宜不达标准提早开割)；旺产期割胶强度宜大些或刺激割胶；降产衰老期可用较强的割胶制度，刺激挖潜，同时要搞好割面设计(树皮利用)，以充分发挥割胶周期的经济效益。

④物候季节 橡胶树生长和产胶随不同的季节物候而发生变化。因此，要按照橡胶树在不同季节物候期的生长和产胶能力的变化规律来安排产量计划、割胶策略、割胶措施，分析橡胶树产量以及干胶含量的动态变化，指导割胶生产。

⑤栽培技术

a. 种植密度和种植形式。关系到光能利用率和光合作用产量，从而影响树冠生长、茎围增长、树皮厚度、单株产量和亩产量。一般认为，合理密植和用宽行密株的形式有利于提高光能利用率，有利于橡胶树生长和产胶。

b. 水土保持措施。水是叶片进行光合作用最重要的原料之一，水在胶乳中所占的比例最大，橡胶树的生命活动过程都是以水为介质进行的。水土条件是作物生长的基础，水土保持与橡胶树的生长和产胶密切相关。因此，要因地制宜地搞好胶园的水土保持措施。

c. 合理施肥。橡胶树根、茎、叶的生长需要各种养分；乳管的分化、胶乳的生成也需要各种养分。如氮是叶绿素(光合作用器官)的组分，是产胶和生长过程各种酶类(有活性蛋白质)的组分，是橡胶树粒子保护层里蛋白质的组分；磷是产胶和生长过程中高能磷酸键的组分；钾能帮助淀粉、糖分的形成、转化、运输；镁是叶绿素的组分之一。因此，要根据橡胶树情况适时适量施肥，平衡施肥(有机肥料与化学肥料相结合)，进行叶片营养诊断对症施肥。

d. 病害防治。叶片的健康与否，关系到光合作用的进行，关系到生长和产胶原料的供应。因此，要及时防治白粉病、炭疽病。茎干割面部位的树皮是割胶的主要部位，因此，要注意防治死皮病、条溃疡病，以保持乳管健康产胶。根系是橡胶树生长和产胶的基础，根系从土壤中吸收的水分、矿质养分是生长和产胶所必需的。因此，要及时检查、发现、防治根病。

e. 减少养分消耗。橡胶树的下垂枝，光合作用差，却要消耗糖分；橡胶树上的寄生植物消耗掉部分生长和产胶原料，因此，要修剪下垂枝，清除寄生植物以减少养分、水分消耗，以利于产胶。

⑥环境条件

a. 土壤状况。橡胶树扎根在土壤里，从中吸收水分和矿质养分。土壤水、肥、气条件好，对生长和产胶就有利。

b. 温度。橡胶树的光合作用、呼吸作用、蒸腾作用、物质代谢、胶乳生成与温度密切相关。

c. 地理位置。地理位置不同于其自然条件、水湿条件、热量条件均不同，因此，不同地区的橡胶树生长表现、产胶能力也不相同。故割胶措施也要因地区制宜。

⑦割胶或刺激方法 割胶或刺激，是人为地对胶树的创伤，引起橡胶树产生创伤反应，使橡胶树的新陈代谢活动受影响，使糖分、矿质养分、水分对生长和产胶的分配率发生变化，从而影响橡胶树生长和产胶。

割胶制度、割胶强度、割胶深度、割胶伤树程度、刺激强度不同，对橡胶树产胶能力的影响不同。不合理的割胶或刺激，容易引起树皮产胶组织畸形，导致乳管死亡。据王秉中等人观察，超深割胶、强度割胶或强度刺激，容易引起产胶组织中薄壁细胞解体（部分细胞器消失）、石细胞向内侵入、筛管层破坏比较多等局部树皮细胞衰老、解体等变化。

乙烯利刺激割胶，使有运输功能的筛管层减少，影响了物质的运输，这对产胶是不利的。另一方面，施用乙烯利能提高橡胶树对条溃疡病的抗性（含单宁细胞增加，单宁类物质有抗真菌的作用），使条溃疡病大为减轻，这又有利于保护乳管细胞健康，从而有利于产胶。不同品种橡胶树的耐割性能和对乙烯利刺激的反应不同，因此，割胶和刺激措施要因品种制宜。

6.1.3　胶乳的性质与生成

6.1.3.1　胶乳的性状

胶乳是乳管细胞的细胞质，它含有植物细胞所具有的各种细胞器，是一种乳状的胶体。一般呈白色，但也有少数呈黄、红、灰、黑等颜色。密度在 0.92~0.98 之间，比水稍轻，pH 6.1~6.3。胶乳的化学成分很复杂，新鲜胶乳的主要化学成分见表6-4。

表 6-4　新鲜胶乳的化学成分

成分	含量（%）	成分	含量（%）
橡胶烃	20~50	水	43~75
树脂	1~2	白坚木皮醇	0.5~2
磷脂	0.3	糖	0.35
蛋白质	1~2	灰粉	0.3~0.7

胶乳中橡胶烃的含量称为干胶含量，橡胶及非橡胶物质的总含量即为总固形物含量。干胶含量或总固形物含量越高，胶乳的浓度也愈大。新鲜胶乳的干胶含量一般为22%~40%，因橡胶树品种、树龄、季节、割胶强度、施肥管理等不同而异。幼龄树、强度割胶、低温期排出的胶乳干胶含量低。长期休割后复割的橡胶树，干胶含量高。

6.1.3.2　胶乳的性质

胶乳是亲水性乳状胶体，具有胶体的一般特性。胶乳是由许多橡胶粒子和其他粒子分散在乳清中而形成的一种特殊胶体系统。水和溶于水中的各种物质构成胶乳的连续相"C乳清"，不溶于水的各种粒子构成分散相。橡胶粒子很小，一个橡胶粒子可分为内外两个部分，内部是纯橡胶，外面一层由蛋白质等物质组成，它保护橡胶粒子不互相黏附，故称为保护层。因为蛋白质是由氨基酸所组成的高分子化合物，具有亲水的性质，它能把水吸引到橡胶粒子周围，形成一个"水膜"，这样就把胶粒包围起来，使胶粒彼此不会黏结在一起，均匀地分散在乳清中。另外，蛋白质还具带电性质，在酸性中带正电荷，在碱性中带负电荷。胶乳通常为微碱性，所以带负电荷。由于电荷的"同性相斥"，使橡胶粒子不能黏连，从而保持胶乳稳定（图6-6）。

新鲜胶乳的稳定性一般都很差，在自然条件下逐渐自

图 6-6　橡胶粒子结构示意

行凝固。胶乳中的凝固酶和过氧化物酶，均可促进橡胶自然凝固。胶乳凝固的速率与胶乳中各种粒子的水化度和电荷有关。在胶乳中加入醇和丙酮等脱水剂、酸类或金属盐类，都会导致胶乳凝固。胶乳的物理性质、化学组成或胶态化学结构等性状，都有很大的变异性，这些性状常因植株的品种、部位、年龄、物候、气候、土壤环境、化学刺激、割胶强度等因素的不同而有或多或少的差异。

6.1.3.3　胶乳的生成

胶乳的生成过程包括了橡胶烃、橡胶粒子、黄色体和其他粒子的生成。

（1）橡胶烃的生物合成

橡胶树胶乳的干物质含量中 90% 以上是橡胶烃，构成橡胶烃的结构单位是异戊二烯分子，橡胶烃是由数以万计的异戊二烯链组成的。乳管细胞将合成橡胶烃的原料——糖通过一系列转化形成异戊烯焦磷酸，再经酶促反应脱去焦磷酸并连接起来形成异戊二烯链。

（2）橡胶粒子的形成

橡胶烃主要是在乳管中形成，这种直链形的顺式聚异戊二烯分子由聚异戊二烯分子的逐一聚合，逐渐由小变大，成为低聚橡胶（初生橡胶）。以后，由于分子的进一步加长，或者几个低聚橡胶分子的缩合，而成为更大的分子，相对分子质量从几千增大到几万，几十万或 100 万以上，成为高聚橡胶（次生橡胶）。

橡胶粒子形成时也是由小变大，最初形成的橡胶粒子有两层，里层是液胶态橡胶，外层是凝胶态橡胶，不带电荷，能在乳管中移动，而且能几个相互聚合起来，成为较大的粒子。后来，橡胶粒子继续增大且吸收了脂类等物质，形成内吸附层，带正电荷。然后，继续增大，且再吸附蛋白质等物质形成一个吸附层，带负电荷，还吸附形成水化层，有人统称其为吸附层（水化保护层），包括有类脂物，一些有机、无机离子，蛋白质等。保护层带负电荷，即橡胶粒子带负电荷。橡胶粒子成分见表 6-5。

表 6-5　橡胶粒子的成分

成分	比例（%）	成分	比例（%）
橡胶烃	87.5	水合状态的水	10.0
固醇与固醇脂	1.2	蛋白质	0.3
脂酸	1		

据马来西亚橡胶研究和发展局 1979 年报道，橡胶粒子大小范围在 50～30 000Å（10^{-10}m）之间，一般为 500～2 000Å，而以 1 000 为最多。在幼龄树中，橡胶粒子呈球形，在成龄树中，大的橡胶粒子常呈梨形。

（3）黄色体的形成

黄色体相当于一般植物细胞中的液泡。一般植物细胞中只有一个大液泡或分散的几个小液泡；但黄色体在乳管细胞中，却是数目很多且体积很小。黄色体中有泡液（"B 乳清"）。一般植物液泡中没有粒子，而黄色体中还有不同类型的小粒子。黄色体膜具有选择的渗透性，有些物质可进可出，而另一些物质可渗进但不能渗出，就在里面积累起来，形成"B 乳清"，它比外面的乳清（"C 乳清"）比重大。

胶乳中其他许多粒子的形成过程研究较少。

胶乳的形成过程是极其复杂的。就橡胶烃而言，它是一种还原水平很高的分子化合物，它的燃烧热为碳水化合物的 2.5 倍，即合成 1kg 橡胶相当于合成 2.5kg 木材的能量。因此，胶乳形成过程的能量消耗是很大的。而且由于胶乳是一种特殊化的具有生命特性的原生质，各类代谢基质和活性物质等因子都会对其生成过程有影响。

6.2 排胶

6.2.1 排胶的过程和机制

当乳管受了伤害或被割断，胶乳从伤口溢流出来，这种现象叫做排胶。

6.2.1.1 排胶的过程

乳管被割断后，胶乳便向割线上涌流。在起初 10~30min 内，排胶速度快，干胶含量高达 30%~40%，随着排胶时间的延长，由于稀释作用，干胶含量降低到 30% 以下（表 6-6）。随着乳管内的堵塞物增多，排胶速率就逐渐减缓，最后，留在割线上的胶乳，因凝固因子作用、细菌活动以及蒸发失水等原因，使胶乳凝固成一条胶线，并在乳管割口形成胶塞，使排胶完全停止。从开始排胶到停止排胶的全过程称为排胶过程，这一段时间叫做排胶时间。一般胶树正常的排胶时间为 1.5~2h。但低温季节比高温干旱季节、静风天比大风天、长割线比短割线的排胶时间普遍延长。品种不同，排胶时间也不同。而乙烯利刺激割胶，排胶时间甚至有延长至 24h 以上者。

表 6-6 排胶过程的胶乳产量及干胶含量变化

时间 项目	割胶后时间过程（min）				
	0~15	15~30	30~60	60~90	90 以后
排胶量占当天总产量（%）	41~52	20~24	16~26	6~8	极少
干胶含量（%）	34~32	31~29	27~26	25~23	

6.2.1.2 排胶的机制

胶乳为什么会从乳管中涌现出来？动力是什么？目前比较普遍的解释认为，主要是由乳管细胞的膨压引起的。

在割胶前，胶乳的浓度基本上稳定，乳管和周围细胞之间处于动态平衡状态，乳管处于紧张状态，膨压可达 10~14 个大气压。割胶时，乳管被切断，堵塞乳管口的胶塞被割掉，从而使乳管口方向的壁压消失，于是处于紧张状态的胶乳便从被割开的乳管口涌流，靠近割口处，由于胶乳的排出，膨压迅速下降。越近割口，胶乳排出越多，膨压下降越大。据测定，排胶后 10min 时，割口附近的膨压下降至 2 个大气压左右，离割口越远的部位，胶乳排出越少，膨压下降也越小。在乳管中形成的这种膨压差——膨压梯度，使胶乳源源地从膨压高的部位向膨压低的割口方向移动。这就是排胶的主要动力之一。

乳管壁具有一定程度的伸缩性。随着胶乳的排出和膨压的下降，乳管壁就会收缩，向内挤压。这种挤压力也是排胶最初阶段使胶乳涌流的另一个动力。但到乳管壁收缩到最大限度时，这种压力就消失了。另外，离割口越远的乳管，膨压下降越少，乳管壁的收缩也越小，挤压力相应也越小；反之亦然。

另外，在排胶过程中产生的"稀释效应"也有利于胶乳的排出。排胶初始阶段，乳管膨压的降低，打破了割胶前的乳管与邻近薄壁细胞之间的水分平衡关系，因而乳管细胞向邻近薄壁细胞吸收水分，水分快速进入乳管，胶乳浓度逐渐降低，这种作用称为"稀释效应"。据测定，在排胶期间由稀释效应所吸收的水分总量可达排出胶乳体积的 20% 左右。这样，四周细胞的水分渗入乳管，使乳管能在一定时间内维持一定水平的膨压，有利于胶乳的排出。稀释效应继续进行，乳管吸水继续下降，当乳管的水势升至与邻近薄壁细胞的水势相等时，水分关系又进入了新的平衡状态。

由此可见，我们在乳管膨压最大的时候割胶，排胶速率就快，因而可以增产。通常在天亮前后割胶产量最高，主要原因在于这时候的乳管膨压最大。当然这时温度较低，蒸腾作用较小，也对排胶产生有利影响。

胶乳是具有一定黏滞性的物质。在乳管中流动时，会与管壁发生摩擦，因而产生一种阻力，阻碍胶乳的流动。在离开割口较远的乳管中，膨压下降极少，乳管壁收缩极微。当推动胶乳向割口流动的微小力量被胶乳本身的黏滞性和流动时的摩擦阻力所抵消时，胶乳不再向前流动。在这种情况下，胶乳也就不可能从乳管中流出，这就是下面要谈到的排胶影响面的边缘。

6.2.2　排胶影响面

割胶后，割口上下左右实际受到排胶影响的范围，称为排胶影响面。它包括以下 3 个区域(下述各区的范围，系采用阳刀割胶时的排胶影响面)。

①排胶区　位于割线下方 40cm 与上方 15cm 左右范围内。割胶后，此区域的膨压下降 40% 以上，胶乳向割口方向位移很快，并最先自割开的乳管口排出。

②转移区　位于排胶区的外围，约在割线下方 120cm 与上方 100cm 范围内。割胶后，此区域的膨压下降较少，为 10%~40%。水分和胶乳向割口方向位移的速率较慢。

③回复平衡区　在转移区的外围。此区域的水分和胶乳位移很慢，膨压下降很小，在 10% 以下。割胶后 10~20min 内很难测定出来。

排胶影响面的范围，因品种、植株状况、生境条件以及割胶制度和方法等不同而有很大的变异。

阴刀割胶的排胶影响面主要来自割线上方。阴阳刀结合割胶是适当扩大排胶影响面、发挥胶树产胶、排胶能力的有效途径。

排胶影响面的范围不只限于树干，当割线移到邻近茎基时，根的韧皮部也进行排胶。

排胶影响面的大小与产量呈正相关。高产树的排胶影响面比低产树大。使用刺激剂既扩大了排胶区，也扩大了转移区和回复平衡区。橡胶树排胶影响面示意如图 6-7 所示。

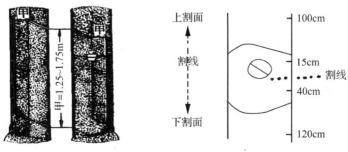

图 6-7　橡胶树排胶影响面示意

6.2.3　停止排胶机制

6.2.3.1　排胶堵塞机制

①"内堵塞"的产生　胶乳中的黄色体，其内部含有水解酶和大量钙、镁以及等电点很高的碱性蛋白质等带正电荷的粒子(去稳定因子)。割胶后，在排胶过程中，由于渗透、剪切和化学效应等原因，使黄色体膜破裂，而将这些物质以及酸性 B 乳清释放出来。破坏了胶乳的稳定性，使胶乳产生局部凝固，这种现象在割口附近和排胶速率快时最为明显。因此，排胶后几分钟，就产生内堵塞而使排胶速率减慢。

②"外盖"的形成　随着排胶时间的推延，排胶越来越慢，加上水分蒸发、细菌和酶类以及树皮汁液的作用，使割线的胶乳凝固形成外盖。

③停排　外盖和内堵塞连接，完全堵塞乳管口，排胶停止。

6.2.3.2　堵塞指数

橡胶树的排胶速率和时间与乳管堵塞的状况密切相关。而乳管堵塞的状况又因品种不同而异。为了比较不同品种乳管堵塞的程度，Milford 等(1966 年)提出乳管堵塞指数的概念。所谓乳管堵塞指数，就是前 5min 的平均排胶初排胶量与排胶总量之比。计算式如下：

$$堵塞指数 = \frac{前 5min 的平均排胶量(mL/min)}{排胶总量(mL/株次)} \times 100\%$$

橡胶树的堵塞指数与品种、季节有关。

堵塞指数对长割线、高强度割胶制度的反应呈正相关。即堵塞指数大，割线宜长或割胶强度宜大些。堵塞指数对增产刺激剂的反应呈正相关。即堵塞指数大的，对增产刺激剂的反应也大。堵塞指数与排胶时间、产量、死皮率成负相关。即堵塞指数大，排胶时间短，产量低，死皮率较低。了解品种的堵塞指数，对选择合适的割胶制度和施用刺激剂有一定的指导意义。

6.2.4　影响排胶的因素

6.2.4.1　气候因素

①温度　排胶最适气温是 19~24℃，对排胶最为有利。气温低于 18℃，排胶时间就会延长，并出现长流。气温高于 27℃，因胶乳中酶类、细菌活动增强和水分蒸发加快，排胶时间缩短，产胶量减少。

②湿度　割胶当时相对湿度在 80% 以上时，对排胶有利；如降至 75% 以下，因割线封闭较快，排胶时间缩短。

③降水量　旬降水量在 70mm 以上，月降水量在 200mm 以上，雨日分布比较均匀，有利于排胶。

④风速　风速在 1m/s 以下有利于排胶。如果风速达到三级(3.4~5.4m/s)以上排胶受到抑制。强风则会造成机械损伤。

6.2.4.2　土壤因素

土壤水分含量充足时，有利排胶。若 50cm 土层深度内，含水量平均达到 14% 以上时，胶乳能畅流；如降至 10% 以下，排胶则受到抑制。因此，干旱季节，增施水肥可促进排胶。

土壤中的氮、磷、钾、镁、微量元素等各种养分的含量以及它们之间的比例适当时有利于排胶。比例失调则影响排胶。如土壤中钾的含量不足，胶乳的黏度就大，不利于排胶，排胶时间短，胶乳早凝现象比较普遍。因此，在割胶生产中，要根据营养诊断指导施肥，供给橡胶树正常生长、产胶和排胶后胶乳再生所需要的水分和养分，以利增产。

6.2.4.3　植株状况

内堵塞强的品种，其排胶时间就短；反之，排胶时间就较长。品种相同时，凡长势旺盛、新陈代谢水平高、树皮生长良好的植株，排胶效率高；反之，若植株生长弱、树皮生长不良时，则排胶效率低。

橡胶树在抽叶、开花、结果时期，由于叶、花、果的生长需要较多的水分和养分，加之这时期的各种生理活性物质特别多，因此，胶乳容易氧化和凝固，使排胶受到限制。

6.2.4.4　割胶技术

割胶技术好，做到"稳、准、轻、快"，接刀、切片、深度达到"三均匀"，胶刀锋利，有利于排胶；反之，割胶技术差，胶刀磨不好，割胶伤树多，深浅不一，切片厚薄、长短不匀，行刀压力大、摩擦多，以及漏刀、重刀、顿刀或摇手等，容易使乳管口堵塞就不利于排胶。

6.2.4.5　化学刺激

在橡胶树上施用乙烯利等化学刺激剂，一方面解除了乳管切口的内堵塞现象；另一方面使靠近割口部位的乳管发生强烈的稀释效应，因而使排胶时间大大延长。但过分长流不论对胶乳的再生或者对胶树的健康状况都是不利的。

6.2.5　排胶反常

割胶的植株出现早凝或长流等不正常的现象，称作排胶反常。

6.2.5.1　胶乳早凝

一般橡胶树的排胶时间，大多是 1~3h。高产树的排胶时间长一些。而有些橡胶树的胶乳容易凝固，割后不到半小时就凝固了。由于排胶时间过短，所以产量一般很低。引起早凝的原因有以下几点。

①营养失调　试验表明，过早凝固与胶乳中的含磷量过低和镁/磷比例（Mg/P）过大以及含钾不足有关。适量施用磷/钾肥时，大都有较好效果。

胶乳凝固的重要原因之一是胶乳中的去稳定因子的作用。镁、钙阳离子（Mg^{2+}、Ca^{2+}）能中和橡胶粒子保护层的负电荷，使粒子发生碰撞而凝聚，使胶乳凝固。镁与磷、钾之间有颉颃作用，即磷、钾多时，会引起镁的不足；反之，磷、钾缺时，就会显得镁过多。所以橡胶树对镁和磷、钾的需要有一定的比例，橡胶树才能正常排胶。在玄武岩砖红壤地区，胶乳早凝较普遍，主要原因是该地土壤中磷、钾含量低，从而使镁/磷、镁/钾的比例失常所造成的。试验表明，对这种橡胶树增施以磷、钾肥为主的综合肥料，叶子就会从黄转绿，胶乳过早絮凝现象也普遍好转。

②品种　胶乳早凝与品种有关。如'GT1'等无性系和实生树中的某些植株，胶乳很易早凝。施用乙烯利等延缓堵塞化学药剂有一定效果。

③物候期　如前所述橡胶树抽叶、开花、结果时期，胶乳容易早凝。

④细菌活动　胶乳中的细菌活动，一方面破坏橡胶粒子的保护层；另一方面产生酸

类。酸类不仅中和橡胶粒子表面的负电荷,并且使胶乳酸度增大,引起胶乳过早凝固。割胶时做好清洁工作,减少细菌的繁殖,可以减少或避免出现早凝。

⑤天气 高温天气和当风林段,可加快割线上的水分蒸发,促进酶类和细菌的活动,因而使胶乳凝固变快,引起早凝。严重干旱使橡胶树水分状况恶化,胶乳含水量下降,也会使凝固加快,产生早凝。

6.2.5.2 胶乳长流

胶乳长流指橡胶树排胶时间长达 7~12h,或更长久的现象。长流的胶乳浓度往往很低,干胶含量有时不到 10%。胶乳长流的原因有:品种的特性所致;营养失调;冬季低温;化学刺激;部分可能是死皮发生前的一种预兆。

当营养失调时,橡胶树的新陈代谢和物质合成受到影响;当胶乳中的含镁量过低和镁、磷比例(Mg/P)过小以及含钾过多时,胶乳则不易凝固,割线封闭延迟,引起胶乳长流。胶乳长流又使得养分损失更大,而营养物质的大量损失又反过来加剧胶乳的长流。

冬季低温时酶类和细菌活动减弱,水分蒸发减慢,胶乳凝固变慢,也会引起长流。

乙烯利刺激后,长流胶增加,有的过度长流甚至到翌日早晨。

对胶乳长流的橡胶树,应降低割胶频率和适当浅割,以免养分流失过度。同时要加强抚育管理,增施肥料,以提高橡胶树的营养水平和维持适当的养分比例,提供胶乳正常凝固的条件,减少胶乳长流。对化学刺激引起长流的橡胶树,可通过调节刺激剂的浓度、用量、次数和方法,采取浅割等适当的割胶措施等加以克服。

6.2.5.3 胶乳外流

割线上胶乳外流的原因很多,当树身不干割胶、割线斜度不平顺或乙烯利刺激时,都容易出现胶乳外流。

乙烯利刺激造成胶乳外流的原因是,由于割线上乳管停止排胶的时间先后不一,即有的乳管已经停止排胶,乳管口附近已形成胶块,但另一些乳管仍继续少量排胶,以致所排出的胶乳有的形成胶泡,有的外流。这种现象大多数在涂药后 1~3 刀发生。改善刺激方法可避免出现这种现象。

6.2.6 胶乳再生

排胶停止后,首先是以吸水为主的过程,由于封闭了的乳管膨压很低,水势很小,因此,邻近细胞中的水分、养分便向乳管渗透,一般在停排后 7h 左右乳管的膨压基本恢复。水分的大量进入使胶乳稀释,促进邻近细胞的养分向乳管渗透。事实上,在排胶过程中,由于乳管和邻近细胞之间存在着膨压差,不仅是水分而且还有其他物质流入乳管。割口封闭后,乳管细胞逐渐合成新的胶乳。新的胶乳逐渐增多,浓度随之上升,渗透势增大,使乳管吸水,膨压随之回升,等到水势达到最高,乳管停止吸水,与邻近细胞又建立起新的平衡。在这个时候,胶乳的化学成分也在迅速恢复。如养分供应充足,经 24h 或者更长一些时间,胶乳成分才会恢复正常。

胶乳的再生包括橡胶粒子和非橡胶粒子的再生,以及胶乳组分的恢复。

6.3　割胶设计

6.3.1　开割标准

6.3.1.1　含义和指标

开割标准是指一个林段中的橡胶树开始割胶投产的指标。它包括两个方面：一是一株胶树长到多大才适于开割；二是单位面积上适合开割的胶树占多大比例才利于开割。

根据中华人民共和国农业行业标准《橡胶树割胶技术规程》（NY/T 1008—2006）规定：同林段内，芽接树离地 100cm 处，优良实生树离地 50cm 处，树围 50cm 以上，占植胶林段株数 50% 时，寒害较重地区及树龄已达 10 年，树围达 45cm 以上的橡胶树占林段总株数 50% 的即可开割。林段开割后第 3 年或开割达 80% 以上还未达到开割标准的橡胶树全部开割，不能割胶的无效树及时砍除。

6.3.1.2　制订开割标准的依据

开割树围的标准，主要是从橡胶树的整个经济寿命期中能否正常生长、产胶来考虑。

①橡胶树树围达到 50cm 时开割，对生长的抑制较小。生长和产胶是有矛盾的，树龄越小，这种矛盾越突出。幼树开割后，树围增长量比未割胶树约低一半。当橡胶树树围达 50cm 时，树冠已发展到较大的光合面积，光合作用所制造的营养物质，大体上既能满足橡胶树生长的需要，又能补充割胶的消耗，因而能较好地解决生长和产胶对营养物质所需的矛盾。从橡胶树的生长来看，开割时的树围越小，对树围年增长量的影响就越大。所以，为了使橡胶树在开割后能够保持一定的生长量，树围达到 50cm 开割是比较适宜的。

②橡胶树树围达 50cm 时开割，树皮的厚度才达到适宜割胶的要求（约 0.7cm），而且由于产胶组织的容积大，效率高，产量也较高。树围越小，树皮越薄。树皮厚度不够时开割不仅产量低，而且易伤树，也易外流，再生皮的质量差，对今后的产量会有不利的影响。

由此可见，在现行栽培制度下，用降低树围的标准来增加开割株数是不适宜的。只有在重风害或重寒害区或开割率达 80% 以上、树龄已达 10 年以上的林段内，对少数尚未达开割标准的胶树，才可根据实际情况降低开割标准。

橡胶树树围已达开割标准，推迟一两年开割是否可取？根据云南热带作物研究所在橄榄坝农场进行的试验表明：1955 年达到标准开割的实生树，割胶 6 年，平均单株每割次产胶乳 18.3g；推迟 1 年开割的，割胶 5 年，平均单株每割次产胶乳 19.7g，正常开割的树围平均年增长 8.8cm，晚割 1 年的则为 9.3cm。这说明，晚割 1 年的总产量要赶上正常开割的总产量，从这个试验推算约需 5~6 年时间。因此，推迟割胶并不一定有利。此外，促进排胶也是诱导产胶的重要条件。应该一方面坚持规定的开割标准，另一方面发挥橡胶树的产胶潜力，不一定要提高开割标准。

至于一个林段中有 50% 的开割率问题，主要是考虑到割胶劳动生产率。因为一个林段中开割的株数比例小，割胶时胶工跑路的时间多，劳动生产率就低。生产实践证明，一个林段中有 50% 的橡胶树达到可割树围时才开割是适宜的。

6.3.2 割面规划

所谓割面，就是阳割线下方及阴割线上方可供割胶的树皮。一株橡胶树可连续割胶几十年，在割胶期间，要变换几次割面，可见割面规划是否合理，对以后几十年的产量有很大的关系。因此，要根据橡胶树树皮中乳管的分布、每年割胶的耗皮量、树皮再生速率等以及当地的环境条件，精心设计、合理安排、科学地利用树皮。使整个割胶期内都有足够的树皮可供割胶。割面规划的主要内容包括树皮利用、割线方向和斜度以及割面方向等。

（1）树皮的利用

橡胶树可供割胶的树皮是有限的，而且割后要经过很长时间才能恢复，所以要做好设计、合理利用，在制订树皮规划时必须注意到以下几点：

①安排割面时，要使再生皮的恢复和树皮的消耗之间达到平衡。实践表明，第一次再生皮恢复到适于割胶的厚度，实生树需7~8年，芽接树需8~10年，而第二、第三次再生皮的恢复时间就更长了。耗皮量的多少取决于1年内割胶的次数和每刀耗皮的厚薄。以S/2 d/3割制为例，以每刀耗皮0.13cm计，每月割10刀，耗皮约1.3cm，云南1年能割胶8~9个月，耗皮10cm左右。在树干上，1.3m处开割，半树围一个割面的原生皮可割10年以上。如按计划割胶，树皮是够轮换的。但是如果不注意，原生皮消耗很快，而再生皮还未恢复到适于割胶的厚度，就会出现不平衡的现象，以致树皮不够用，被迫中途停割而影响产量。

②安排割面时，要尽量减少吊颈皮的出现。吊颈皮由于两段不同年龄的树皮相接，乳管联系失常，所以割胶时产量显著下降。在安排割面时应尽量避免吊颈皮的出现。

③安排割面时，要使橡胶树产量逐年有所上升，尽量避免出现产量下降的情况。

④实生树的开割高度应适当降低，芽接树的开割高度应适当提高。实生树的树干呈圆锥形，越近基部，树围越大、树皮越厚、乳管越多、产量越高。从基部向上，每升高30cm，产量减少13%~14%，因此，实生树开割时割线不能开得太高，但也不能开得太低，否则就会影响割面的安排。芽接树树干呈圆柱形，上下粗度相差不到10%，在一定高度范围内，树皮厚度和乳管多少相差不到15%，因而产量变化较小。如'PR107'，在离地80cm处开割的产量与在110cm高处开割的产量仅差2.5%。因此，为了合理安排割面，避免出现吊颈皮，同时为了便于胶工割胶，芽接树一般在离地1m以上开割。

基于以上理由，在采用常规割制的情况下，实生树第一割面应在离地50cm处开割，第二割面应在离地80cm处开割，第三割面应在第一割面上方离地120cm处开割，第四割面应在第二割面上方离地120cm处开割（图6-8），这样安排实生树割面，虽然出现了两次吊颈皮，但既可照顾再生皮恢复与耗皮量之间的平衡，又可获得较高的产量，是比较合理的。

芽接树的树皮恢复能力较差，吊颈皮明显减产，加之提高割线产量差异不明显，因而在便于割胶的情况下，割线应尽量开高一些，同时根据割制不同开割高度不同。S/2 d/3~d/4割制，第一、二割面均在离地130cm处开割。（S/4+S/4↑）d/3—d/4割制，第一、二割面均在离地110cm处开割。如此安排当割到接合点时，两个原生皮割面也可割胶10年以上，第1次再生皮也有足够的恢复时间。以后第三、四割面也在相同高度开割，这样既便于操作，也不会出现吊颈皮（图6-9）。

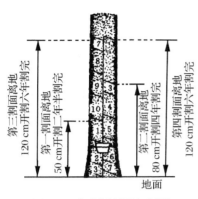

图 6-8　实生树割面规划图

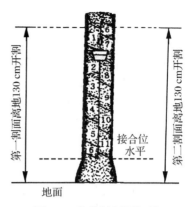

图 6-9　芽接树割面规划

（2）割线的方向和斜度

①割线的方向　树皮中乳管与树干成 2°～7°夹角从左下方向右上方螺旋上升，因此，割线斜度相同的情况下，割胶时均采用从左上方向右下方割（左割），这比从右上方向左下方割（右割）能切断更多的乳管，可获得较高的产量。

②割线的斜度　割线斜度的大小，以利于胶乳畅流为原则。斜度不够，影响排胶，胶乳不能畅流，容易外流造成减产；反之，斜度过大，胶乳流得快，胶线薄，不能很好地保护割口。通常芽接树流液量较大，树皮较薄，所以斜度要比实生树大一些。芽接树也要根据不同品种的胶乳流量、树皮厚度等因素，适当调节割线的斜度。阴刀割线的斜度应比阳刀割线大，否则割胶时胶乳外溢严重。根据不同割线斜度试验比较，一般实生树阳线 22°～25°芽接树阳线 25°～30°，阴线 35°～40°较适宜。

（3）割面方向

在安排割面方向时，首先要考虑便于割胶，其次，在边缘而又无屏障的林段，应注意避免早晨阳光直射割面，同时还要考虑到一个林段内割面的整齐统一。因此，在平坦的林段，一般割面可与行向平行，第一割面开在东北或西南方向。在丘陵地林段，割面可朝向株间，与梯田面垂直，应尽可能避免加剧日晒或寒害。

6.3.3　割胶制度

割胶是切断橡胶树树皮上的乳管，使胶乳流出的作业。割胶制度是人们对橡胶树有计划、有节制的采胶措施，使橡胶树排胶强度与产胶能力达到相对平衡。一个理想的采胶制度，应该是产量高、成本低、死皮少，在橡胶树整个经济寿命周期中获得最高经济效益。

6.3.3.1　割胶制度符号（国际采胶制度符号）

（1）割线数目、形式和长度及割胶频率

割线的条数、形式和长度是以分数来表示的。分子用大写字母，表示割线形式；割线长度用割线投影占树周水平长度的比例来表示，它不是割线的实际长度；分母前面的数字表示割线的数目。例如：

S＝全螺旋割线。

S/2＝一条半螺旋割线。

S/4＝一条 1/4 螺旋割线。

V＝"V"字形割线。

C＝全树周割线，割线形式不定。

C/2＝一条半树周割线（类型不定）。

当向下割阳刀时，不必标出割胶方向的符号。向上割阴刀，则需在割线符号之后标出向上符号（↑）。当橡胶树有两个割胶方向时，则在割线符号之后同时标出向上和向下的符号（↑↓）。例如，

S/2↑＝一条向上割（阴刀）的半螺旋割线。

2×S/4↑↓＝两条阴阳刀 1/4 的螺旋割线。

割胶频率和割胶周期用分数或系列分数表示。分子表示割胶期和单位，分母表示割胶周期长度。第 1 个分数表示"现行频率"，后一个分数表示"实际频率"。d＝日，w＝周，m＝月，y＝年。

d/1＝每日割，d/2＝隔日割，d/3＝三日割。

6m/9＝割 6 个月后休割 3 个月。

（2）割面轮换

割胶可在同一割日一个割面或一组割面上进行。也可隔日或一个割胶期在几个割面或几组割面轮换割胶。后一种方法称为"换割制度"，并在括号内用数字和英文字母表示每个割面轮换的周期，括号内第一个数字表示第一割面轮换的周期，第二数字表示第二割面轮换的周期。

（t，t）＝双割线，每条割线每割日换割 1 次。

（4m，4m）＝双割线，每条割线割 4 个月轮换。

（w，3w）＝双割线，第一割线割 1 周后转第二割线割 3 周。

（3）混合割胶

在同一株橡胶树上的两条割线，可以同日或隔日割胶。

同日割：两条割线的长度符号用（＋）连接起来。如：

S/4↑＋S/2＝一条 1/4 向上阳割线和一条 1/2 向下阳割线，同日割。

隔日割：两条割线的长度符号用逗号分开。如：

S/2↑，S/2＝一条 1/2 向上阳割线和一条 1/2 向下阳割线，隔日割。

（4）刺激符号

刺激符号与割胶符号是分不开的，在它们之间用一个逗号分开。刺激符号由刺激剂、施药方法和周期 3 部分组成。刺激剂用专门代号或化学符号来表示，如 ET＝乙烯利，CaC_2＝电石，施药浓度剂量和施药宽度直接写上。施药方法表示如下。

Pa＝在割面上施药；

Ba＝在树皮上施药；

La＝不拔胶线，在割线上施药；

Ga＝拔去胶线，在割线上施药；

Sa＝在土壤中施药（如电石）。

完整的刺激符号如下：

ET5%，Pa2(2)，8/y(m)＝用 5%乙烯利刺激，在割面施药，每次施 2g，带宽 2cm，每年施 8 次，每月施 1 次。

ET5%，Ga2(1)，16/y(2w)＝用 5%乙烯利刺激，拔去胶线施药，每次施 2g，带宽 1cm，每年施 16 次，每间隔 2 星期施 1 次。

6.3.3.2　割胶制度的选择

割胶制度的制订和选择要因地制宜。传统的割胶制度(S/2，d/2)，因耗皮量大、工效低，易死皮，目前已不用。使用刺激剂后，根据多年的生产实践经验总结及试验研究，云南植胶区将生产上的橡胶树品种划分为以'RRIM600'为代表的不耐刺激的 I 类品种和以'PR107'代表的较耐刺激的 II 类品种。'云研 277-5''海垦 2''云研 1 号'(有性系)等列为 I 类品种，'GT1''PB86''云研 77-2''云研 77-4'等列为 II 类品种，并特制订出了不同割龄的割胶制度，见表 6-7、表 6-8 所列。

表 6-7　橡胶树 d/3 割制不同割龄的割胶制度及 ET 施用浓度

割胶制度	割龄段	ET 浓度(%)	
		I 类品种	II 类品种
S/2d/3	1~3	0	0
	4~5	0.3	0.5
	6~7	0.5	1.0
	8~11	1.0	1.5
	12~15	1.5	2.0
	16~19	2.0	2.5
(S/2+S/4↑)d/3	20~24	2.0	2.5
	25~29	2.5	3.0
	30~34	3.0	3.5
	35~39	3.5	4.0
(S/2+S/2↑)d/3	40~41	4.0	4.5
(2S/2+S/2↑)d/3 或(S/2+2S/2↑)d/3	42~43	4.5	5.0

表 6-8　橡胶树 d/4 割制不同割龄的割胶制度及 ET 施用浓度

割胶制度	割龄段	ET 浓度(%)	
		I 类品种	II 类品种
S/2d/4	1	0	0
	2~3	0	0.5
	4~5	0.5	1.0
	6~8	0.8	1.5
	9~12	1.1	2.0
	13~16	1.5	2.5
	17~20	2.0	3.0

（续）

割胶制度	割龄段	ET 浓度(%)	
		I 类品种	II 类品种
(S/2+S/4↑)d/4	21~24	2.0	3.0
	25~28	2.5	3.5
	29~32	3.0	4.0
	33~36	3.5	4.5
	37~40	4.0	5.0
(S/2+S/2↑)d/4	41~43	4.5	5.5
(2S/2+S/2↑)d/4 或(S/2+2S/2↑)d/4	44~45	5.0	6.0

6.3.4 开割与停割时间

开割与停割时间的确定主要根据橡胶的生长、产排胶状况及气候环境的变化确定。

开割期：第一蓬叶稳定植株达 70%以上，该林段可开割。

停割期：有下列情况之一者停割：

①冬季早上 9 时，胶林下气温仍低于 15℃，当天不割；连续出现 7d，当年停割。

②正常年份年总割次达到规定，即停割。

③正常年份规定年耗皮量已割完，即停割。

④经查实，干胶含量已稳定低于冬期割胶控制线以下，即停割。

6.4 采胶技术

割胶是天然橡胶获取经济效益的直接手段。橡胶树种植 7 年后才能投产，其经济寿命（割胶期）可达 30~40 年，割胶生产的劳动投入占整个天然橡胶生产的 70%左右。因此，在橡胶树的栽培生产过程中，割胶是中心环节。同时，与其他一次性收获的作物不同，割胶又是一个需要较高技术的手工作业，割胶制度和割胶技术的优劣不仅影响当年的产量，还会影响以后的产量。

《橡胶树割胶工国家职业标准》明确了提出橡胶树割胶工是从事橡胶树割胶工作的人员。割胶是天然橡胶生产中最重要的环节之一。橡胶是事关国家战略安全的产业，一个产业的强大和永续发展，都离不开一支技术过硬、心理稳定的人才队伍。广大的割胶工队伍是支撑产业健康发展的基石，没有他们，橡胶产业大厦就会动摇，失去他们，国家战略安全将受到严重影响。

我国有 100 多万割胶工，其割胶技术水平的高低，直接影响到橡胶树的产量和可持续生产，关系到产业的发展潜力和后劲。

6.4.1 割胶前的准备

6.4.1.1 割胶工具

胶刀(图 6-10)、磨刀石、胶舌、胶杯、胶杯架、胶刮、胶桶、胶线箩、胶灯等。

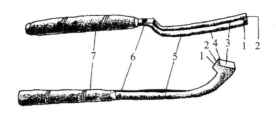

图 6-10　胶刀各部位名称(上：推刀，下：拉刀)

1. 刀口；2. 凿口；3. 刀翼；4. 刀胸；5. 刀身；6. 刀尾；7. 刀柄

6.4.1.2　准备工作

（1）安排割胶树位

割胶树位是指胶工每次割胶和管理时应完成的胶园区域，此区域有相对固定的割胶面积或胶树株数。每个树位的株数，应根据割胶数目，割线长度，路段远近，开割率多少，地形变化，胶工割胶技术熟练程度等而定。

树位割株定额：原则上掌握在 3h 内割完，视坡度大小和路程远近，单阳线树位一般 250~300 株；实行阴、阳双线老龄割制的树位一般 200 株左右。新开割树实行 3 天 1 刀割制，每个胶工负责 3 个树位的割胶和管理工作，其他年度的开割树实行 4 天 1 刀割制，每个胶工负责 4 个树位的割胶管理工作，实行"三定"（定人员、定树位、定产量），落实岗位责任制。

（2）割胶用具准备

割胶用具包括割胶工具和割胶用品。割胶工具包括：胶刀、磨刀石、胶刮、胶线箩、胶桶、胶舌、胶杯、胶架、胶灯等。割胶用品包括：氨水、保鲜剂等。

①胶刀　我国常用的是推刀，少数用拉刀。一般说来，低割线（离地 60cm 以下割线）适于用推刀；中割线，推拉刀都方便；高割线（离地 150cm 或以下的割线）用拉刀，是从割线的高端割向低端，推刀则相反，从割线的低端割向割线的高端；割高割面的阴刀时（离地 150cm 以上）用推刀，如用拉刀很不方便。因此，割胶刀具是推刀多，拉刀少。

一把好胶刀应该是钢质好，不易钝，两翼对称，外侧平顺；刀口锋利，近刀口处没有收口现象；刀身无锈无裂痕，刀胸近小圆杆，弯曲度合适；刀柄与刀胸成一条直线。通常，一个胶工应配备两把胶刀。双刀上岗，定点换刀。

②磨刀石　每个胶工应配备粗石，红石、细石各一块。磨刀石要修理好备用。

③胶刮　胶刮在收胶时使用，将倒胶乳时胶杯中剩余的胶乳刮干净，流入胶桶。通常胶刮是用废轮胎胶磨制成牛舌形，其大小和形状要与胶杯内壁吻合，软硬要适中，边缘也要软硬一致、光滑，以便把胶收干净。收胶前先用水洗湿胶刮，这样收胶时胶刮不易沾胶。收胶中如果发现胶刮沾胶，应随即将沾胶凝块拨去。收胶后要马上洗干净备用。

④胶杯　常用的胶杯容量为 250~500mL。橡胶树施用刺激剂后，产量骤增，要根据橡胶树产量状况配备大胶杯（如 800mL 以上），以节省收胶时间。胶杯内釉面要光滑，不易沾胶，倒胶方便，易清洁。

⑤胶杯架　用铁丝绕成，每株树两个，一个在割面下方，割胶时放接纳胶乳的胶杯；另一个在树干 1.5m 地方，在不割胶时倒放胶杯，其目的是保持胶杯清洁，避免溅脏。胶

杯架铁丝两端不宜钉入树皮太深，以免伤树生瘤。

⑥胶桶　一般每个胶工配备大桶和小桶各1个。大桶可装胶乳15～20kg，小桶可装7～10kg。胶乳多的树位应多配一个大胶桶。为了便于机械化运胶，胶桶最好能加盖密闭，以免胶乳溅出浪费。无论胶桶大小，规格都要一致。

做好开割前林间道路的修整，胶树开模，安放胶杯架、胶舌、胶杯、防雨帽、防雨帘等用具，割阴线的树位在阴割线下方安设好接胶槽。割胶工具的安放如图6-11所示。

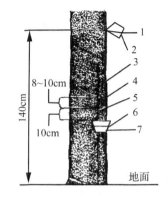

图6-11　胶杯、胶杯架、胶舌的安放位置

1、6. 胶杯架；2、7. 胶杯；3. 割线；

4. 前垂线；5. 胶舌

6.4.2　磨胶刀

胶刀磨得好坏，对产量有一定影响。磨得好的胶刀，一般可提高产量4%～10%。因此，认真磨好胶刀，也是挖掘增产潜力的一个重要途径。

6.4.2.1　磨好的胶刀标准

磨刀的基本要求是胶刀两翼外面要平滑。刀胸成小圆杆，磨圆磨滑。凿口平顺，均匀。刀口平整、锋利，直立时刀口看不到白线白点。

6.4.2.2　磨新胶刀方法

（1）检查刀身弯曲度

磨推刀时，首先检查刀身的弯曲度是否合适。因为胶刀刀身太直时，割起来不好过条沟，又易伤树；而刀身太弯则不易"吃皮"。

2cm左右

图6-12　检查推刀刀身曲度方法示意

修定刀身的弯曲度的方法。以刀身长度一般为13.5cm、刀尾内侧基本是平的辽宁刀型为例，测量校正方法有两查（检查）和两定（修定）。

①检查推刀锋顶与刀尾内侧水平线的垂直距离　具体做法：把刀槽向下，把刀尾内侧平稳按在桌面或凳面上，按放的长度以2cm为宜，量桌面与锋顶的垂直距离，如为1.8～2.2cm者，则是合适的刀身弯曲度（图6-12）。

②检查刀尾与刀柄是否在一条直线上　具体做法：把胶刀的一翼朝上，看刀尾与刀柄是否成一直线，如果刀尾与刀柄成直线，刀身的弯曲度就基本合适。如果刀尾偏向刀槽或偏向胸脊一边，则刀身的弯曲度就有待修定。

③修定不合适的刀身弯曲度　当发现刀本身存在太直或太弯的缺点，并且胶刀又有修改的余地时，可以根据刀身的弯直情况分别在刀胸前部或刀胸中部用粗石做适当处理，把刀身弯曲度尽量修定好。

④修定不合适的刀尾与刀柄的安装　经检查，如果刀尾与刀柄安装偏了，则把胶刀敲下来调换一个方向。也可酌情加木签修定，以达到刀身应有的合适弯曲度。

（2）检查磨石是否符合要求

磨刀前，应检查钢石、红石、细石是否平整好用。如不好用要先修好磨石。磨刀石要经常保持平整和一石能多用的要求，这样才有利于磨好胶刀。具体做法：

①把各种磨刀石两面不平的部位磨平，以利于磨胶刀外翼平顺面。

②把磨刀石的一边修理成双斜面，以利于磨胶刀内槽。

③把磨刀石的另一边修理成单斜面，以利于磨胶刀左右翼的凿口。

（3）定刀型

定刀型要做到看、稳、准。

①看　就是要看好先磨哪里才是定出刀型的关键，即定出首先要磨的部位。

②稳　就是看好以后把刀放稳，把刀石拿稳。胶刀可以放在桶口边上，也可放在砖头上用脚踩稳，用手抓住粗石大力推磨，这样磨得快，但新胶工较难掌握（图6-13）。

图6-13　定刀型

③准　就是准确地磨，做到想磨哪里就磨哪里，先磨关键部位，把刀型大体上磨出来，再把两翼磨平顺。在磨刀翼时应注意磨刀石不要超出刀口，以免造成收口。刀翼前端2~3cm采用横磨，这样不易磨收口。待刀胸磨1.5mm左右的顺直线、两翼磨成平顺稍带弧形后，把粗石放在左手上，右手拿刀在粗石上滚磨，使刀翼和刀胸达到顺直圆滑并具有小圆杆的要求。

（4）刀胸磨成小圆杆

在磨新刀之前，首先要鉴别所磨的胶刀刀胸和两翼的基本位置，做到心中有数，并且应该选出对定刀型比较有利的一翼先磨，然后再磨另一翼。这样的磨法可克服两翼并举、边磨边定的盲目性。当粗石磨近刀胸时，应在刀胸两侧均匀留出约1.5mm宽暂不磨，使已磨和未磨部分明显可见。当两翼基本磨好时，就用粗石从未磨处向刀胸仔细回修，从而达到刀胸顺直又具有小圆杆刀所要求的弧度。如果刀胸两侧不留出1.5mm宽的未磨部分，而把刀磨成没有小圆杆的弧度，那就变成三角刀。如果未磨部分留下过多不敢磨，则圆的直径过大，就变成中圆杆或大圆杆刀型了（图6-14）。

小圆杆刀胸的鉴别应该采取外形观察和刀胸度量相结合的方法。外形观察是通过分析

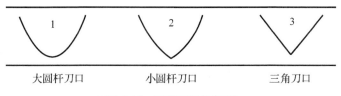

| 大圆杆刀口 | 小圆杆刀口 | 三角刀口 |

图6-14　三种刀口比较图

刀胸的不同宽度和弧度来判定刀型状况。刀胸度量法是在外形观察后进行，做法是先由检查组统一磨出标准的三角刀（刀胸圆直径为 0.15cm 以下）、小圆杆刀（刀胸圆直径 0.16~0.20cm）、中圆杆刀（刀胸圆直径 0.21~0.25cm）、大圆杆刀（刀胸圆直径 0.26cm 以上）作为样刀，在硬纸片上印出样刀刀口的模型，然后将胶刀逐一对着样刀模型进行检查。

（5）磨胶刀凿口

胶刀凿口的磨法应根据胶刀质量和所割胶树树皮特性而定。一般刀口厚度为 1.2mm，凿口长度应为 5~6mm，刀口厚度与凿口长度之比为 1∶4~1∶5。在树皮较硬或胶刀质量较差的情况下，凿口要求是在大凿口上套上一个不明显的小凿口，但不能磨成双凿口；对于树皮较松软或质量较好的胶刀，则磨成平顺均匀的凿口（图 6-15）。

图 6-15　胶刀凿口

磨"一字凿"的方法。首先把刀口锉平，把胶刀立起来用粗石把刀口较厚的部分磨薄，使刀口厚度基本一致，然后把胶刀平放桶口边上，下垫一块布以稳刀护刀，刀口朝向自己，一手握紧刀柄，一手握稳粗石，自刀槽中心向外横磨。起初先磨一个约 2mm 宽的小"一字凿"，接着根据刀口厚度把小凿口开到适当宽度。凿口基本定好后，再把刀立起来用粗石修理至厚薄均匀，并用红石和细石磨锋利。这种磨法的特点是看得准，对内槽凿口保护得好，减少返工，又不麻烦。

（6）磨刀口

①先平刀口　开凿口之前，先用粗石锉平刀口，把刀口个别厚的部位锉薄拉齐，并用红石磨去粗石磨痕。

②留线防崩　粗石开凿口，凿口不宜开得太薄，刀口均匀留出一条较细的白线，然后使用红石把凿口上的粗石磨痕磨去，把刀口稍微加工，但不要用红石磨锋利。

③防止砂口　使用红石后，则用细石平刀口，并把刀口的红石磨痕磨去，外翼加工光滑，把刀口上的轻微反口磨去。

④平整锋利　最后用细石磨锋利，此时要特别注意克服急躁情绪，刀石应顺凿口斜度均匀磨动，不要乱摆，并利用细石粉浆的润滑和缓冲作用，小心认真加工，保证刀口平整锋利。

⑤检查刀口是否平整的方法　看刀口是否平整，可把胶刀竖立，此时锋顶应比两个翼角高出大约 1mm，并且从锋顶到两个翼角成直线倾斜，这样的胶刀平放时刀口就显得平齐了。

6.4.2.3　旧胶刀的磨法

每天割完胶后要把胶刀磨锋利以备使用。但在磨刀时，有些胶刀刀口出现砂口，当遇到这种情况时，应用细石或红石先把砂口磨平。因为胶刀砂了口，刀口出现高低不平，如果不先平刀口就磨，刀口各部位的锋利程度显然就不一致，会出现一些部位锋利了，而另一些部位没锋利，当继续把尚未锋利的部位磨锋利时，已锋利部位往往会磨崩，这样既增加了磨刀时间，又加快了胶刀损耗。

如果先平去砂口，统一了刀口口的厚薄度，然后根据刀口厚薄决定使用粗石、红石或细石，这样既有利于加快磨刀进度，又有利于延长胶刀的使用寿命。

6.4.3　割胶技术

割胶是一项技术性很强的工作，割胶技术的优劣直接影响橡胶树的生长、产量和经济寿命。见表 6-9 所列。

表 6-9　割胶技术对橡胶树产量的影响

技术等级	分数	树位干胶总产		年株产干胶	备注
		（kg）	（%）	（kg）	
一	85	980.12	105.7	4.28	采用 S/2　d/2 割制 229 株/树位
二	78.5	927.45	100.0	4.05	
三	65	822.11	88.6	3.59	

6.4.3.1　割胶技术的基本要求

①伤树少　割胶时尽可能不要伤及树皮内的形成层。一般超深割胶伤及水囊皮也是伤树。应做到基本无大伤和特伤，小伤少。因为橡胶树开割后要连续割胶几十年，如果割伤，伤口便会长瘤，影响乳管生长，降低产量，严重时会使橡胶树失去割胶的价值。

②耗皮适量　橡胶树的经济寿命主要取决于割胶可利用的树皮的消耗量，树皮消耗量大，便会缩短橡胶树的割胶年限，使树皮不够轮换。因此，一般每割次的耗皮量：d/3 割制，阳刀 1.2 ~ 1.4mm，阴刀 1.4 ~ 1.6mm；d/4 割制，阳刀 1.4~1.6mm，阴刀 1.6~1.8mm。要根据 1 年的年割次确定一年的年耗皮量（图 6-16）。

③割面均匀，深度适当　橡胶树皮内层乳管较多，而且内外乳管列之间基本不连

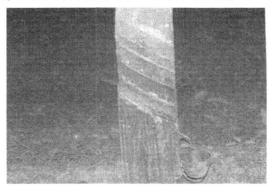

图 6-16　割胶年耗皮量图

通，所以，要割到适当的深度才能割断更多的乳管列，一般离形成层 1.6~2.2mm。同时深度要均匀，才能做到该割的乳管都割到。这样既可获得较高产量，再生皮也长得平整，便于以后割胶。

④割线斜度平顺　割胶时整条割线要平顺，不要出现波浪形、扁担形。这样利于胶乳畅流，又可使整条割线上都均匀地铺满胶乳，保护割口。这就要求割胶时，每刀切片的厚薄要均匀一致。

⑤下刀、收刀整齐　下刀、收刀是否整齐，直接影响树皮的规划和利用，如果下刀、收刀不整齐，超过水线，把不该割的树皮割了，就会影响另一割面的产量；反之，下刀、收刀不到水线，漏割了树皮，会影响当前产量。

6.4.3.2　割胶技术基本要领

胶工割胶时，必须做到手、脚、眼、身配合好，姿势自然，才能做到割胶深浅均匀，切片长短、厚薄均匀。关键必须掌握"稳、准、轻、快"的操作要领。

①稳就是握刀时，刀要握紧，手腕与刀柄成一直线；稳刀手拇指和中指握紧刀柄前端，扶定刀身，食指伸直放入刀槽中部，起扶刀定向作用，行刀时胶刀要始终保持一定的斜度。

②准就是下刀要靠准后垂线的外边线，行刀时要以身带刀，脚步要跟上，用手臂力均衡而有节奏地将胶刀顺着树身的弧度向前推进。每刀都要接准前一刀，但要避免重落在已割的刀路上。进刀和退刀幅度约为 2 : 1，在整个行刀过程中要做到基本一致，使之达到切片厚薄、长短均匀，接刀均匀，深度均匀。

③轻就是行刀时压力小，刀身与割线的接触面不宜过大，一般只在刀口处 1.5cm 左右。行刀时要用手臂力，不用手腕力推刀，以免"摇手"，用力要有节奏而均衡，进刀用力不可过大，以免"冲刀"；退刀时要退准三角皮处，不可过后，以免"重刀"；进刀和退刀要有节奏地连接起来，不要停顿，以免"顿刀"。上述现象摩擦大、压力重，对产量都是不利的。

④快就是要在稳、准的前提下求快。快关键不在走路，而在于操作。因此，要割得快，就必须在操作上下功夫。

6.4.3.3　低割线阳刀割胶操作方法

①拿刀　左手握稳刀，在一般情况下，当由上往下推割时，左手握紧刀柄的后端，右手握刀柄的前端，但不要握得太紧，右手食指伸入刀槽中部定稳刀。割胶时左手肱与刀柄成一直线。

图 6-17　低割线割胶下刀

②下刀　下刀是行刀的开始，下刀前，先从割线中间拉起胶线，然后右脚尖站到边线处适当距离，左脚在后自然分开，两腿适当弯曲站稳，下刀时左手要拿稳刀，刀背紧贴边线，将胶刀略向外侧，对准边线切入树皮，并以与割线斜度相同的角度对准边线向内插入至够深，然后用后手的腕力轻快地向外前方位置转出，同时前手食指配合向外拧出（图 6-17）。下刀够深时，将刀往外挑出，皮薄的树，一刀就可割够深度，皮厚的树要

挑 1~2 刀才能割够深度，如下刀过深，将来再生皮会出现条沟，不利于割胶。下刀时切皮厚薄要与行刀时切皮的厚度一致，以防止割线弯曲。前后垂线不要开太深。

③行刀　行刀稳、准、轻、块。割胶时，姿势要自然，才能做到割胶深浅均匀，切片长短、厚薄均匀。关键必须掌握"稳、准、轻、快"的操作要领。

行刀时稳、准、轻、快要配合好，中心是准。前手定稳胶刀，后手均匀轻松地用力推割。用平刀法切皮，刀口沿着树身转要领是以身带刀，而不要以刀带身。切近方片（有效皮占 50% 以上）。如刀口向外飘，切皮就会成三角皮或"萝卜丝"，这样有效皮少，产量低。每割一刀，当刀口刚好切断树皮时，立即向后退到接口处，对准前一刀够深的地方接刀，做到接刀准，且注意深度和切片厚度均匀，既要避免刀退得过后，造成重刀或伤树，也要防止退得不够，造成漏刀。行刀时，用力要轻，避免胶刀擦压割口（乳管）和割面。在稳、准、轻的基础上做到割得快，即好中求快。在转弯时，速度要慢点。过条沟时，速度也要放慢，遇小条沟时以慢连刀通过，遇大条沟时，则以挑刀通过，并注意挑够深度。脚步要自然配合，移步时，前跨步大一些，后脚跨步小一些。

　　手、脚、眼、身配合（即四配合）要协调。在割胶中，手、脚、眼、身的姿势要正确，要轻松自然地协调进行。手握稳胶刀，掌握行刀的方向，使刀不向，上、下、左、右摇摆，而顺沿着割线斜度方向前进。脚要站在离树适当的位置，自然地移步向前。眼睛要斜侧看准接刀点。身体向侧弯与眼睛自然配合行进。

　　④收刀　收刀要求整齐够深。当行刀到接近水线时，速度要放慢，行刀至离前水线 3～4cm 处时，连挑 1～2 刀，此时刀锋顶已到前水线，但下刀翼仍未到，右手应稍放低，至剩下约 0.5cm 树皮时，后脚移半步，前脚跨一步，后脚随即在原地转 90°角，站稳，使下刀翼与前水线平齐，眼看水线内缘，轻轻推一刀，将刀平稳地轻推至前水线，到水线边时，刀稍向内移动，然后平拉起刀，收刀就会整齐（图 6-18）。割高割线，当刀接近边线时，眼睛看准刀的左翼，待左翼到达边线后，把后手提高，使刀的左翼和右翼都到达边线时才拉出，这样收刀比较整齐，不会超过边线。

图 6-18　低割线割胶收刀

6.4.3.4　高割线阳刀割胶操作方法

　　高割线反推刀适用于割线高过胸部的割线上，其基本操作方法是：

　　①拿刀　与顺推刀不同，右手在后紧握刀柄，食指直放，起定刀作用。胶刀与手前臂成直线，不要向里或向外弯曲。割线太高的可握后一点，并用单手握刀；较低的割线可用双手握刀。双手握刀时，左手拇指和食指指尖向上掐住刀根（凿口处）进行定刀即可。当割线高过头部，看不准割面时，用右手握紧刀柄，左手抱住树干，单手从下往上推割。

　　②用力　右手用力，整个手臂按割线斜度的方向用暗力均匀地将刀送出，不要冲、顿、摇，这样比较容易控制刀锋，使割胶切片长短厚薄一致，深浅掌握也容易。如双手握刀，左手起定刀作用，以减轻右手食指负担。

图 6-19　高割线割胶下刀

　　③下刀　左脚站位与水线对齐，脚尖向前，左手拇指和食指抓住左刀角置于下刀处，贴紧树身，然后右手用暗力对准外边线慢慢插入，够深度时右手握刀依托边线用手腕力向外挑出，左手也配合向外拉出，不够深度时可在内侧再重复操作一次。若刀刀如此，则下刀整齐、够深，有利于胶水流入胶杯。反之，则会引起外流、伤树，造成不应有的浪费（图 6-19）。

　　④行刀　整个过程要求"稳、准、轻、

快"，切片不宜太长，以2cm左右为好。行刀时身体向后绕树身移动，并稍向左后倾，左肩比右肩稍低，使重心向后，以助转身。同时侧身向树，不要正面对树。握刀姿态在一般情况下不要变动，做到身移刀跟，一刀一片。人与树身的距离要适当，行刀时脚的站位远近要适合，过高、过低的割线离树身稍远一些。脚步的移动紧紧配合身体转动，移动时，右脚从右向左后退，右脚尖与左脚后跟成近"T"字形，但不要停留。整个脚步移动的过程也就是顺推刀脚步的还原过程。这样的脚步可以使转身容易，姿势自然，不致因脚步移动不当而影响行刀。另外，较高的割线脚步要走小一点，较低的割线右脚后移时跨大一点。

⑤收刀　当行刀近后垂线时，速度要放慢，左刀翼到达后水线后，右手轻轻向上提起，待刀的两翼与后边线对齐后再向外拉出即可，要注意防止刀冲过边线割到未开割的树皮(图6-20)。

用反推刀法割高割线的基本操作方法，总的要求要轻松自然，姿势正确，做到以身带刀、带脚步，其操作要领可简单归纳为四句话：思想集中眼看清，侧身带刀退步行，右手握刀用力均，平刀切片稳、准、轻。

图6-20　高割线割胶收刀

6.4.3.5　阴刀割胶操作方法(图6-21)

阴刀割胶时，站的姿势和操作方法不对，割线过平等都容易引起体力疲劳，颈疼背疼，其操作基本要领跟阳刀割胶一样，要求"稳、准、轻、快"。操作方法：

①姿势　眼、手、脚、身配合好，身体稍倾向胶树，前身稍低，站的位置始终与树身保持同等的距离，行刀时脚步、身体要紧跟上，握刀柄的手腕要直，眼看准底线三角点，用手臂力推刀。

图6-21　阴刀割胶

②拿刀　右手握紧刀柄，拇指按于刀柄上面，其余四指把刀柄紧握掌中。左手手心向上，拇指在刀身上面，食指在下面扶稳刀身(近刀柄处)，其余三指上屈握住刀柄和刀身连接处。如果割线过高需要单手割胶时，右手握稳刀柄，食指按在刀身上面，以稳定刀身。

③走步　两脚分开站稳，左脚摆在前，右脚在后，脚尖朝割面，身稍前倾，随着行刀，右脚从左脚后边自右向左随着树身移动，当右脚站稳，左脚即向后移步，以保持身体平衡。

④行刀　刀口向上侧 35°～40°行刀，胶刀始终保持同样斜度，整个过程要求稳、准、轻、快，眼、脚、手、身配合好，刀身与割线接触宜小，一般刀口背面与割线接触 1.5cm。行刀时要以身带刀，刀口随树身转，用手臂力推刀，进刀和退刀用力均衡轻松、有节奏，使切片长短基本一致、厚薄均匀、近似方皮。遇有小凹沟时，可用侧刀连刀割，大凹沟则用刀挑刀。

⑤接刀　接刀要对准底线三角点，一刀一刀地均匀向前行刀，刀口保持向上侧 35°～40°。这样才能做到不伤割线下方的割面，割面呈明显的小线条，深度均匀，底线清，胶乳外流少。

⑥下刀和收刀　下刀前拔净胶线，顺斜下刀离前水线约 2cm，要割到应割的深度。行刀到离后水线约 2cm，应稍减慢速度，左刀翼到垂线则将刀柄向上梢提起收刀。

总之，阴刀割胶的最大难题是胶乳易外流。要克服外流：一是提高阴刀割胶技术，胶工需考核合格后才能上树位；二是雨后割面不干不割；三是可在割线下方安装接胶槽。

6.4.3.6　拉刀的操作方法

①拿刀　割线高度适中时，右手紧握刀柄，左手掌握刀身。当割线较高但还能看准割面时，右手握稳刀柄，左手抱树，用单手拉割。割线较低时可从下往上拉割，拉割时，换左手握刀柄，右手掌刀。

②下刀　拉刀割胶和推刀割胶要求相同，但要注意下刀时刀柄不要低于割线。

③行刀　拉刀割胶与推刀割胶要求基本相同，但步法上有所不同，移步时右脚大步后退，左脚退步小一些。

④收刀　速度要慢点，退够脚步，使身体站得自然时才收刀。

6.4.4　乙烯利刺激剂的施用

乙烯利作为橡胶树产胶的刺激剂，已在各植胶国普遍使用。大量的事实表明，这种刺激剂具有高效、速效、长效等特性，现已成为橡胶树通过刺激增加割次产量，降低割胶频率、提高劳动生产率的一项重要手段。

(1)乙烯利的性质

乙烯利是一种植物生长调节物质的商品名称。有效成分为 2-氯乙基膦酸[$Cl-CH_2CH_2-PO(OH)_2$]。我国生产的有效成分 40%（重量浓度），是一种浅棕色的液体，比重 1.25，溶于水，具有强酸性。作用机制是：

①延缓堵塞　施用乙烯利后，延缓了乳管的堵塞过程，使胶乳长流，增加排胶量。马来西亚研究院认为，施用乙烯利后，第一，乳管壁变厚变硬，排胶过程中乳管的收缩性减弱，乳管口相对增大，因而减少对黄色体的剪切作用。第二，提高了黄色体膜的稳定性，黄色体破裂指数减小。因而延缓了乳管的堵塞过程，造成胶乳长流，增加排胶量。

②诱导愈伤反应　使用乙烯利，就是人为地诱导并强化创伤反应，使橡胶树动员大量储备，大量吸收水分和养分并集于乳管系统，大大增强胶乳的再生。

目前生产上有单方使用，也有加钼酸铵或稀土元素做复方使用的。浓度 0.5%～4.0%，剂型以糊剂为主。也有水剂、油剂、乳剂的。

(2)剂型

糊剂：一是用淀粉糊，即按淀粉和清水 1.5∶50 的比例配制。先用 1/4 的开水将淀粉调成糊状，再加 3/4 的冷水搅拌，随即加入乙烯利和螯合稀土钼拌匀。配成的糊剂药液最迟在第二天用完；二是用化学糊，即用食品级呈微酸性的羧甲基纤维素钠，以 1∶100 的比例加水搅拌溶解，再加入乙烯利和螯合稀土钼（CRM）。为提高橡胶树的产胶能力，提高干胶，减少死皮和割面病害，促进再生皮恢复，应施用通过成果鉴定或获国家专利的乙烯利复方药剂。

（3）剂量

原则上 S/2 单阳线或（S/4+S/4↑）阴、阳线每株每次涂药量 2g；（S/2+S/4↑）阴、阳线每株每次涂药量 3g。因树龄大小不同，割线长度和树皮厚度不一样，涂药时根据具体情况进行调整。

（4）施用周期

d/3 半个月为一个涂药周期，每一周期割 5 刀，全年割胶期涂药一类型区 15~16 次；二、三类型区 13~14 次。d/4 则 12d 为一个涂药周期，每一周期割 3 刀，全年割胶期涂药一类型区 18~19 次；二、三类型区 16~17 次。

（5）配药

原则上由经过培训的专人配药、发药。要列出表格，分胶工、树位号、品种、割龄、割制、株数、用药浓度、发药量、发药日期等项填写。领药要登记签字。

（6）涂药

①当年第 1 次涂药，应在第 1 蓬叶稳定，抓紧在割第 2 刀后进行，以免损失前期的产量。在割胶当天下午胶线干涸时，用宽约 1cm 的毛刷蘸取药液，均匀涂在割线上和割口上方 2cm 宽的割面带上。

②每年开割后的第一次涂药和进入雨季 30cm 以下低割线转高割线的第 1 次涂药，应先将紧接割线下方 1~1.5cm 宽的外栓皮刮去，原生皮刮至呈现绿色为止，再生皮刮至呈现红色为止，再将药液均匀涂在刮皮带和割线上，以增加药效。

③涂药 6h 后遇暴雨冲刷，不用补涂；在 2h 内遇暴雨冲刷可补涂，但要降低浓度一半；在 2~6h 遇雨，可根据涂药后第 1 刀的产量，对减产多的适当缩短当次涂药周期。

④对出现死皮征兆及 1~3 级死皮树应单株停止涂药。

⑤冬季涂药　西部植胶区一类型区 10 月 10 日起，≤5 割龄胶树停止施用乙烯利，单施 0.5%螯合稀土钼。6~20 割龄的 Ⅰ 类品种根据干含和气温变化情况可降低一个乙烯利浓度段；进入 11 月，6~20 割龄的 Ⅰ 类品种停止施用乙烯利，单施 0.5%CRM，6~20 割龄的 Ⅱ 类品种及老龄割制降低一个乙烯利浓度段；11 月 10 日以后，橡胶树全部停止施用乙烯利，单施 0.5%螯合稀土钼。二、三类型区根据干含和气温变化情况对不同品种和不同割龄段橡胶树，可提早降低乙烯利浓度和停止施用乙烯利，单施 0.5%CRM。

东部植胶区从 11 月起，≤5 割龄橡胶树停止施用乙烯利，单施 0.5%CRM。6~20 割龄的 Ⅰ 类品种根据干含和气温变化情况可降低一个乙烯利浓度段；11 月 20 日起，6~20 割龄的 Ⅰ 类品种停止施用乙烯利，单施 0.5%螯合稀土钼，6~20 割龄的 Ⅱ 类品种及老龄割制降低一个乙烯利浓度段；从 12 月起，全部橡胶树停止施用乙烯利，单施 0.5%CRM。

⑥乙烯利单方加螯合稀土钼（CRM），使用乙烯利单方，全年均加进 CRM，开割至 8 月加 0.3%；进入 9 月后加 0.5%。随配随用，防止沉淀。

(7)乙烯利刺激剂的配制方法

①剂型和载体 以糊剂为主。糊剂载体用淀粉糊或羧甲基纤维素钠溶液。淀粉糊用 1.5∶50 的淀粉和清水，搅匀煮沸而成。羧甲基纤维素钠溶液用 1∶100 的比例加水搅拌溶解而成。

②乙烯利施用浓度为重量百分浓度，在配制过程中用秤或天平来称取，而不能用量杯或量筒来量取。

③乙烯利是 2-氯乙基膦酸，具强酸性，在配制和施用过程中，一切容器均需用陶瓷和玻璃制品，切忌铁器，并注意防止腐蚀皮肤和衣物。

④乙烯利施用液需要量的计算公式为：

$$单株乙烯利施用液重量 \times 涂施株数$$

单株乙烯利施用液重量以 S/2、S/4+S/4↑割线 2g，S/2+S/4↑阴阳线 3g 为计算标准。

⑤乙烯利原液(一般商品浓度为 40%)需要量的计算公式为：

$$\frac{乙烯利施用液需要重量 \times 乙烯利施用液浓度}{乙烯利原液浓度}$$

⑥载体(即淀粉糊或羧甲基纤维素钠溶液)需要量的计算公式为：

$$乙烯利施用液需要重量 - 乙烯利原液需要重量$$

⑦乙烯利刺激剂的配制：按照第⑤款的计算结果，分别称取需要重量的乙烯利原液和载体，再将二者混合，搅拌均匀后，即可施用。

(8)乙烯利—螯合稀土钼复方剂配制计算方法

①复方剂溶液施用总量 a 的计算：

$$a = 单株复方剂用量 \times 施用株数$$

S/2、S/4+S/4↑割线单株施用 2g，S/2+S/4↑阴阳线单株施用 3g。

②乙烯利原液(一般原液商品浓度为 40%)需要量 b 的计算：

$$b = \frac{a \times 复方剂乙烯利浓度}{乙烯利原液浓度}$$

③螯合稀土钼原液(一般原液商品浓度为 12%)需要量 c 的计算：

$$c = \frac{a \times 复方螯合希土钼浓度}{螯合稀土钼原液浓度}$$

④载体(淀粉糊或羧甲基纤维素钠溶液)需要量 d 的计算：

$$d = a - b - c$$

⑤将计算出的 b、c、d 用量按 $d+c$ 混合再加 b 顺序混合均匀即可。

例：要配制 10 000 株胶树(S/2 单阳线)施用乙烯利含量为 2% 加螯合稀土钼含量为 0.5% 的复方糊剂。

首先计算复方剂需要总量：

$$a = 2(g) \times 10\ 000(株) = 20kg$$

乙烯利原液需要量：

$$b = (20kg \times 2\%) \div 40\% = 1kg$$

螯合稀土钼原液需要量：

$$c = (20kg \times 0.5\%) \div 12\% = 0.833kg$$

淀粉糊(或羧甲基纤维素钠溶液)用量:

$$d = 20kg - 1kg - 0.833kg = 18.167kg$$

将螯合稀土钼原液需要量 0.833kg 加入淀粉糊(或羧甲基纤维素钠溶液)用量 18.167kg 中，拌匀后再加入乙烯利原液需要量 1kg 拌匀即可施用，注意复方剂应现配现用。

注：本配制方法是重量浓度，乙烯利、螯合稀土钼和载体均以称取重量配制。

6.5　收胶和胶乳的早期保存

6.5.1　收胶时间

一般情况下，割胶后约需2h才停滴，但后割的流胶时间较短，因此，一般在割完胶 1h 后收胶。冬季和刺激处理后，排胶时间较长，长流胶树也较多，要等大部分树停滴后，才能收胶。长流橡胶树收胶后要把胶杯放回原处到下午再收一次长流胶。干旱季节或刮大风的天气，胶乳容易早凝，收胶时间要适当提早，一般割完胶磨好刀后就收胶。

要注意收集杂胶，杂胶包括长流胶、胶凝块、胶线和胶泥，一般占总产量15%左右，要注意收集好，以免浪费。割胶时，要把胶杯的凝块收入胶箩。胶线要在割胶时收集好，如果胶线太薄不能拉起，等待凝后把胶线收回。对长流橡胶树，在收胶后要把胶杯放回继续收集。如在冬季或刺激处理后，长流胶较多时，下午应再收长流胶。胶泥半年收集1次，挖出的胶泥要除去泥土和杂物。

6.5.2　胶乳早期保存

6.5.2.1　认真做好清洁工作

胶乳的腐败主要是细菌作用的结果，而胶乳中的细菌主要是由于树身和收胶用具不清洁所感染的。所以清洁工作对防止胶乳变质有很重要的作用。广大胶工在长期生产实践中总结出来的"六清洁"，是防止胶乳腐败的有效措施，必须认真做好。"六清洁"的内容包括：

①树身和树头清洁　树身上的泥土、青苔、蚁路、外流胶、胶头泥、树头旁杂草等，均需经常消除。

②胶刀清洁　胶刀要锋利、光滑、无锈。

③胶杯清洁　每年开割前，要将胶杯彻底清洁1次。方法可用水煮，或用含有少量草木灰或苏打(碳酸钠)的水煮，然后擦干净。也可在冬季停割后将胶杯埋在林段地下，待开春割胶前取出洗干净，效果也好。割胶要抹净胶杯，收胶时要刮干净杯内的胶乳，收胶后将胶杯斜放在胶杯架上，杯口向树干，以防露水、雨水、泥沙等沾污胶杯。

④胶舌清洁　经常清除胶舌上的残胶、树皮、虫蚁等杂物。

⑤胶刮清洁　每次收完胶，要洗净胶刮上的残胶。胶刮不宜在硬而粗糙的物面上摩擦，以免磨损胶刮的表面，难于清洁。

⑥收胶桶清洁　收胶桶在使用前后应洗干净，要专用于装胶乳，不能拿去装水果、咸酸菜、咸鱼等物。因为这些东西容易引起胶乳凝固，使胶乳变质。

6.5.2.2　合理使用胶乳保存剂

生产上主要使用氨水来保存胶乳，它和其他保存剂相比，具有使用方便、效果好、来源容易、价格便宜等优点，缺点主要是易挥发、有腐蚀性、刺激眼睛，并增加凝固胶乳的用酸量等。但总的来说，氨水的优点较多，所以是较好的胶乳早期保存剂。

氨水是碱性物质，容易挥发，对皮肤和金属有腐蚀作用，因此，不能用铜、铝、铁器盛装，而要用陶、瓷、玻璃或塑料容器盛装。氨水用作胶乳早期保存剂主要抑制细菌的生长和繁殖，同时中和胶乳里由于细菌腐败作用所产生的酸类，提高胶乳的稳定性。

氨水的用量要适当，用量不够，达不到保存胶乳的目的，用量过多会造成浪费。此外，含氨量高的胶乳加工困难，影响产品质量。氨水的用量一般是以鲜胶乳中含多少纯氨来计算。一般制造烟胶片和颗粒胶的鲜胶乳加纯氨量为鲜胶乳重的 $0.05\% \sim 0.08\%$，对制浓缩胶乳的新鲜胶乳，加纯氨量为鲜胶乳重量 $0.2\% \sim 0.35\%$。具体应用时，还要根据具体情况适当调整，一般在气温低、进工厂时间早，氨含量可低些。当胶树开花、抽叶、雨后割胶、进工厂较晚时，以及稳定性特别差的胶乳，氨用量要高些。出厂的氨水，浓度通常是 20% 左右，为了减少挥发，要加水冲淡到 10% 的浓度，以备使用。

6.5.2.3　认真做好收胶站工作

收胶员要与制胶厂割胶生产队取得密切联系，根据割胶、胶乳质量、加工等情况，采取相应措施。要经常向胶工宣传胶乳保存的重要意义和基本知识，使做好"六清洁"成为胶工的自觉行动。收胶站的收胶用具在收胶前、后均需清洗干净，每天收胶前先用水湿润地面和过滤筛，以便以后容易清洗。胶乳桶的内壁需要用氨水湿润，防止胶乳凝固而紧贴在桶壁上。要严格控制胶乳的氨含量，要把新鲜胶乳的氨含量控制在预计的范围内。氨水的浓度配制要准确，要根据天气情况，估计每树位的胶乳产量，预先配备好氨水，供胶工使用。要经常检查胶乳的氨含量和胶乳质量，确定是否需要补加氨水。要坚持执行胶乳验收制度，每批胶乳到站后，均应仔细检查胶乳的质量，分级处理，发臭、有凝粒、凝块的腐败胶乳，应该另行装桶，适当增加氨水用量，切不可把不正常的胶乳倒入好的胶乳中去，以防好的胶乳也腐败变质。

6.6　割胶生产的组织与管理

6.6.1　割胶辅导

①在橡胶种植单位，为做好割胶工作，割胶生产基层单位（如生产队）应按每 $40 \sim 50$ 个割胶工配割胶辅导员 1 名，每个生产队一般配备 $1 \sim 2$ 名。按开割面积大小在总部生产部配总辅导员 $1 \sim 2$ 名，面积较大的作业区配总辅导员 1 名。

②割胶辅导员必须从思想好、有威信、工作负责、敢抓敢管、技术操作好、能看出胶园管理和割胶操作中存在的问题并能提出解决办法、有一定组织能力的高级胶工中挑选，还应具备相应的记录、统计能力。总辅导员要从生产队最优秀的辅导员中选出，应具备培养、管理生产队辅导员和作专业工作总结的能力。

③割胶辅导员的职责是负责本单位的割胶技术培训、辅导和检查工作，传授割胶基本知识，总结和推广先进的割胶生产经验，协助领导组织割胶生产。

6.6.2　割胶检查

割胶期间，割胶基层单位要每月进行 1 次割胶检查。检查内容包括干胶产量、干胶含量、管理措施、乙烯利的配制和施用、执行技术规程等，并对每个树位随机抽取 20 株橡胶树进行割胶技术全面检查，检查项目包括伤树率、伤口率、耗皮量、下收刀、割线、割面、深浅度、三均匀、六清洁和割胶刀等，对阴、阳线进行综合技术评分。评分方法及标准见 6.6.3。种植单位要对每次割胶生产检查结果进行总结和交流，肯定成绩，及时纠正检查中发现的问题，并在此基础上开展每年一度对先进基层单位，优秀割胶辅导员和优秀割胶工的评选活动，年终进行表彰奖励或惩罚，不断推动割胶生产。

6.6.3　割胶技术质量检查方法、要求及评分标准

6.6.3.1　目的与原则

实行割胶技术质量检查，目的是为了促进胶工努力提高割胶技术，不伤树或少伤树，割胶深度适当和深度均匀，耗皮适量，减轻病害，既保证当年产量，又养好树，保护好橡胶树的产胶潜力，长期高产稳产。因此，对割胶技术检查必须做到领导重视、组织落实、方法正确、统一标准、实事求是，严格执行检查方法和评分标准；坚决反对弄虚作假，情绪照顾，放松标准的错误行为，更不允许徇私舞弊，假公济私。

6.6.3.2　基本要求

①割胶技术检查，全年共检查 8 次，分别在 4 月(3~4 月割面)、5 月、6 月、7 月、8 月、9 月、10 月、11 月(11 月至停割割面)的 20~26 日进行。

②胶工在每个月的 19 日割胶后，应及时逐株点漆标志，如遇雨应在雨后及时补上。阴、阳割线在离前后垂线 2cm 处各 1 点，共 2 点，各月漆点应相应与地面垂直排列。1~3 割龄橡胶树 10 月 19 日不点漆，10 月 20 日至停割前的割面一起检查。

③点漆后应及时检查，27 日前查完，月底前报分场(作业区)。分场必须及时进行抽复查，要在次月 5 日前查完。抽查树位数为队检查树位总数的 10%，按技术分高(90 分左右)、中(70~80 分)、低(1~69 分)为 1∶2∶1 的比例抽查，负分树位一般不抽查，要抽查时，可不计入平均误差。

④每次检查树位、株数号，由农场技术管理部门当月临检查前随机抽签决定。连株检查 20 株，实行阴阳刀割胶的树位中，如 20 株中有未割阳刀或阴刀的，检查株号需分开编号。检查时用红、蓝铅笔在当月割面上标明检查树株号、量耗皮位置标"Ⅰ"、伤口标志(特伤"×"、大伤"△"、小伤"o")、深度测点位置"v"，以便上级抽复查。

⑤因树干严重倾斜或梯田塌方等影响割胶操作的树和离地 1m 处围径 45cm 以下的林下树，8 割龄以上树位内树皮厚度小于 0.6cm 以下的落后树，可不检查。正常割胶的死皮复割树、芽接树位内的实生树同样按规定标准检查。

⑥胶工请人代割的树位，也应进行检查，计为该胶工当月技术分。

⑦生产队割胶技术检查原则上必须由生产队组织管理人员统一检查，以保证技术检查结果的同一性。

⑧割胶技术检查要实行民主管理，在检查结果汇总后必须在队上张榜公布，如有差错，及时纠正后上报分场。

⑨生产队负责人要对检查结果负领导责任。

⑩每月的割胶技术检查，割胶工人只能作为民主监督员参与。

6.6.3.3　方法及评分标准

割胶技术质量检查实行百分制考核，只割阳刀的树位，以阳刀技术分为准；阴阳线同时割的树位，阴刀占 40%，阳刀占 60%（综合技术分＝阴刀得分×40%＋阳刀得分×60%）。

(1)正常割胶制度树位的评分标准和办法

正常割胶制度是指 s/2、(s/4+s/4↑)和(s/2+s/4↑)等割制。

阳割线的评分标准。

①耗皮量(25 分)　检查 10 株，量垂直割线最大耗皮处(修改割线的取中间值)，取 10 株平均值。原生皮平均刀次耗皮≤1.5mm、再生皮≤1.6mm 的计满分，每超 0.1mm 扣 6 分，扣完 25 分为止。

②割胶深度(40 分)　检查 10 株，每株在离前后垂线 3cm 处用游标卡尺测量(估读数 0.1mm)。实行(s/4+s/4↑)割制的，在前后垂线 1.5cm 处测量，测点如遇凸起或条沟时，应选恰当处测量。

深度评分取两测点平均值单株计分，然后取 10 株平均分。深度合标准得满分，深度每超深 0.1mm 扣 8 分，每偏浅 0.1mm 扣 4 分，单株扣完 40 分为止。

③割面(6 分)　检查 10 株，割胶深度均匀，割面光滑得满分；吃割面或深度不均匀，酌情扣分，扣完 6 分为止。

④割线(8 分)　检查 10 株。割线平顺，不变形得 4 分，变形的酌情扣分，扣完 4 分为止；斜度合格得 4 分，即实生树 22°～25°，芽接树 25°～30°。每超或不足 1°的扣 1 分，扣完 4 分为止。

⑤下收刀(10 分)　检查 10 株。按要求开好前后垂线，下收刀整齐够深得满分，每超过火不及前后垂线外沿(当月最大处)0.5cm 扣 1 分，深度不够的酌情扣分，扣完 10 分为止。不开垂线的此项计 0 分。

⑥六清洁(5 分)　根据 10 株的胶碗、胶刮、胶桶、胶舌、胶刀、树身和树头清洁度进行综合评分。

⑦胶刀(6 分、两把)　要求定好刀型，磨成小圆口，分 3 个等级，每把一等 3 分，二等 2 分，三等 1 分，等外不得分。

⑧伤树扣分　检查 20 株，每个小伤扣 1 分，大伤扣 3 分，特伤可 5 分，有多少伤口相应扣分。割原生皮的，20 株阳刀总的伤口数：小伤允许 5 个，大伤允许 1 个；割再生皮的，只检查大、特伤伤口，大伤允许 3 个。

新胶工前 3 个月可免扣伤口 8 分；割胶当年 40～44 岁的胶工，割原生皮的可免扣伤口 5 分，再生皮的可免扣伤口 7 分；割胶当年满 45 周岁以上的胶工，割原生皮的可免扣伤口 12 分，割再生皮的可免扣伤口 17 分。因增加免扣伤口因素的评分，免扣后总分达 80 分为止。

伤口标准按面积计算：伤口面积 0.062 5cm²(0.25cm×0.25cm)以下为小伤，超过小伤为大伤，特伤面积为 0.4cm²(0.4cm×1cm)，超过特伤的按伤口面积折算为数个特伤。

阴割线：采用(s/4+s/4↑)和(s/2+s/4↑)割制的评分标准。

①耗皮量(25 分)　检查 10 株，量垂直割线最大耗皮处(修改割线的取中间值)，取

10 株平均值。采用（s/4+s/4↑）割制的，平均刀次耗皮≤1.7mm，采用（s/2+s/4↑）割制的，平均刀次耗皮≤1.8mm 的计满分，每超 0.1mm 扣 6 分，扣完 25 分为止。

②割胶深度（40 分）　检查 10 株，每株在离前后垂线 3cm 处用游标卡尺测量（估读数 0.1mm）。实行（s/4+s/4↑）割制的，在前后垂线 1.5cm 处测量，测点如遇凸起或条沟时，应选恰当处测量。

深度评分取两测点平均值单株计分，再取 10 株平均分。深度合标准得满分，深度每超深 0.1mm 扣 8 分，每偏浅 0.1mm 扣 4 分，单株扣完 40 分为止。

③割面（6 分）　检查 10 株，割胶深度均匀，割面光滑得满分；割面或深度不均匀，酌情扣分，扣完 6 分为止。

④割线（8 分）　检查 10 株。割线平顺，不变形得 4 分，变形的酌情扣分，扣完 4 分为止；斜度 35°~40°得 4 分，每超或不足 1°的扣 1 分，扣完 4 分为止。

⑤下收刀（10 分）　检查 10 株。按要求开好前后垂线，下收刀整齐够深得满分，每超过火不及前后垂线外沿（当月最大处）0.5cm 扣 1 分，深度不够的酌情扣分，扣完 10 分为止。不开垂线的此项计 0 分。

⑥六清洁（5 分）　根据 10 株的胶碗、胶刮、胶桶、胶舌、胶刀、树身和树头清洁度进行综合评分。

⑦胶刀（6 分、两把）　要求定好刀型，磨成小圆口，分三个等级，每把一等 3 分，二等 2 分，三等 1 分，等外不得分。

⑧伤树扣分　检查 20 株，只查大、特伤口，实行（s/4+s/4↑）割制的，20 株总的伤口数：大伤允许 3 个，特伤允许 2 个；实行（s/2+s/4↑）割制的，20 株总的伤口数：大伤允许 5 个，特伤允许 4 个。

新胶工头三个月可免扣伤口 10 分；割胶当年 40~44 岁的胶工，实行（s/4+s/4↑）割制的可免扣伤口 10 分，实行（s/2+s/4↑）割制的可免扣伤口 10 分；割胶当年满 45 周岁以上的胶工，实行（s/4+s/4↑）割制的可免扣伤口 19 分，实行（s/2+s/4↑）割制的可免扣伤口 23 分。割胶当年阴割线高度在 2m 以上的，在上述免扣分基层上再增加免扣伤口 15 分。因增加免扣伤口因素的评分，免扣后总分达 80 分为止。

（2）强割树位的评分标准和办法

强割树位是指采用（s/2+s/2↑）（2s/2+s/2↑）（s/2+2s/2↑）等割制的树位。

阳割线的评分标准。

①耗皮量（25 分）　检查 10 株，量垂直割线最大耗皮处（修改割线的取中间值），割二条 s/2 阳线的，分别量出每条阳线耗皮后取单株平均值。10 株平均值≤1.8mm 的计满分，每超 0.1mm 扣 6 分，扣完 25 分为止。

②割胶深度（40 分）　检查 10 株，割二条 s/2 阳线的，在当月两个割面各测一点深度取平均值，单株评分，然后取 10 株平均分。深度合标准（1.6~2.6mm）得满分，深度每超深 0.1mm 扣 8 分，每偏浅 0.1mm 扣 4 分，单株扣完 40 分为止。

③割面（6 分）　检查 10 株，割胶深度均匀，割面光滑得满分；吃割面或深度不均匀，酌情扣分，扣完 6 分为止。

④割线（8 分）　检查 10 株。割线平顺，不变形得 4 分，变形的酌情扣分，扣完 4 分为止；斜度合格得 4 分，即实生树 22°~25°，芽接树 25°~30°。每超或不足 1°的扣 1 分，

扣完 4 分为止。

⑤下收刀(10 分)　检查 10 株。按要求开好前后垂线，下收刀整齐够深得满分，每超过火不及前后垂线外沿(当月最大处)0.5cm 扣 1 分，深度不够的酌情扣分，扣完 10 分为止。不开垂线的此项计 0 分。

⑥六清洁(5 分)　根据 10 株的胶碗、胶刮、胶桶、胶舌、胶刀、树身和树头清洁度进行综合评分。

⑦胶刀(6 分、两把)　要求定好刀型，磨成小圆口，分 3 个等级，每把一等 3 分，二等 2 分，三等 1 分，等外不得分。

⑧伤树扣分　检查 20 株，只查特伤，单株有一条 s/2 阳线的或有二条 s/2 的均按一株检查。强割第一、二年树位 20 株阳刀总的特伤允许数 13 个；强割第 3 年以上树位允许特伤数 18 个。

阴割线的评分标准。

①耗皮量(25 分)　检查 10 株，量垂直割线最大耗皮处(修改割线的取中间值)，割二条 s/2 阴线的，分别量出每条阴线耗皮后取单株平均值。10 株平均值 ≤2.0mm 的计满分，每超 0.1mm 扣 6 分，扣完 25 分为止。检查 10 株，量垂直割线最大耗皮处(修改满分，每超 0.1mm 扣 6 分，扣完 25 分为止。

②割胶深度(40 分)　检查 10 株，割二条 s/2 阴线的，在当月两个割面各测一点深度取平均值，单株评分，再取 10 株平均分。深度合标准(1.6~2.6mm)得满分，深度每超深 0.1mm 扣 8 分，每偏浅 0.1mm 扣 4 分，单株扣完 40 分为止。

③割面(6 分)　检查 10 株，割胶深度均匀，割面光滑得满分；吃割面或深度不均匀，酌情扣分，扣完 6 分为止。

④割线(8 分)　检查 10 株。割线平顺，不变形得 4 分，变形的酌情扣分，扣完 4 分为止；斜度 35°~40°得 4 分，每超或不足 1°的扣 1 分，扣完 4 分为止。

⑤下收刀(10 分)　检查 10 株。按要求开好前后垂线，下收刀整齐够深得满分，每超过火不及前后垂线外沿(当月最大处)0.5cm 扣 1 分，深度不够的酌情扣分，扣完 10 分为止。不开垂线的此项计 0 分。

⑥六清洁(5 分)　根据 10 株的胶碗、胶刮、胶桶、胶舌、胶刀、树身和树头清洁度进行综合评分。

⑦胶刀(6 分、两把)　要求定好刀型，磨成小圆口，分 3 个等级，每把一等 3 分，二等 2 分，三等 1 分，等外不得分。

⑧伤树扣分　检查 20 株，只查特伤口，单株有一条实行 s/2 阴线或有二条 s/2 阴线的均按一株检查。只查特伤口，20 株阴刀总的特伤数允许 20 个，每超 1 个特伤扣 5 分。

6.6.3.4　技术抽复查误差标准

①抽查生产队各树位分数(割阴阳刀的按综合技术分)与生产队检查分数之差的绝对值的平均数(正负分不能抵消)≤6 分为合格，>6 分为不合格。

②如出现误差 10 分以上树位，应按误差分数增或减该树位胶工当月的技术分。

③不论抽查树位误差分多少，凡漏查特伤伤口的，按伤口扣分标准核减该树位胶工当月技术分。

④若树位总分数与生产队检查总分数之差，平均树位误差>8 分(正或负)，责令生产

队限期重新进行技术检查。

6.7 新割胶技术的利用

6.7.1 气刺微割技术

橡胶树气刺微割技术是一种全新的割胶技术，其核心是改传统的乙烯利刺激为乙烯气体刺激，改长线割胶为短线割胶。我国经过10多年的试验示范，发现该项技术在节约树皮延长橡胶树经济寿命的同时还有一定的增产作用，并大幅度提高割胶劳动生产率，但存在的副作用也比较大，还待深入研究，目前建议在更新前5~10年的橡胶树上使用。

6.7.1.1 气刺微割特点

(1)割线短，割胶相对强度较小

微割的割线长度只有1/8树围(S/8)，其割胶强度比常规刺激割制要小好几倍，如S/8 d/3的割胶强度只有17%，比乙烯利刺激割制S/2 d/3的67%要小。微割的割胶强度较小，要获得良好的产量效应就必须相应地给予橡胶树涂施高强度的化学药物刺激性。此外，因其割口较小，排胶量又较大，因此割面要有较好的完整性。需注意的是，微割目的是最大限度地缩短割线，提高割胶速率，从而达到提高劳动生产率。显然，如果随意延长割线长度就不是微割研究的出发点了。

(2)使用高浓度乙烯气体，刺激强度大

微割刺激采用的是气体而不是常规用的水剂，其刺激强度比原来使用乙烯利(ET)水剂刺激大好几倍。2g浓度为2%的乙烯利水剂在理论上可产生6.2mL乙烯气体，与微割刺激注入的50~100mL乙烯气体相差5~10倍。由此可看出，微割的刺激强度是相当大的。另外，微割气体刺激的作用过程与常规割制不相同。微割所用的乙烯气体是通过安装在胶树上的密封气盒直接渗入到树皮里面并快速向上传导，在传导的同时产生强烈的刺激效应。基于此，如果胶树只能安装一个密封气盒，那么气盒周边的排胶影响面不能有阻碍气体传导的"沟壑""皮岛"出现，否则刺激效应会大大降低。很多观察结果表明，割面已被破坏得面目全非的橡胶树，若采用微割技术难以获得理想产量。

(3)排胶时间长，长流胶比例较大

微割的排胶时间一般为12~13h，冬季低温可超过24h，而常规乙烯利水剂刺激约6~10h。由于排胶时间长，微割的长流胶比例可超过50%~60%，而常规刺激大概为15%~20%。

6.7.1.2 气刺微割技术要点

(1)适宜品种树龄

因刺激强度较大，微割只适宜老龄树或更新树使用，品系以耐刺激的效果为佳。

(2)割胶制度

①割线长度 采用1/8树围(S/8)，阴刀割胶。更新树视砍伐时间及劳力情况，可适当延长或增加割线条数。

②割胶频率 可选用3天1刀(d/3)、4天1刀(d/4)、5天1刀(d/5)等不同割胶频率割胶。

（3）刺激方法

①刺激剂型　乙烯气体刺激剂，气体浓度 100%。

②刺激剂量　每株每次 30~50mL（气袋是 100mL 的，故充气不宜太满，以防刺激过量）。

③刺激频率　一般是每 3 刀充 1 次气，如果第 1 刀增产幅度过大，则需延长充气周期。

（4）气袋安装

①安装部位　把气盒（袋）安装在割线（阴刀）上方的 15~30cm 处；阳刀则安装在割线的下方。

②安装方法　用小塑料锤轻轻地将嵌入有钢圈的小塑料盒钉入树皮里面，不可用力太猛。

③移换位置　每 45~60d 要将小塑料盒的位置移换 1 次，以免树皮钝化，影响刺激效果。

④拆卸方法　用小塑料锤轻轻地敲击小塑料盒的两侧，塑料盒便松动即可拆卸。

（5）控制增产幅度

由于微割刺激强度大、排胶时间长，排胶量较大，特别是在刺激初期排胶量可骤增至 100%~150%。因此，应用气刺微割技术橡胶树的产排胶很容易失去平衡，其产量很快会出现"增—平—减"现象。为确保产排胶持续平衡，增产幅度以不超过 10% 为宜；如增产幅度过大，则需及时调节刺激的剂量、周期、割频、深度等。刺激强度的调节还可采用其他措施，如充气后第 2 天即可割胶，不必间隔 48h，或刺激气盒的位置可减少移动的次数。

（6）配套措施

气刺微割排胶时间长，不仅收胶次数多且雨冲胶的几率也大。为了发挥微割技术的高效优势，应尽可能配套尼龙袋田间凝固技术收胶，或者配套安装防雨帽和排胶槽（阴刀）。

6.7.2　全阴刀割胶法

该项技术是印度橡胶研究所（RRII）1996 年开发的名为 IUT 的割胶技术。它是从橡胶树的基部开始沿着割面斜线割阴刀直到高度 2.5~3m，在不增加费用的情况下，能提高产量 45%，降低死皮病 2/3。采用此新割制与传统割制相比，胶乳干胶含量始终较高，死皮发生率低，对橡胶树健康有利。该项技术正在利用印度政府科技部批准的资金，通过建立示范区、指导培训及媒体宣传逐步在种植者中推广。

IUT 割胶技术的研究，从割胶制度上揭示出死皮病是人为的，是由不科学和不顺应橡胶树的生理特性的割胶方法造成的。

①因乳管位于树皮组织的韧皮部内层，胶乳的流动方向总是从橡胶树的顶部流向底部。而传统割制采用阳刀割胶，胶乳靠乳管内的膨压逆自然流动方向克服重力向上流动，随着胶乳排出，乳管膨压下降，导致水分从周围组织进入乳管，使胶乳稀释，干胶含量下降。当胶乳排出超过它的补充能力和对周围组织增加大量水分需求不能满足供求时，树皮将发生干涸并导致死皮。

②传统割制中，阳刀采胶把树干 130cm 以下树皮及根系作为主要排胶影响面——胶

乳供应源被超强度利用，而真正的胶乳供应源树冠及树干 130cm 以上的树皮却明显利用不足，其产、排胶过程没有顺应橡胶树的生理特性。

③传统割制割面规划上往往形成多处以上吊颈皮（皮岛），对产量影响很大。

IUT 割胶技术由于割胶方向是向上（阴线）割胶，当乳管割开后，胶乳沿着乳管自然向下移动，顺重力拉动方向排出，乳管中膨压持续时间更长，相应地排胶时间就较长，对邻近组织水分的需求最低，干胶含量自然较高。由于胶乳是从真正的供应源——树冠及上部树皮乳管得到补充，排胶是自上而下自然流动，因此排胶不致发生障碍。这就是 IUT 技术为什么排胶时间较长、干胶含量较高、死皮减少的原因。在我们的试验和生产中，阴刀割胶产量高、死皮少也验证了上述结论。如中国热带农业科学院橡胶研究所林位夫研究员等于 1997—2000 年对该院实生树、'RRIM600''热研 7-33-97'3 个品种的新开割树进行低割面阴刀割胶试验，三年结果表明：S/4 阴线与 S/2 阳线单株产量及干胶含量没有显著差异，与印度橡胶研究所研究结论相似。又如，景洪农场割制改革后 2000—2002 年对开割胶园定位观察，S/4 d/4+ET 阴线死皮率及病情指数明显低于阳线（阳线死皮率为阴线的 3.7 倍，病情指数为阴线的 3.9 倍）。目前，我国植胶区正在进行全阴刀割胶试验，我们希望如果 S/3 d/3+ET 的处理能够成功（提高干胶含量、不减产、减轻死皮），将来只割原生皮就可割 35~40 年，我们又将对采胶制度进行一次重大创新。

6.7.3 电动割胶

中国热带农业科学院橡胶研究所设计的电动胶刀，可以在 6s 左右完成割胶，其割胶效率引起参会者和生产部门的极大兴趣。经协商，2017 年，新型胶刀将开展生产性大田试割实验。早在 2014 年初，中国热带农业科学院橡胶研究所团队就开始研究开发电动割胶刀，并且申请国家专利，经过 2 年的研究及改进，相关技术基础已经扎实。2015 年 11 月，中国自主研发的便携式旋切和旋割两款电动割胶刀，在割胶技术上取得重大突破。

这种割胶刀割面设有特别的保护装置，可以将耗皮量控制在 1.5~3.0mm 范围内，同时胶刀重量只有 400g，便于胶工操作。实验结果显示，一名胶工一上午可以收割 800~900 株橡胶树，不仅减低了胶工技术对橡胶树的影响，而且产量总量也得到 10% 的提升。

6.7.4 自动化智能割胶机

橡胶树割胶长达 30~40 年，割胶的劳动投入占整个橡胶生产劳动总投入的 60% 以上，因此，割胶是橡胶树生产中最重要的环节。割胶技术和割胶制度的好坏，不仅影响橡胶树的产量，甚至影响橡胶树产胶寿命；同时，橡胶树产量与当地环境中的温度、湿度和光照有密切关系，为了保证产胶量，割胶通常都在凌晨进行，繁重的体力加上工作环境的恶劣，使得胶工短缺将成为整个天然橡胶产业发展的新常态，也将严重制约天然橡胶发展。所以，如何降低人工割胶的劳动强度及提高割胶劳动生产率是当前天然橡胶产业发展的瓶颈。当前国内外在大力探索和研究自动化割胶，中国橡胶网新闻报道：从德国留学归国创业的许振昆等成功研发了全自动割胶机，现正在调试阶段。如成功应用，相信自动化割胶机的使用将是全世界天然橡胶生产的伟大革命。但是，目前对于自动割胶机的成本及割胶机割胶精确度都存在很大疑问。所以想要实现割胶全面自动化，还需一步一步来。从人工到机器化全面替代人工，中间必然要经历人工与机器的配合。而渐渐复苏的橡胶行业正在向该方向前进。

海胶集团与中创瀚维于 2016 年开始联合研发"全自动智能化割胶系统",从根本上将解决胶工短缺的问题。据悉,该系统由全自动割胶机器、手机 APP、大数据及应用端构成,通过将全自动割胶机器安装在橡胶树上,通过手机 APP 即可指导割胶,并将割胶所获得的数据,如橡胶产量、天气影响、病虫害情况等及时通过手机传输到终端系统,结合橡胶价格、影响产量的其他因素等数据综合分析,为天然橡胶生产实现智能化管理提供条件。该套系统割胶时间可控,可根据天气、环境等因素灵活预设割胶时间,使每株橡胶树在最佳排胶时间产胶,从而达到高产、稳产的目的;并能根据产胶动态数据,结合土壤等其他数据综合分析及目前,此项技术大规模运用还存在一些难题亟待破解,如何降低设备生产成本、如何保胶防盗、如何方便携带等一系列问题有待进一步完善。

智能割胶机器人实现一机多树智能割胶。海南橡胶合作研发自主移动割胶机器人首次亮相。据了解,该机器人具有自主导航移动功能,可根据胶林地形,自由在胶树间穿梭。机器人所搭载的机械臂,配备视觉伺服系统及自制割胶刀具,能够精准完成对每棵橡胶树的割胶作业。当电量低于阈值后,机器人可自动寻找充电桩,快速对接充电接头完成自主充电。后续迭代过程中,胶园管理机器人系统将会逐步完善,机器人可自主完成收胶、喷药、除草等系列工作,进一步实现割胶生产自动化,从而有效解决割胶过程中高投入、低产出等问题。

6.7.5　针刺采胶

丢掉胶刀,高效针刺,是 1906 年莱特(H. Wright)提出的世纪梦想。20 世纪初,缺乏高效刺激技术,此研究不久即告中断。到 20 世纪 70 年代中期,高效刺激剂乙烯利问世,法国人杜彼(Tupy)又证明了针刺采胶的可行性,使这项技术短期内风靡世界。我国则首创单孔针采,并称之为导胶。后来由于乙烯利用于针采有较大的局限性(如会干皮、肿胀等),而我国广为采用的电石(乙炔)刺激也因操作困难,针采研究又告停顿。至 90 年代初,马来西亚 Guha 等人采用乙烯气体刺激、单孔针采获得了良好结果,因而再次为人们所瞩目。这项技术具有"三高"(即产量高、工效高、效益高)和"三低"(即成本低、劳动强度低、死皮率低)等特点,人们普遍估计针刺导胶可能成为替代胶刀割胶的全新的采胶技术。

中国热带农业科学院自 20 世纪 90 年代初起,也进行了一系列导胶技术及其生理特性研究,取得了可喜的结果。生理特性研究也已表明,导胶具有有利于排胶的因素,如有较高的膨压,而且较长时间维持高膨压状态,为排胶提供了原动力。而且也有有利于产胶的因素,如导胶的胶乳蔗糖含量比刀割的高,为胶乳再生提供了丰富的起始物质。

6.8　高产、稳产措施

6.8.1　养树割胶

在割胶生产中,如果不注意养树,就会减弱或破坏橡胶树的产胶能力,使产量下降;相反,如果能养树割胶,实行管、养、割三结合,则可保护和提高产胶能力,使橡胶树高产稳产。养树割胶就是根据橡胶树的产胶、排胶规律，采取相应的割胶措施，合理调节排胶量，做到该多拿产量时，要充分合理拿到手；该少拿产量时，则留有余地；不该拿产量时，及时停割，从而使橡胶树的排胶量和产胶能力之间保持动态平衡。主要包括以下几方面的内容。

6.8.1.1 看季节物候、看天气、看树的情况(简称"三看")割胶

(1)看季节物候割胶

橡胶树的产胶能力在一年中有一定的变化规律：从气候来讲，一般越冬后开割初期产胶能力低，但云南植胶区开割期温差大反而产量高。年中高温多雨产胶能力高，进入越冬期，产胶能力又下降。再从橡胶树的物候来讲，一年中，开花、抽叶期产胶能力低，橡胶树抽叶以后，这时橡胶树首先将养分、水分供应叶片的生长，干胶含量和干胶产量均下降，叶片到变色盛期时，干胶产量降至最低点，进入稳定期，干胶含量和产胶量仍处于低值，直到叶片完全稳定后，干胶含量才逐步回升，到下一蓬叶萌动初期才出现产量高峰(表6-10)。因此，必须根据产量变化规律来确定相应的割胶措施，目前认为下列措施比较有效。

表6-10 叶片物候期与产胶量的关系

物候期 项 目	第二蓬叶							第三蓬叶
	抽芽	展叶	变色初	变色盛	稳定初	稳定末	老化	抽芽
干胶含量(%)	38.2	35.7	35.2	34.3	35.5	35.6	35.5	35.8
株次干胶产量(%)	22.2	20.8	18.0	16.4	15.2	18.2	18.9	19.8
单位面积干叶重(g/m^2)	—	43	29	35	48	52	61	67

①根据橡胶树物候季节制订割胶策略和产量规划 由于一年中橡胶树的产胶能力有强—较弱—强—弱的变化，所以在安排一年中各月产量任务时，宜采取"稳、紧、超、养"的策略。

稳主要掌握两点：每年开割时间要稳得住，不要着急，要等到第一蓬叶稳定老化后开割。刺激割胶时更应如此；在第二蓬叶抽叶期，特别是变色初期，要少拿产量，适当降低排胶量。

紧指在旺产、潜力大时要抓紧有效刀次，善于刺激挖潜夺高产。

超指一年的干胶生产计划的安排应立足于提早超额完成，要在8月前完成年计划产量的60%以上，10月以后冬季低温来临之前完成全年任务。

养有两层意思：一是割胶的全过程都需要注意养树，尤其是潜力小的物候季节；二是提前完成任务后，便停割养树、转入冬管，为来年培养更大的产胶能力。

②根据物候季节决定开割期和停割期 云南大多数地区，中龄以上的橡胶树1年大约抽叶3~4蓬，且以第一蓬叶抽叶量为最多，约占全年总叶量的60%~70%，次为第二蓬叶，约占20%~30%。因此，保证前二蓬叶特别是第一蓬叶生长良好，是夺取全年高产的关键。要做到这一点，除了及时施肥，做好白粉病、炭疽病的防治工作外，开割时间是否适当是个重要问题。因为橡胶树在抽发第一蓬叶期间，需要消耗大量水分和养分，产胶能力弱，只有待新叶转绿后，才能大量制造养料，供给橡胶树生长和产胶的需要。如果在叶片尚未转绿稳定前开割，就会使新叶生长不良，影响全年产胶量。为了保证橡胶树第一蓬

叶生长良好，不能提早抢割，一定要待第一蓬叶老化后才动刀开割。

　　冬季停止割胶的时间，一方面取决于气温的高低，另一方面取决于干胶含量下降的程度。当气温持续保持在 15℃ 以下，橡胶树干胶含量 Ⅰ 类品种低于 23%，Ⅱ 类品种低于 24% 时立即停割，这样可减少对来年产胶潜力的影响。

　　③根据季节物候调节割胶深度　割胶深度是影响排胶量的一个重要因素，也是优秀胶工调节割胶强度的重要手段。深割排胶量大；浅割排胶量小。因此，在不改变割胶制度的情况下，可以通过改变割胶深度来调节排胶量，使排胶量与橡胶树 1 年中产胶能力的变化相适应。

　　云南植胶区以 4~5 月中旬为第一个高产季节，9~10 月为第二高产季节，而 6~8 月份因进入雨季，经常连绵阴雨，光照不足，所以产量较低，且容易感染条溃疡病。因此，应相应采取浅(3~4 月上旬)—深(4 月中旬至 5 月中旬)—浅(5 月中旬至 8 月)—深(9~10 月)—浅(11 月至停割)的割胶深度调节。

　　根据季节物候调节割胶深度，开始时的产量虽然低些，但到了以后的高产季节，产量的上升幅度会较大，所以全年的总产量就会提高。相反，如不看物候季节情况，一开始就深割，短期(上半年)内虽可得到较高的产量，但对以后的产量有显著不良影响，结果使全年产量较低。

　　(2) 看天气割胶

　　看天气割胶是指根据天气的变化情况采取相应的割胶措施。这样做既有利于丰产丰收，又能减少和避免死皮病害。

　　①根据天气状况决定每天割胶的时间　最适排胶条件是气温 19~24℃，相对湿度80% 以上和静风。因此，在高温干旱季节，宜在早上 4:30 左右带头灯割胶，7:30 左右割完。10 月后，由于天亮前气温逐渐降低，这时割胶往往长流严重，容易引起死皮，所以宜在天明割胶。临近 12 月，早晨气温常小于 15℃，这时必须等气温回升到 15℃ 以上时才开始割胶。如果 9:00 前气温仍在 15℃ 以下，则当天必须停割。

　　②根据天气变换胶路　变换胶路是用改变割胶先后顺序的方法来调节橡胶树的排胶量，使长期割胶早、排胶时间长的橡胶树得到合理的调节，而让长期割得晚、排胶时间不足的橡胶树适当延长排胶时间，以发挥产胶潜力。在炎热或干旱天气，应先割高产树和高产片，后割低产树和低产片；低温季节中，为了保护高产树群的产胶能力，则应先割中产树，再割高产树，后割低产树。在雨季割胶时，要特别注意防止雨水冲胶，故在阴天可能下雨的情况下，应先割低产树，从而有利于整个树位长期稳产高产。

　　③根据天气掌握割皮厚薄　高温干旱天气，割口容易干，应割厚些；因雨后停割几天时，复割的第 1 刀也应割厚些，雨冲胶后的第 2、3 刀也适当割厚些。正常情况则割正常厚度。

　　在看天气割胶中，除上述几点外，也应强调防止雨冲胶和季风性落叶病区及雨季及低温期的安全割胶生产。雨冲胶会引起割面病害且损失产量。为了防止雨冲胶及割面条溃疡病害，在割面上方安装使用油毛毡或塑料薄膜做的防雨帽及防雨帘效果较好。

　　雨季及低温期的割胶安全生产，还应特别强调"一浅四不割"。所谓"一浅"就是割胶深度离木质部 1.8mm，"四不割"是早晨 9:00 前气温仍低于 15℃ 时当天不割，毛毛雨天气和树身不干不割，病树出现大于 1cm 的条溃疡病斑未处理好之前不割，在易发生条溃疡病的林段实生树 30cm 以下低割线、芽接树 40cm 以下低割线不转高割线不割。

(3) 看树的情况割胶

看树的情况割胶是指根据品种特点或同一品种内不同植株的产量高低、排胶状况、干胶含量变化,以及病害等情况采取不同的相应割法。

①根据品种和植株的特点决定割胶深度 未经选择的实生树,在采用同一割胶制度的情况下,有的排胶量大,有的则很小。排胶量大的高产树不仅排出的胶乳多,而且排出的营养物质也多。一般容易引起死皮。为了保护高产树的产胶能力,应适当浅割。反之,低产树排出的胶乳和营养物质都少,一般不容易引起死皮,可适当深割。有些品种如'PR107'等,因乳管比较靠近形成层,只有适当深割才能取得较高的产量。另外,有些品种如'海垦1',不但胶乳长流,而且干胶含量比较低,则必须适当浅割。

②根据干胶含量、流胶时间确定割胶方法 对干胶含量低、流胶时间长的橡胶树要浅割,或停停割割,以防死皮的发生。因为干胶含量低表示产胶潜力不高,胶水长流,排胶强度大,故采用停停割割的办法以降低割胶强度。对干胶含量高、胶乳容易早凝的橡胶树,割线斜度应稍大些,同时要做好胶杯加氨工作,以减少胶杯凝块。

③根据树皮厚度确定割胶步骤 对树皮薄、胶乳容易外流的橡胶树,割胶时应分段割,先割下一段割线,再割上一段。

④根据植株健康状况确定割胶强度 对风、寒害树和病树,应根据受害情况分别对待,采取不同的强度进行割胶。遭受风、寒害的橡胶树和非正常树,应按复割标准,酌情恢复割胶或降低、减少施用刺激剂。死皮病树要在处理后才能割胶,否则死皮发展很快,将会使整株树失去割胶价值。

⑤雨后树身不干不割 下大雨或久雨之后,橡胶树身潮湿易感染病菌,不宜割胶,否则割面易引起条溃疡、褐斑病等病害,必须等树身干后才能割胶。

6.8.1.2 根据产胶动态分析指导割胶

由于橡胶树的产胶潜力随品种、气候、季节、物候、生长和抚育管理措施的影响而不断变化,人们既要尽力挖掘和利用橡胶树的产胶潜力,但又不能使橡胶树过度排胶,以致损伤其产胶能力。因此,若要获得高产、稳产,应在橡胶树产胶期间,对其产胶能力和潜力的动态进行分析,并根据橡胶树的产胶潜力变化动态来指导安排割胶。

(1) 产胶潜力与排胶强度间的定性分析方法

胶乳中的干胶含量一方面是衡量橡胶树产胶潜力的直接指标,干胶含量高,表明橡胶树合成橡胶的能力强,产胶潜力大;另一方面橡胶树产胶能力的大小,还表现在割胶后排出体外的总干胶量。即胶乳乘以干胶含量之积。每割次排出的总干胶量大,才真正表示橡胶树的产胶潜力大。在割胶生产中也会出现排出的胶乳量很多,但干胶含量很低,水多胶少,干胶总产量不高的情况。这种情况表明橡胶树的产胶潜力下降或受到损害,如不及时调整采胶强度,发展下去就会使橡胶树产胶机构受损,最终出现死皮。

我们可以根据胶乳中干胶含量和排出干胶总量的多少,将橡胶树的产胶潜力和排胶状况划分成几种类型。如图 6-22 所示为 4 种排胶状态。落在第 I 象限的刀次称为"亢进"。表示干胶产量和干胶含量都高,这时橡胶树产胶潜力上升,应抓紧抓好挖掘潜力,夺取高产丰收。落在第 II 象限的刀次叫"稀释"。表示干胶产量上升而干胶含量下降,即胶乳和水俱增,表示橡胶树有一定的产胶潜力,排胶强度正常或稍大,属正常状态。落在第 III 象限的刀次称"疲劳"，即干胶产量和干胶含量都下降，是橡胶树产胶潜力下降和不足的表现，若继续下去，会出现水胶分离，营养亏缺，直至死皮的后果。所以应注意调节割胶频率，降低排胶强度。这种现象多在冬季割胶时出现，或出现于病残树、营养不良和刺激强度过大的橡胶树。落在第Ⅳ象限的刀次叫"障碍"，表示干胶含量高，但干胶产量低。表明橡胶树尚有较大的产胶潜力，但排胶受阻、不畅。这种现象常出现在每年橡胶树开割初期或高温干旱天气、或开花盛期、或橡胶树缺钾等情况下，因此应采取对应措施，克服排胶障碍，促使其向稀释或亢进转化，夺取高产。产胶潜力和排胶强度的关系见表6-11所列。

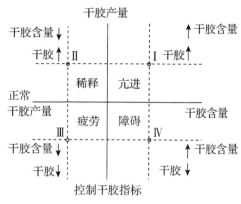

图 6-22　产胶动态分析坐标

表 6-11　产胶潜力和排胶的关系

项　目	亢　进	稀　释	疲　劳	障　碍
干胶含量	高	不　高	低	高
干胶产量	高	高	低	低
产胶潜力	大或回升	大	低	大
排胶强度	合理或不足	合　理	过　度	不　足

（2）产胶动态分析在生产上的应用

①通过整理和分析历史资料，掌握本地区的产胶基本动态和规律。

②根据橡胶树的产胶规律，制订全年的割胶策略和产量规划。产量规划是指在一年内怎样夺取橡胶高产的方针。即何时开割，何时该挖掘潜力多拿产量，何时应留有余地不可多拿等。根据云南省大部分地区橡胶树干物质合成与分配规律，1 年内的割胶生产应采取"稳、紧、超、养"的策略。

西双版纳垦区 3～4 月间，林间早晨 8:00 前后开割时的温度一般在 14～18℃，静风，极有利于排胶，中午以后温度高达 26～28℃，又有利于胶乳合成。因此开割初期产量很高，出现了第 1 个高产期。5～8 月进入雨季，月降水量 100～200mL，高温高湿，橡胶树生长较快，仅这 4 个月，树围生长量就占年增长量的 63%。这时橡胶树虽枝繁叶茂，叶片光合能力强，产胶潜力大，但因连续降水，相对湿度大，月平均 85% 左右，树皮经常潮湿，呼吸困难，抑制胶乳合成，又加上温度高，不利于排胶，所以产量低，出现了低产期。9～10 月因降水量减少，且多为阵雨，天气晴朗，土壤湿度和空气湿度都高，有利于长树，这两个月内，树围增粗占年增长量 29.6%，同时因为这时在早晨 10:00 以前常有薄雾，气温较低（14～22℃），持续时间也较长，有利于排胶，所以出现第二个高产期。11月以后，温度迅速下降，产量虽然很高，但低温持续时间太长，长流严重，干含下降，有寒害危险，所以一般在 11 月底到 12 月初相继停割。一年中胶树产胶规律呈两头高、中间低的马鞍形曲线（见西双版纳地区产量季节变化曲线图 6-22 和早晨 8:00 林间温度与胶乳产量关系图 6-24）。

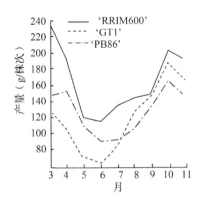

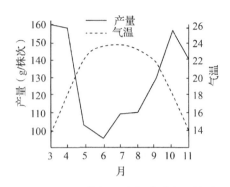

图 6-23　西双版纳垦区胶乳产量季节变化曲线　　**图 6-24　早晨 8:00 林间湿度与胶乳产量的关系曲线**

③把干胶含量作为割胶生产的调节控制指标　胶乳的干胶含量和干胶产量是衡量橡胶树产胶潜力的主要指标。把干胶含量作为割胶生产挖潜、养树、停割、刺激等的调节控制指标，是实现安全高效生产的有效途径。根据试验研究和生产经验总结，一般橡胶树的干胶含量调控指标见表 6-12 所列。一般对干胶含量较高的品种可放宽指标，但对干胶含量低的品种要严格控制指标。

表 6-12　干胶含量调节控制指标(%)

季节时间	挖掘潜力	适　宜	刹　车
4~6 月	>33	30~33	<28
7~10 月	>30	28~30	<26
11 月以后	>28	26~28	<24

④发挥每 1 刀次的高效性　采用刺激剂割胶后，出现了减刀增产的效果，尤其是涂药后前 3d 增产幅度最大，这就要求必须十分重视每 1 刀次的高效性问题。因为如果要求减刀 50%，增产 15%，那么涂药后平均每刀应拿到对照树位干胶产量的 230%，否则就会出现减刀不增产或增产不能大幅度减刀的情况。为了提高刀次的高效性，应逐刀对产胶动态进行分析。采取有效的措施，保证每 1 刀次的产量。如决定施用乙烯利时间、涂药周期安排、变换施药部位、防止雨冲胶措施。千方百计减少低效刀次，消灭有害刀次等。

6.8.2　防治橡胶树死皮

橡胶树死皮是指乳管部分或全部丧失产胶能力的现象，其症状为割线排胶减少甚至完全停排。自 20 世纪初发现橡胶树死皮危害以来，人们为寻找发病原因和探索发病机理投入了很大的精力，研究涉及生理学、病理学、生物化学、组织解剖学、分子生物学和遗传学等多个学科。死皮为割线干涸病和褐皮病的统称。

6.8.2.1　危害性

关于橡胶树死皮的病因，目前还未找到其最根本的原因，然而橡胶树死皮已成为制约天然橡胶生产发展的重要因子之一。最近的一份调查研究表明，全国橡胶树死皮率高达 24.71%，如何对其进行有效的防治是目前生产实践急需解决的问题。

6.8.2.2　症状

死皮橡胶树的割线，初期呈灰暗色水渍状，严重时出现褐色斑点，最后引起树皮组织坏死，割面变形，树皮干枯，爆裂脱落。据观察，相当部分的干涸病会发展为褐皮病，而大多褐皮病则不经割线干涸阶段，一开始即表现出褐皮病症。褐皮病发病初期出现的褐斑，以后会形成褐线，向割线两侧和排胶面方向扩展，使成片的韧皮组织坏死。

(1)发生预兆

①水胶分离，干胶含量持续下降，在临界指标 24%~25%徘徊。

②排胶量骤增或长流严重。

③割线局部早凝，胶乳外流。

④割线变色，如"熟番薯"状，切割时有脆爽之感。

(2)发生特点

①发病方向与乳管的走向一致，早期病灶多数在割线中下段，随病情加重，病斑向割线两端扩展，纵向扩展大于横向扩展。

②发病的部位与割线的排胶影响面直接相关，向下割(阳刀)死皮向下扩展，直至根部；向上割(阴刀)则向上扩展，直至分枝。

③两个割面之间的扩展，以相邻树皮的横向扩展为主，两个割面相距越近，扩展率越高。但是，原生皮病灶难以扩展到再生皮，再生皮病灶也难以扩展到另一个再生皮割面，通常原生皮病灶只能在原生皮上扩展。

④乳管系统的坏死是不可逆的，在死皮的病灶范围内，由于胶乳凝固堵塞，是无法在原位恢复正常产胶的。某些干涸的割线，因乳管坏死范围较小，可将干涸的树皮割掉，然后在原割线继续轻度割胶。而大多数褐皮病，病灶范围较大，病斑往往扩展到根部，这种病灶必须及时进行隔离或刨皮处理，才能转换割面割胶。

6.8.2.3　病因

橡胶树死皮的发病原因说法众多，但普遍认为是生理性病害，主要有以下几种假说。

①类侵填体堵塞乳管　1919 年 Rands 认为，死皮是严重的创伤反应，乳管周围的薄壁细胞形成胶状物质，堵塞了细胞隙、乳管。法国人 DeFay 于 1981 年用电子显微镜观察，同样发现典型的死皮在初期就出现乳管内邻近的薄壁细胞形成类侵填体堵塞乳管的现象。

②乳管强排，营养亏缺　由于强度割胶，胶乳强烈稀释，养分随乳清大量流失，使代谢贮备物耗尽，或者由于越冬过后树冠生长和胶乳再生两者竞争养分，使树皮处于"饥饿状态"，最后导致死皮。

③乳管衰老，透性降低　死皮组织的蛋白质含量比正常组织低。强度割胶所流失的乳清固形物主要是蛋白质和 RNA，蛋白质是酶所必需的，RNA 的减少会妨碍蛋白质合成。树皮蛋白质下降会导致乳管衰老透性下降和功能丧失。显微镜观察也表明，死皮组织乳管和筛管全部瓦解，死细胞增多。由此认为，韧皮部和产胶组织的衰老是橡胶树死皮的主要原因。

④橡胶树固有的遗传特性　死皮是橡胶树的遗传副性状。不同的品种耐刺激、耐强排的能力是不同的，其抗病性也不相同。如'RRIM707''RRIM600'死皮较严重，'GT1''PR107''PB86'次之。

⑤黄色体破裂，胶体原位凝固　1968 年 Southorn 研究指出，胶乳中的黄色体一旦破裂，便大量释出二价无机阳离子如 Ca^{2+}、Mg^{2+} 等和有机高等电点的蛋白质等活性物质，使胶乳凝固。黄色体与死皮病的关系，成为人们注意的中心和热点。

另据中国热带农业科学院植物保护研究所郑冠林、陈慕容等人（1992）研究认为，橡胶树褐皮病病因也与病毒、类立克茨体病原菌侵染有关。通过褐皮病细胞组织电镜检查，病株易发生扁连、丛枝畸形。病株枝条、芽片芽接繁殖的后代植株也重现出褐皮病症，证实与病毒有关，并提出采用抗病毒剂、抗菌素"保01"药物治疗，苗圃及周边清除染病丛枝畸变植株，防止胶刀传染等防治措施。

6.8.2.4　防治方法

死皮树的防治方法目前各植胶国都在加紧研究，但至今仍没有突破性的进展。以防为主，综合防治仍是防治死皮病的主要方针。

（1）调控刺激强度和采胶强度，使产胶与排胶保持动态平衡

死皮的发生和发展与过度排胶密切相关，过度排胶往往又是强度刺激与强度割胶造成的。究其原因，是提取率（即排胶量）远远超过排胶面的养分补足和胶乳合成率所致。若能有充足的时间使排胶面乳管内胶乳得到补充和合成，就有可能防止效应的下降和死皮的发生。具体做法是：降低割胶频率，缩短割线，施用低浓度低剂量乙烯利，轮换割面和增施肥料等。简言之，即低频、短线、少药、轮换、增肥。

（2）隔离病灶，使死皮停割树复割

隔离死皮病灶技术，始于20世纪30年代。据马来西亚研究院称，不论哪个割面，出现死皮症状后及时隔离病灶，合理复割，80%以上不复发。但若不隔离或隔离方法不对，或者不及时，复割后仍会有不同程度的复发。隔离方法有：

①确定病灶范围　用细钢针刺病区，观察排胶情况，初步确定病区范围，然后在病区边缘按10cm左右的间隔，用胶刀挑拣，仔细检查，以准确标出病灶边缘。

②隔离病灶　在靠近病区边缘的正常皮上，按原割线的走向和病灶两侧3个方向，用胶刀开平行双沟，沟间距离2.0~2.5cm，沟深为正常割胶深度，再用芽接刀将双沟之间的树皮挑出剥除，操作时不要伤及形成层并应选择晴天进行处理。如皮难剥时，可用胶刀铲成深至水囊皮的单沟。

（3）浅刨病灶，施复方微量元素治疗

选择橡胶树抽叶稳定后，4~9月的晴天对死皮树进行刨皮处理。然后取钼酸铵10g，硼砂10g，硫酸锌10g，淀粉60~70g，溶于少量温水中，边搅拌边冲入100mL沸水，即成糊状药液。用毛刷蘸药液涂在刨皮面上，当天刨皮当天涂药，一株病树用药量约100~150mL。药物对死皮病灶有稳定和控制的作用及促进褐皮病斑干皮脱落和杀菌防腐的作用。也可用直径10mm的木工钻在病树割线两边水线上各钻一个洞（下斜，深约5cm），分别塞入装有微量元素钼酸铵与硼砂1∶1混合物，和装有硫酸锌的小塑料纸筒，药筒埋入洞之前用刀切一小角，使药粉在洞内能慢慢溶解。洞口用油泥封口（油泥的配制方法是凡士林3份，石蜡1份，煮溶后加滑石粉，搅拌至稠，冷却用）。打洞施药的目的是增加微量元素吸收量。据海南省卫星农场资料，全场3万株橡胶死皮停割树采用以上方法治疗处理后在高部位针刺采胶，1983—1988年共增产干胶304t，获利润123.75万元，平均单株年产干胶1.68kg。采胶6年后，死皮复发率为18.1%，病灶部分处理后的再生皮7年后厚度达0.75cm，65%的株次产胶量达50mL以上。

6.8.2.5　关于非排胶过度类型死皮及其防治方法

非排胶过度类型的死皮，就其发病原因来说，是多种多样的，这里只简要介绍几种。

(1)雨冲胶死皮

①发病原因　水分渗入乳管后，由于破坏了割口附近乳管的产胶机能，使乳管逐步回枯，造成死皮，也可能是雨水通过树叶树身时，因带有酸性物质和污染细菌，促进乳管里产生凝固物质，从而堵塞乳管，产生死皮。出现这种死皮时，初期一般表现为割线上有黑色的霉点。如不及时割去，则可发展为永久性死皮。

②防治方法　注意天气变化规律，掌握看天割胶，防止雨冲胶，贯彻树身、割面不干不割，危险天气不割或高、中产树不割的措施。发病后应在割胶时使割皮厚些，尽快把病皮割完，以免扩展。

(2)根病引起的死皮

①发病原因　根病使橡胶树吸收和运输养分、水分的功能减弱，影响整株橡胶树养分和水分的供应，割胶后营养供应更加紧张，从而导致死皮。

②防治方法　首先治好根病，再根据死皮情况采取相应的措施，如降低割胶强度、停停割割、刮皮或剥皮处理等。

(3)树干基部芽接区皮层坏死引起的死皮

①发病原因　土壤板结，根系生长不良，旱季土壤缺水，根系吸水能力弱，不能满足胶树对水分的需求，导致茎基部芽接区树皮坏死，随后变干枯，变硬（水囊皮形成层正常），并逐渐向上扩展到割面皮层，从而引起死皮。

②防治方法　增施有机肥，改善土壤的通气透水性，促进胶树根系生长，增强吸水能力。及时把坏死皮层剥除干净，等再生皮恢复后才割胶，并注意病情变化。

(4)木龟引起的死皮

①发病原因　在某种条件下，树皮中某些薄壁细胞恢复分生能力，转变为次生形成层，从而产生坚硬的龟状或板状瘤的木质组织。在木龟形成和发展过程中，一方面消耗大量的营养物质，另一方面挤压产胶组织，使其失去产胶机能，造成死皮。

②防治方法　及时处理木龟木瘤。在木龟刚长出时就要及时把它挖掉。挖木龟必须一次把它挖干净，以免残体继续生长。挖木龟宜在每年气温较高的5~9月，橡胶树生长旺盛期间的晴天进行。挖除干净后要涂保护剂，如凡士林等，以保护伤口和促进再生皮愈合。

至于"吊颈皮"死皮、排胶障碍性死皮，宜继续割胶并结合树情，配合对症施肥或采用低浓度乙烯利刺激，以促进产胶和排胶机能。

(5)病理原因引起的死皮

①发病原因　由类立克次体或其他病原菌侵染引起。

②防治方法　在割胶期每隔1~1.5个月在割线上涂1次中国热带农业科学院橡胶研究所研制的"死皮康"，对轻度死皮和开割幼树有良好的治疗和预防作用。

在治疗各种死皮病树时，要注意整体诊断。割面、树干、树冠以及根部所受到的损伤都会削弱或破坏橡胶树的产胶机能，从而引起死皮。只有查清病因，分清类型，对症下药，才能取得良好的效果。

橡胶树的死皮是割胶生产的大敌。死皮的产生是一个复杂的问题，要把死皮的发生减少到最低程度，胶工必须懂得防治死皮的知识，提高责任感，通过良好的抚育管理，提高橡胶树的产胶能力，进行产胶动态分析，合理调节割胶强度等综合措施，使橡胶树的产胶和排胶之间得相对平衡。

附：

附表　橡胶树死皮分级标准

病级	症状	病级	症状
0 级	无病	3 级	死皮长度等于割线的 1/4~1/2
1 级	死皮长度在 2cm 以下	4 级	死皮长度等于割线的 1/2~3/4
2 级	死皮长度在 2cm 到割线的 1/4 之间	5 级	死皮长度等于割线的 3/4 到全线死皮

注：$死皮发病率 = \dfrac{发病株数}{调查总株数} \times 100\%$

$$死皮发病指数 = \frac{(各发病级别值 \times 该级别株数)\ 相加之和}{调查总株数 \times 5(最高病级值)} \times 100$$

小　结

本章在阐述橡胶树产胶、排胶的器官及其生理的基础上，阐述了橡胶树的开割标准、割面规划、割胶制度、开割与停割、采胶与收胶技术、胶乳的早期保存、割胶生产的组织与管理、采胶新技术及高产稳产措施。

思考题

1. 根据树皮中乳管的分布分析割胶深度的合理性。

2. 为什么割胶时割线方向要"左割"？

3. 根据影响胶树产量的因素，分析提高胶树产量的措施。

4. 分析乙烯利刺激割胶制度的优缺点。

5. 分析全阴刀割胶的优势。

6. 分析当前生产中死皮的发病原因及防治对策。

推荐阅读书目

1. 橡胶树树皮结构与发育 . 2015. 田维敏 . 科学出版社 .

2. 橡胶割胶工 . 2014. 张万桢，黄慧德等 . 中国农业出版社 .

3. 橡胶树割胶工基本技能 . 2018. 杜华波等 . 中国劳动社会保障出版社 .

第7章 橡胶树的寒害和风害

【本章提要】

本章介绍了橡胶树的寒害和风害的危害特点和规律，从橡胶树寒害及风害的成因、危害特点及防控措施等方面进行论述。针对寒害、风害的成因及特点实施抗性栽培，对提高天然橡胶生产的经济效益具有十分重要的现实意义。

橡胶树起源地位于具有热带雨林气候的南美洲亚马孙河流域，该地区具有气温较高、湿度大、降水充沛且分布均匀以及微风的气候环境。中国橡胶种植区地处热带北缘和南亚热带，属于非传统植胶区，具有热带—南亚热带季风气候特征，有明显的干、湿季之分，春旱明显，冬季气温较低，并偶有寒潮侵袭。橡胶树种植经常性遭受低温和台风等自然灾害的影响，因此，研究橡胶的抗寒及抗风能力，对推动了橡胶树种植面积在世界范围内的扩大和促进我国天然橡胶种植业具有十分重要的意义。

7.1 橡胶树的寒害处理及复割

橡胶树对低温较为敏感，10℃时细胞可进行有丝分裂，10℃以下时橡胶树光合作用停止，15℃为组织分化临界温度，18℃为正常生长的临界温度，20~30℃适宜生长和产胶，当林间气温低于5℃时，橡胶树便会再现不同程度的寒害。中国植胶区地处热带北缘，属非传统植胶区，生态环境复杂，气候条件较差，寒害是中国植胶区的主要自然灾害之一。在中国广东、广西、福建和云南等省（自治区）的偏北地区，几乎每年冬季都会受到不同程度的低温影响，每隔几年都会遭到周期性特大寒潮的侵袭，导致天然橡胶减产，严重影响了中国天然橡胶产业的健康发展。中华人民共和国成立后，我国进行了大面积的植胶，自1954年以来，在1955年、1967年、1968年、1974年、1977年、1983年、1989年、2000年、2008年及2010年遭受了10多次大寒潮的侵袭，给天然橡胶的生产带来了重大的损失。

中国橡胶树种植在胶园选址，栽培品种选择、选育和栽培管理措施上存在特殊性。巴西橡胶树抗寒机制研究及应用为中国天然橡胶产业发展和橡胶北移（北纬18°~24°）大规模种植成功提供了重要理论依据和实践指导，在国际上取得了领先的成就，引领印度、科特迪瓦和越南等橡胶种植国家在非传统植胶区开展橡胶树种植，拓展了橡胶树种植面积，为天然橡胶产业的发展做出了巨大贡献。近年来，随着植物抗寒生理机制研究的深入、分子生物学等新技术的高速发展以及橡胶树遗传转化技术体系的建立，橡胶树抗寒机制研究和抗寒品种培育进入了分子标记辅助选择和转基因技术相结合的新阶段。

7.1.1　橡胶树寒害的成因和类型

橡胶树的寒害是由寒潮、冷空气侵袭或空气温度骤然下降，当温度降低到或低温累积到橡胶树能忍受的温度以下时，则发生寒害。低温持续时间越长、极端低温越低，橡胶树寒害率越高、寒害危害程度越大。

研究表明，橡胶树在气温降至5℃以下时，便会出现不同程度的寒害，橡胶树植株会爆皮流胶，0℃以下时树枝和树干枯死。有时即使气温未降至5℃以下，但寒潮期间阴寒天气持续时间长，橡胶树也会受害。如当气温降至10℃以下时，橡胶树的光合作用停止，由于没有光合作用的补充，橡胶树体内贮存的糖和淀粉等越冬物质因呼吸作用等消耗变得越来越少，因而橡胶树的耐寒力也就逐渐被削弱了，未等气温降至5℃以下也会受害。实践表明，橡胶树寒害的形成主要是由寒潮特征、橡胶树的立地环境和橡胶树本身的习性来决定。橡胶树寒害类型分为平流型、辐射型和混合型3种类型。

7.1.1.1　平流型寒害

橡胶树的平流型寒害是在冷锋或静止锋长期控制下，持久的阴冷天气、日照不足和风寒交加造成的。受平流型寒害影响主要表现是叶片和嫩叶先出现斑点，逐渐扩大，以致变枯，有时逐渐向老枝和主干蔓延，严重者甚至连根死亡。

在我国云南植胶区，尤其哀牢山以东地区在寒潮来临时伴有大风和阴雨天气。持久的阴寒天气便会引起橡胶树遭受平流型寒害，一般日平均气温10℃以下，日最低气温在5℃左右，风速在3m/s以上，持续3d或3d以上便可能使橡胶树受害。气温越低，风速越大，持续时间越长，橡胶树受害会越重。若持续20d以上，此期间平均气温若小于10℃时，橡胶树4~6级受害率可能在30%以上。

由于寒潮是北方的冷气团南下所致，往往刮偏北风。因此，橡胶树遭受平流型寒害特点是有方向性，通常偏北向的当风面或暴露的丘陵上部的橡胶树受害较重；同一株胶树，往往是迎风面或北向树冠和树干(皮)受害较重。这种寒害的症状，首先表现在嫩枝叶上，其上端出现斑点，逐渐扩展，以致变枯；有时也可能向老枝和主干蔓延，从外表看不易察觉其受害，但用小刀刺树皮时则无胶乳流出，内皮呈褐色或黑色。上述过程发展较缓慢，往往历时1~2周，甚至1个多月才能稳定下来。

入侵云南植胶区的寒潮路径主要有4条，即偏东路径、回归路径(上述两条路径主要影响文山、红河)，偏中路径(主要影响普洱、西双版纳)、西北路径(主要影响德宏、保山、临沧)。

①偏东路径　是入侵云南省频率最高的途径，冷气团在四川盆地堆积后沿大小凉山东侧爬到云贵高原东北部后，由贵州南下与两湖盆地到广西的冷空气汇合加强后，以反气旋形式沿南盘江入侵，1~2月后即可影响到文山、红河植胶区。此寒潮路径因受哀牢山、无量山双重阻挡，很少涉及西部垦区。

②偏中路径　上述在四川盆地的冷空气越过大凉山到西昌会合，由元谋侵入云南，以居高临下之势，若与偏东路径的冷空气汇合加强后，可以影响云南全省，也是强度最强、影响面积最大的路径，主要影响普洱、西双版纳(如1975年冬)以西的临沧、德宏、保山影响较小。这股冷空气具有冷、湿、移动慢的特点，入侵后如继续受高层强冷平流的有利

配合，造成混合型降温，强度大，但频率小。

③回归路径　这是入侵华南的中路寒潮，因受副热带高压外围东南气流的牵引(热力作用)以及越南北部高山的阻挡(动力作用)，经越南南部沿红河回归而上，入侵红河、文山植胶区。经考察证明，这是东部植胶区主要的冷空气入侵途径。

④西北路径　冷空气从青藏高原东侧翻越巴颜喀拉山到四川西部，再从云南省的西北部沿怒江、澜沧江河谷南下入侵，1~2d 即可影响德宏、保山、临沧，这股冷空气具有来势猛、干、冷、移动快的特点，所到之年，可造成夜间较为强烈的辐射降温。

7.1.1.2　辐射型寒害

辐射型寒害可分为急发性寒害和累积辐射型寒害两种。

①急发性寒害　即受急发性辐射低温影响造成的寒害。在冬季晴朗无风(或微风)的夜间，由于地面辐射失热冷却，近地面气温剧烈下降(植胶林地气温出现 5℃ 甚至 0℃ 以下)，而白天气温较高，日温差 15℃，甚至 20℃ 以上，橡胶树在 1d 之内经历暴冷暴热，便可能发生急发性寒害。此类寒害常出现于山谷、洼地或斜坡的中下部。这种寒害症状首先表现在橡胶树的叶片和嫩枝上，轻则叶片枯边，出现斑点、嫩芽梢枯和嫩枝出现爆皮流胶；重的全叶变色干枯，嫩枝也枯死。这些症状在 1~3d 内就表现出来了。如果寒害情况更严重，则老枝条和主干也会随之受害死亡。在橡胶树短期内经历暴冷暴热时，温度变幅太大，当白天遭遇阳光暴晒时茎干南面或西南面在冷冬时也会树皮爆裂。爆裂部位较高，有别于累积型寒害烂脚。

②累积辐射型寒害("烂脚")　是由于寒潮侵袭后，当地受冷空气控制，出现温度较低，持续时间较长的辐射天气。在光照不足的小环境内(如山地的阴坡、浓雾经久不散的谷地和郁闭度大的胶园等)，缺乏日光又加上夜间低温，会发生累积辐射型寒害。累积辐射型寒害的症状主要表现橡胶树基部近地面 30cm 以下，受害部位树皮的胶乳内凝成胶块，树皮隆起，继而爆皮流胶，树皮溃烂，形成所谓"烂脚"。此类型寒害主要发生在西部和南部的植胶区。

7.1.1.3　混合型寒害

以上的橡胶树寒害类型的划分不是绝对的，事实上是很少出现单一性质的平流型寒害或辐射型寒害，往往是两者兼有之。不过有时以平流型为主，有时以辐射型为主。两种类型的寒害一并发生的，通常称为平流辐射混合型寒害。

7.1.2　橡胶树的寒害症状

橡胶树受寒害后，受害部位的组织及其生理机能受到破坏，出现各种寒害症状。橡胶树的寒害部位和症状常因降温性质、降温强度以及橡胶树品种的不同而异。

7.1.2.1　树冠寒害的症状

树冠寒害表现为嫩叶枯焦、顶芽及嫩梢枯死、叶片和枝条枯死等症状。一般说来，平流型低温寒害多表现为树冠受害。

①嫩叶枯焦，叶片处在展叶期至变色期的细嫩叶片受害。受害较轻的叶片边缘和叶尖出现焦黑状，在温度回升后，这些叶片能扩展、老化，但叶片皱缩，不舒展；受害较重时，则叶片中部也焦黑、整个叶片卷缩，随后脱落。通常出现短暂的 4~6℃ 低温，可以引起嫩叶受害。

②叶片枯死，老化叶片受寒害有 3 种情况：一是叶皱枯落。叶面上出现暗绿色斑点，叶缘皱缩、焦枯、随之叶片脱落。二是被迫落叶。受害后叶柄产生离层，叶色不变，落叶迅速而彻底。这种被迫落叶不同于正常的越冬落叶，是当降温急骤、平流及辐射型降温引起的一种寒害。三是叶片冻枯。当剧烈降温后，叶片迅速冻枯变白，呈水渍状挂于树上，经久不落。这是树冠寒害较重的一种症状，往往导致树冠半枯乃至整株枯死。

③枝条干枯，枝条寒害视降温程度不同可造成顶芽和嫩梢干枯以致不同年龄的枝条枯死。据植胶区的寒害资料，当出现 3℃ 左右低温时，生长幼嫩的橡胶树顶芽及枝梢产生焦枯症状，若低温持续时间较长，焦枯可延至下一蓬叶密节处，在 2~3℃ 低温时，当年生枝条的绿色部分枯死；若低温持续时间长，连同木栓化部分的 1 年生枝条可全枯。在 1~2℃ 低温且持续时间长时，2~3 年生的枝条出现枯死。'PB86' 和 'RRIM600' 等品种植株多从树冠上部往下枯，而 'PR107''PB28''PB59' 等品种植株则多从树冠下部往上枯。当 0℃ 左右低温时，树冠骨干枝出现枯死。

7.1.2.2 茎干寒害的症状

茎干寒害表现为出现黑斑、外层树皮冻枯、爆皮流胶、树干冻枯直至整株死亡等症状。识别茎干寒害症状，对于寒害树处理有重要的意义。

①黑斑　出现在橡胶树幼苗和幼树未木栓化的茎干上，大多发生于皮孔或新落叶痕边缘，因表皮组织局部死亡而形成，辐射寒害以斑点为主，平流寒害以斑块为主，严重时可呈环枯。

②外层树皮受害　外层树皮(包括石细胞层和部分薄壁细胞层)受害枯死，但其内层组织仍活着，多见于受寒风吹袭的北面橡胶树干上，开春以后，外皮干裂脱落，外表粗糙。

③树皮受害　这种症状初期不易察觉，用刀刺进树皮有胶乳排出；刮去木栓层，在青皮上可看到黑色斑点或斑块；挖开树皮仍有胶乳，但内皮及形成层变褐色或略发黑，有酒精味。受害后期，树皮坏死干枯，树皮内有一层胶膜或胶丝；再经 10~30d 后，受害树皮开裂，寒害症状才稳定下来。有的北向树皮受害冻枯而南面树皮正常，这种阴阳皮是平流降温所引起的。有的树皮环枯，其上部在气温回暖后仍能抽发新叶，等到树体内部营养被消耗殆尽则整株死亡。割面再生皮也常出现冻枯，尤以当年割面为多，老割面也有发生。

④爆皮流胶　爆皮流胶可以发生在橡胶树的任何部位，但以树干爆皮流胶危害较大。在辐射降温下，由于树干(尤其是树皮)的热胀冷缩，引起乳管破裂，胶乳向压力较小的树皮和木质部之间流动，凝成胶块。当胶乳和胶块的胀力小于树皮的压力时，凝胶块潜留在树皮内，当胶乳和胶块的胀力超过树皮所能承受的压力时，树皮爆裂，胶乳从裂口流出体外。树干爆皮流胶一般发生在 1.5m 以下，爆胶点由几个至二三十个不等，以北向树皮为多。受害部位，凝胶块下的形成层坏死，木质部产生黑色斑块，爆胶点的周围大片树皮溃烂坏死。据云南省热带作物科学研究所观察，在最低气温 8℃ 左右，日温差 ≥15℃，相对湿度差 ≥45% 天气的反复作用下，就会出现爆皮流胶症状。

割面爆皮流胶是较常见的树干寒害症状，轻的发生在当年最后一两个月的割面上，严重的则可在两三年的割面及其附近未割胶的树皮上产生爆胶，以后树皮干裂下陷。受寒害的割面下陷爆胶。

7.1.2.3　茎基寒害的症状

橡胶树茎基寒害也称"烂脚"，发生在离地 30cm 范围内的树干基部，由爆皮流胶而引起树皮溃烂下陷的一种寒害症状。可由多个爆胶点汇集成块或成环状，形成严重的"烂脚"寒害，"烂脚"一般发生在地上的茎基部位，但严重时其溃烂面可延达土壤下 10～20cm，地上可延伸到茎干 60cm 高度。"烂脚"是辐射寒害的典型症状，它的发生不但与降温强度和降温性质有关，而且林地过分郁闭、湿度过大、林下阳光不足等都是引起"烂脚"的重要因素。在云南省植胶区，连续 3d 出现日平均气温≤13℃，最低气温≤8℃的降温过程，就会引起郁闭林地的橡胶树"烂脚"。

7.1.2.4　根系寒害的症状

①主根根皮爆胶或干枯　此种症状属于"烂脚"寒害的延伸部分，一般发生在离地表 20cm 范围内。

②侧根部分干枯或全枯　此种症状多为第一轮根受害，严重时第二、三轮根也可能发生。

③吸收根和输导根冻死　此种症状一般发生在 15cm 以上土层的根系中，20cm 以下土层中的根系基本不受害。

7.1.3　橡胶树寒害的级别

橡胶树寒害级别是表示橡胶树遭受寒害程度的标准。橡胶树寒害的分级参考我国农业行业标准《橡胶树栽培技术规程》（NY/T 221—2006）。了解橡胶树寒害级别，是采取处理措施的前提。

表 7-1　橡胶树寒害分级标准

级别	类别			
	未分枝胶苗	已分枝胶树	大树主干树皮	茎基树皮*
0	不受害	不受害或嫩叶受害	不受害或点状爆皮流胶	不受害或点状爆皮流胶
1	顶蓬叶受害	树冠干枯<1/3	坏死宽度<5cm	坏死宽度<5cm
2	全落叶	树冠干枯 1/3～2/3	坏死宽度占全树周 2/6	坏死宽度占全树周 2/6
3	回枯至 1/3 树高以上	树冠干枯 2/3 以上	坏死宽度占全树周 3/6	坏死宽度占全树周 3/6
4	回枯至 1/3～2/3 树高	树冠全部干枯，主干回枯至 1m 以上	坏死宽度占全树周 4/6 或虽超过 4/6 但在离地 1m 以上	坏死宽度占全树周 4/6
5	回枯至 2/3 树高以下，但接穗尚活	主干回枯至 1m 以下	离地 1m 以下坏死宽度占全树周 5/6	坏死宽度占全树周 5/6
6	接穗全部枯死	接穗全部枯死	离地 1m 以下坏死宽度占全树周 5/6 以上直至环枯	坏死宽度占全树周 5/6 以上直至环枯

＊茎基指芽接树结合线以上约 30cm，实生树地面以上约 30cm 的茎部。芽接树砧木受害另行登记，不列入茎基树皮寒害。

7.1.4　影响橡胶树寒害的因素

橡胶树寒害轻重直接受冬期气象条件和橡胶树本身抗寒力的影响。同时，植胶区的地形、地势对气象要素又起影响作用，而形成不同的越冬小环境，也间接影响着寒害的轻重。

7.1.4.1 冬期气象因素

橡胶树寒害通常是冬期各种气象要素综合作用的结果。其中，低温是主导因子，光照、湿度和风在一定低温条件下起加剧或减轻寒害的作用。

（1）温度

低温是造成橡胶树寒害的主要原因。降温性质不同，造成橡胶树寒害的低温值也不同，辐射型寒害的强度一般用极端低温值来表示；平流型寒害的强度用平流期的日平均气温表示。在临界寒害低温以下，温度越低，寒害越重，其关系见表7-2。

胶树寒害的轻重，与低温值有关外，低温持续时间长短，也有很大影响，且有时低温值并不很低，若持续时间长，也会造成严重的寒害，例如，1967—1968 年冬期，广东、广西植胶区的最低气温并不太低，多为 3~6℃，但日均气温≤10℃的持续时间达 20~25d之久，导致极其严重的寒害。

表 7-2 低温与橡胶树寒害的关系

平流型降温		辐射型降温	
平流期最冷日平均气温（℃）	橡胶树的寒害表现	极端最低气温（℃）	橡胶树的寒害表现
>8	产生 1~2 级寒害	>3	少量叶子干枯
6~7.5	产生 2~3 级寒害	2~-1	寒害 1~2 级
<6 而≥4	寒害>3 级	-1~-3	寒害 3 级，3~5 级寒害树达 30%
<4	寒害严重，毁灭性危害	-3~-4.5	寒害 4 级，毁灭性危害

注：①平流型降温平均风速 2~3m/s；②引自华南热带作物学院(1978)《橡胶栽培学》。

（2）日照

日照可引起温度、湿度的变化，又关系到橡胶树的光合作用与胶树体内营养物质的积累，因此，它也是影响橡胶树寒害的重要因素。尤其日照与胶树"烂脚"寒害有着密切关系。据德宏热带作物试验站观测，成龄胶园橡胶树每天有效日照时数在 1.5h 以下时则"烂脚"严重；日照时数 2~4h 则随日照的增加而"烂脚"减轻；日照时数超过 4h 的不会出现"烂脚"。

（3）风和湿度

在平流降温过程中，常伴随着大风天气，风大温度下降快，橡胶树寒害会加重；在寒流通道上，一般风较大，平流寒害较重；在丘陵山地，当风山口风大，寒害重，橡胶树甚至不能存活；迎风坡面的寒害也比背风坡面重。对橡胶树本身受害而言，迎风面的树皮和树冠受害比背风面重。实践表明，风是影响橡胶树遭受平流型寒害的一个重要因素。

在一定低温条件下，湿度的大小也可以加重或减轻橡胶树寒害程度。冬期湿度大，寒害会加重。

7.1.4.2 地形、地势因素

地形、地势对冷空气起阻挡和流通作用，对日照、风速和湿度也有直接影响，尤其是丘陵山区，冬期的低温强度、低温持续时间长短，都与地形环境有直接关系。因而，地形地势也是影响橡胶树寒害轻重的一个至关重要的因素。

云南省植胶区历年胶树寒害情况看，凡是地形闭塞、排路不畅、冷空气易沉积，或是处于寒流通道环境上的橡胶树，其寒害一般较重；反之，开敞地形有利于冷空气流通，橡胶树寒害较轻。据云南省农垦总局对 1975—1976 年冬寒害调查，在红河分局金平农场，紧密丘陵区开割胶园橡胶树受害级别达 4.81 级，4~6 级重害胶树达 82.8%；而开敞河谷丘陵区橡胶树受害级别仅为 1.79 级，4~6 级树占 25.5%，两者差异很大。从西双版纳州的景洪坝子、大勐龙坝子、勐养坝子、勐满坝子等来看，冷空气易进易出、难进易出的类型环境，其橡胶树寒害比易进难出、难进难出的轻 1~1.5 级。

不同坡向、坡位、坡度、坡形和洼地等小地形环境，阴坡、阳坡、迎风坡、背风坡、坡上、坡下等，其橡胶树的寒害差异是很明显的。对 1975—1976 年冬期的辐射平流混合型低温中，河口农场，阴坡的橡胶树寒害比阳坡的重 1.37~4.31 级；坡下比坡上重1.04~4.06 级。各坡向比较，以西南、南坡最轻，东南坡次之，东、西坡较重，北、东北坡最重。坡形和坡度的大小也对寒害有一定影响。

7.1.4.3　橡胶树品种与生长状况因素

（1）品种

橡胶树种质间在抗寒能力上存在显著差异，选育和栽培抗寒品种是解决寒害问题的关键途径之一。我国抗寒育种取得了巨大成就，我国抗寒育种分为抗寒母树的选择、国内外优良无性系的引种、鉴定和杂交育种选育等几个阶段。在此期间，创建了室内人工模拟低温冷冻与前哨点抗寒苗圃系比相结合的鉴定橡胶苗期抗寒力的方法。引进了印度尼西亚的高产无性系 'GT1' 和 'IAN873' 等，选育了一批抗寒高产品系 '93-114' ' 云研 77-2' 和 ' 云研77-4' 等。目前，抗寒种质引进和筛选仍是抗寒育种中主要的研究手段之一。

（2）树龄

橡胶树一般都随树龄的增长，抗寒力也增强。但橡胶树开割后的割面寒害，与树龄关系不大。

（3）植株生长状况

橡胶树植株生长健壮，冬前体内营养物质积累多，顶芽处于稳定状态以及组织成熟老化，其耐寒力一般都较强。反之，生势弱，处于新芽、嫩叶、萌动状态的植株，通常易受寒害。

7.1.4.4　橡胶树的栽培措施因素

栽培技术措施，如种植橡胶树的株行距、施肥、覆草、修枝、割胶以及胶园间作等，都与橡胶树寒害有密切关系。瑞丽农场对 1964 年定植的 'PB86' 林段，1975—1976 年冬期寒害调查：株距同为 3.5m，随行距加大而"烂脚"减轻，即 7m 行距的平均受害达 5.3 级，10m 行距的 2.65 级，11m 行距的仅为 0.15 级，相差 2.65~5.15 级。涂封割面比不涂封的寒害减轻 2 级左右，芽接桩苗早春定植比秋季定植生势健壮，组织老化程度高，因而耐寒能力较强。冬前培土，增施钾肥等，均对寒害有明显影响。

7.1.5　橡胶树抗寒栽培措施

在多年的植胶实践中，云南植胶区总结了一套橡胶树抗寒栽培措施，主要包括植胶林地的环境选择、品种的配置和栽培技术措施 3 个环节。选择避寒环境是前提，合理配置品种是基础，抗寒的栽培技术措施是保证。

(1)选择避寒环境

选择避寒环境植胶，是减轻和避免橡胶树出现寒害的前提。如前所述，地形、地势对温度、日照、水湿和风等气象要素的影响作用，形成不同的越冬气候环境，因而橡胶树寒害程度会有很大差异。选择避寒环境植胶，可以大大减轻和避免胶树寒害。选择避寒环境是在大、中寒害类型区划的基础上，做好小环境的划分，作为对口配置品种和采用栽培技术措施的基本单位。小环境区划分主要根据小地形因素，以坡向、坡位为主，结合特殊地形、坡度、坡形以及原植橡胶树受害程度等因素综合考虑，对每个山头或地段进行"两面（南坡、北坡面或阴坡、阳坡面）两层（上坡、下坡）"或"三面（阳坡、阴坡、半阴坡）三层（上、中、下坡）"划分。低温地区，宜选择向南（或偏南）开口的马蹄形地、背风坡或阳坡、半阳坡中的中、上坡位作植胶地，避免选用向北开口的马蹄形地、正对冷空气来向的迎风坡或冷空气易于沉积和难于流通的低洼谷地。

(2)合理配置品种

按环境类型区配置品种，把优良品种种植到适宜的对口小环境类型中，是建立稳产、高产胶园的基础。

合理配置品种是在选择和区划植胶地的基础上，因地制宜地按小环境区对口配置品种，使不同类型的品种各得其所。它首先以寒害类型中区为基础，配以相应抗寒力和产量水平的品种类型。在轻寒区以产量高的品种为主，适当配以抗寒力中等、产量较高的品种。中寒区以抗寒力中等、产量较高的品种为主，适当配以抗寒力强、产量中等的品种。重寒区以抗寒力强、产量中等的品种为主，适当配以抗寒力中等、产量较高的品种。然后在每一寒害类型中区中，再按不同类型小区配置对口品种，即再根据小环境类型确定各个林段的对口品种。在"烂脚"寒害较重的地区，还应注意选择抗"烂脚"品种作砧木。

(3)避寒播种育苗

在寒害地区，橡胶播种育苗时间应改在春季，将种子冷藏过冬。春季播种，幼苗经过8~9个月时间生长，进入冬期时苗木比较粗壮，木栓化程度较高，抗寒力也较强，一般无需防护就能安全越冬。若抚育管理好，苗木生长粗壮的，甚至可在冬前就能芽接，带干过冬，翌年春季上山定植。

幼小胶苗越冬一般应设暖棚、防风障防护。草棚宜搭活动的，既防辐射降温，又便于揭开棚顶，使阳光照到苗木和苗床，提高土温。用于防御平流寒风一般架设防风障，其有效防护范围为防风障高度的5~6倍。

(4)适当扩大植距

据研究单位观测，橡胶树的"烂脚"寒害与林下的光、热、水湿条件有着密切的关系。疏植胶园林下透光性好，湿度小，有害低温持续时间短，因而"烂脚"轻。据云南省热带作物研究所多年冬期寒害调查认为，易受"烂脚"寒害地区的橡胶树随种植密度的增加而"烂脚"越重，尤其是行距越小、林地郁闭度越大，则"烂脚"更重。例如，该所调查德宏盈江农场8龄'PB86'胶园，每公顷种植360株胶树，4~6级"烂脚"率12.1%，每公顷420株的则26.6%，每公顷525株的则达30.1%；密度同为每公顷420株时，以正方形形式定植的最重，4~6级"烂脚"受害株达45.9%，而长方形（3m×8m）形式的仅为3%。在行距超过9m，一般则很少发生"烂脚"。因此，有"烂脚"寒害发生地区的胶园宜适当扩大植距。

(5)用壮苗早春定植

橡胶苗早春定植，定植当年胶苗可生长 5~6 蓬叶，茎干木栓化程度高，抗寒力较强，有利于越冬。春旱重的地区，可培育袋装苗带土全苗早植，也可争取当年有较大的生长量越冬。

(6)合理施肥，冬前增施钾肥

在橡胶树生长季节，要加强施肥抚育管理，一般在 9 月底前施完所需的化学氮肥，使胶树生长健壮，储备充足的营养物质，并能在寒流到来之前停止顶芽生长，以利越冬。同时，在冬前增施钾肥，以促进植株组织成熟老化，增强耐寒力。

(7)冬前除草，疏通林带

冬前除草、疏通防护林带，有利于林段中冷空气的排泄，减少地面热量辐射，对预防辐射型寒害有显著效果。胶树基部地面盖草，冬前务必扒开一定距离，或在草上面覆 1 层薄土，也可减少其表面凝霜，有效减轻寒害。

此外，橡胶树适当修剪，减少林段郁闭度以及橡胶树主干基部合理培土等，均可减轻胶树受害。培土应将土块打细、压紧，否则会加重寒害。

(8)当年定植苗用防寒罩防寒

冬季低温期利用薄膜或无纺布做成可移动小拱棚罩住橡胶苗御寒。

(9)适时浅割、停割、涂封割面

橡胶树开割后，割面容易受寒害。因此，橡胶树停割后需用涂封剂涂封割面，在重寒害地区，涂封割面范围不限于当年割面，2~3 年内的割面也要涂封。采用的涂封剂有蜂蜡、胶籽油、油棕油等，现常用的为工业凡士林和橡胶籽油混合剂，或商品割面防病涂封剂。或松香、油棕油混合剂。

7.1.6　橡胶寒害树的处理

橡胶树遭受寒害后，小蠹虫会很快从伤口钻入胶树木质部，蛀烂伤口木质引起风断。因此，橡胶寒害树处理重点在于预防虫蛀，促进伤口愈合。

(1)寒害胶树处理前的防虫

橡胶树遭受寒害至树皮干枯前，小蠹虫容易钻进茎干木质部。据有关部门观察，橡胶树受寒害后 1 周便有小蠹虫蛀入，10~15d 后有 16% 的寒害树发现虫孔。因此，防虫工作应在橡胶树出现寒害表征、小蠹虫为害前抓紧进行。可用杀虫剂喷射受害部位。注意施药安全防护。

(2)树皮寒害树的处理

树皮寒害树的处理应在胶树第 1 蓬叶充分老化时选晴天进行。因受害程度不同，处理略有差异。

①外皮枯死受害树　这类受害树外死内活，即砂皮(石细胞层)或黄皮(薄壁细胞层)枯死，而黄皮或水囊皮(筛管层)仍活。由于形成层未受害，仍可向外分生韧皮细胞，干死的外皮会自行脱落，故不必处理，以免造成人为伤害。

②爆皮流胶受害树　胶树受害后，伤口爆皮流胶，应视伤口大小酌情处理。第一，寒害树树皮爆皮流胶，爆胶口宽度小于 7cm 的，将凝胶块拔出即可，不需用刀处理。第二，树皮爆胶口宽度在 7~10cm 的，处理时应拔出凝胶块，用刀修好伤口周围的树皮，用凡士

林涂封活皮边缘。第三，树皮爆胶口宽度在10cm以上的，将凝胶块拔出，修好伤口周围树皮，并将残留木质部上的冻伤树皮刮净，然后涂加有防虫剂的沥青或煤焦油防腐。

③树皮干枯受害树　橡胶树整个割面受害干枯，处理方法是将干枯的树皮刮除、拔除胶线、胶膜，刮净木质部表面的坏死组织，再用医用凡士林、油棕油(或1:1的橡胶籽油、松香合剂)涂封活皮边缘，用沥青或1:1:0.4的沥青、废机油、松香合剂涂封木质部。

④"烂脚"寒害树　可按树皮干枯受害树处理方法处理。"烂脚"部位在离地面30cm以内的，处理后应培土催根，有积水的应注意排水。

(3)枝干受害树的处理

橡胶树枝干受寒害1~2级的不必处理。3级的寒害树待叶蓬稳定后，在其枝干死、活组织交界处锯去受害枝干，并用煤焦油涂封切口。未分枝幼树受寒害3级的，可改接抗寒品种。已分枝的4~5级受害树则锯去干枯部分，涂封切口，并做好留芽、保芽工作，再视情况进行冠接。

(4)加强寒害胶园的抚管

加强寒害胶园的水肥管理，充分保证受害胶树的水分和养分需要，这对恢复受害植株生势，提高产胶潜力具有重要作用。受害胶园如能切实搞好"三保一护"，施足肥料，抗旱淋水，搞好死覆盖，不仅能使植株很快恢复生机，而且可获得应有的产量。加强寒害胶园的抚育管理，还应包括寒害开割胶园宜适时适度复割。复割初期适当降低割胶强度，运用产胶动态分析指导割胶，使受害橡胶树在恢复创伤的同时又生产。

7.2　橡胶树风害处理及复割

橡胶树风害会造成胶树叶片破损、脱落、落花、落果、折梢、折枝、断干、劈裂、扭裂、倾斜、倒伏、根拔等，给生产带来损失。我国植胶区分布于北纬18°~24°的热带北缘地区(主要是海南、云南和广东)，属于非传统植胶区。海南、广东两大植胶区常年遭受台风危害，强台风"达维"(2005年)和"纳沙"(2008年)使得海南橡胶产业损失惨重，"黑格比"(2008年)、"尤特"(2013年)、"威马逊"(2014年)等强台风也导致广东部分植胶区的橡胶树受灾率达60%以上，风害已成为此区天然橡胶种植和发展的最主要限制因素之一，抗风研究越来越受到橡胶树科研工作者的重视，抗风育种已成为橡胶树遗传育种领域的一个重点研究方向。

7.2.1　橡胶树风害的成因和类型

橡胶树的风害是由大风作用于树冠上的风压引起胶树断干、倒伏等。橡胶树的风害主要为叶片破损、脱落；落花、落果；折梢、折枝、断干、劈裂、扭裂；倾斜、倒伏；根拔等。其中，以断干、倒伏、根拔最为严重，其他类型较易恢复。

橡胶树风害类型与大风性质、地形、土壤、品种、树龄以及植株的生势状况等有关。一般来说，风前降雨多是倒伏多，降雨少时断干多；玄武岩风化的黏土地断干多，砂岩及花岗岩风化的砂壤土或壤土地区倒伏多；'RRIM600'断干倒伏多，'GT'劈裂、折主枝多，'PR107'落叶、折枝多；树大招风风害重，树小相对危害轻。

7.2.2　影响橡胶树风害轻重的因素

影响橡胶风害程度的因子较多，主要由气象因子(大风及伴随的强降雨)、环境因子(土壤环境、胶林坡度、有无防护林等)、内部因子(橡胶种类、树龄)3 方面决定。

7.2.2.1　气象因子

巴西橡胶树原产巴西亚马孙河流域，是一个典型的热带雨林树种，树体高大、材质脆弱、风害易损伤。当风力≤9 级，绝大多数橡胶树基本无严重风害；当风力>9 级，橡胶树风害逐渐明显。

7.2.2.2　环境因子

(1)坡向、破位与橡胶树风害

胶园风害不仅与风力有关，而且还与胶园的立地环境有关，胶园风害率由重至轻依次为：坡顶>坡底>坡中，迎风坡>侧风坡>背风坡，但若存在其他地形因素影响，坡位与坡向之间的风害率差异不明显。坡度越大，风害越重，周边环境有遮挡物的胶园风害明显小于处在空旷区的胶园，特殊地形的胶园风害与其所处位置有关。

据调查，顺风峡谷与背风峡谷、迎风坡与背风坡、坡脚与坡上，橡胶树风害断倒率相差近 70%。在峡谷地，由于地势低，空间窄，风速加大，因而峡谷地的风害比一般坡地重，顺风峡谷又比背风峡谷处的重。在丘陵、小山地形，迎风坡的风害比侧面坡向的重，侧面坡又比背风坡重。在同一坡面上，坡脚是峡谷洼地的边缘，风速较大，因而风害也比坡中和坡上部位的重。

(2)橡胶林地的土壤质地、土层深厚和肥力状况与风害的关系

在土层浅薄的地区，橡胶树主根垂直生长受限制，根系不发达，大风时容易连根拔起。土层深厚和土壤黏重的地区，橡胶树倒伏较少。在肥沃的土壤中，橡胶树生长茂盛，树高冠大，承受的风压大，风害较重；而在瘠薄土壤中，橡胶树矮小，树冠轻盈，风害较轻。

植株状况主要是指橡胶树品种间的差异、树龄大小。品种之间的差异决定着植株木材性质和植株的形态特征，因而决定着风害的轻重。'PR107' 木材纤维细长，材质较为坚韧，且树冠为宝塔形，平伸的侧枝均匀分布在中央主干上，疏朗透风，因而风害较轻。

7.2.2.3　内部因子

(1)橡胶树不同品种(系)的抗风性差异显著

橡胶树抗风性是一个复杂的综合性状，主要包括抵御风害的能力(即抗风力)以及灾后生长恢复能力两个方面。一般来说，风力≤9 级，绝大多数品系基本无严重风害；风力 10～11 级，可以比较明显地看出品系间抗风力的差异；风力≥12 级，品系间抗风力差异缩小，风力越强，差异越小。在我国育种试验中往往以大规模推广种植的 'RRIM600' 为对照，抗风力比 'RRIM600' 强的品种划分为抗风品种，比 'RRIM600' 弱或与之相近的品种划分为弱抗风品种。据此，抗风品种有 'PR107''海垦 1''热研 7-33-97''热研 7-20-59''93-114' 等，弱抗风品种有 '热研 88-13''热研 8-79''RRIM600''PB86''GT1' 及 'IAN873' 等。

(2)橡胶树抗风力的影响因素

①株型　橡胶树受台风危害的程度，除了取决于风力的大小外，株型也是一个非常重

要的因素。在胶园中自由生长的橡胶树的株型主要有两种类型，即单干型和多主枝型。橡胶树的一条主干直通树冠顶端，各侧枝成轮(层)状着生在树干上，而且是由下而上一层比一层短，构成单干型株型，也叫塔形株型。单干型胶树以'PR107'和'海垦1'为典型代表。一般的情况下，单干型橡胶树植后前期(5龄)，底层枝条被淘汰较少，塔形株型树体结构稳定，抗风力强。但6龄以后，各轮次枝条受到上层枝条所淘汰而干枯脱落，失去塔形结构的平衡作用，抗风力差。橡胶树长到一定的高度以后，开始分生出2~4条侧枝，代替了主干向上生长，构成多主枝型的株型。这种结构还可根据枝条的多少，分成二条主枝型和多条主枝型。多主枝株型导致树冠不均衡，二叉型易被台风劈裂，多条主枝型枝条过多、过密，风阻大，易被台风吹倒和折断。在分枝特点方面，抗风品种(如'GT1')侧枝数量较多，但侧枝长度较短，而不抗风品种(如'PB235')侧枝数量较少。但侧枝长度较长。另外，采用栽培措施适当降低分枝高度、矮化树体重心有利于提高橡胶树抗风能力。

②木材特性　橡胶树一年生茎干的冲击次数和冲击韧度与成龄树实际抗风能力的相关性达到显著或极显著水平。抗风力强的品系抗冲击次数多，韧度大，纤维组织比率高，轴向薄壁组织含量低。抗风力较弱的品系则相反。抗风力品系之间木材结构存在明显差异，纤维长度与抗风力正相关，导管密度和抗风力负相关。胶质纤维分布均匀和数量增加，有利于提高木材的韧性，增强橡胶树抗风力。

③根系形态分布　树木是由树冠、主干和根系组成的一个系统，根系和其附着的土块作为整株树的支座并放置在弹性的土壤中。胶树倒伏力不仅取决于土壤的物理力学性质，如土壤容重、含水率、摩擦系数以及抗剪强度和变形特性等，还取决于胶树根系的分布情况，如侧根分布宽度、轮数、主根大小和深度等。从形态分布特点来看，橡胶树的根系尤其是侧根为树体所提供的横向支撑力偏弱，在遭遇台风袭击时，如果土壤含水量较高，橡胶树容易倒伏。

④树龄大小　橡胶树在幼龄期风害一般较轻；当橡胶树开割后，树围生长受到抑制，树冠生长仍在继续，树冠层不断升高，树冠加重，因而风害也易加重。从橡胶树群体结构看，林段中的缺株形成空洞，其周围的橡胶树便容易遭受风害。栽培措施栽培技术措施影响植株的形态、根系与土壤的固着力，因而也直接或间接影响橡胶树承受风压的大小。因此，栽培措施不同，风害轻重也不相同。

7.2.3　橡胶树风害的分级及处理

7.2.3.1　橡胶树风害的分级

风害发生后，要技术开展风害调查。根据橡胶树风害分级标准(表7-3)，对胶园风害情况做出整体评估并确定风害处理措施。

表7-3　橡胶树风害分级标准

级别	类型	
	未分枝幼树	已分枝幼树
0	不受害或少量落叶	不受害或少量落叶
1	破损叶量<1/2	小枝折断条数<1/3 或树冠叶量损失<1/3
2	破损叶量≥1/2 至全部损落	主枝折断条数1/3~2/3 或树冠叶量损失1/3~2/3

（续）

级别	类型	
	未分枝幼树	已分枝幼树
3	1/3 树高以上断干	主枝折断条数≥2/3 或树冠叶量损失≥2/3
4	1/3~2/3 树高处断干	全部主枝折断或一条主枝劈裂，或主干 2m 以上折断
5	2/3 树高以下断干，但仍有部分完好接穗	主干 2m 以下折断
6	接穗劈裂，无法重萌	接穗全部段损
倾斜		主干倾斜<30°
半倒		主干倾斜 30°~45°
倒伏		主干倾斜超过 45°

备注：段倒株数=4 级株数+5 级株数+6 级株数+倒伏株数

断倒率=段倒株数/全部株数×100%

7.2.3.2　橡胶树风害的处理

对没有保留价值的胶园启动更新程序；对有恢复生产潜力的胶园按先开割树、先高产树的顺次开展处理，对于 3 龄内幼树，4~5 级风害的低截处理（若其比例大可对全部树做低截处理），重新培养主干；6 级风害的用大型苗木补换植；对于倾、倒的可尽快清理树根周围淤泥，并扶正和培土。对于大于 3 龄橡胶树，3~5 级风害的应及时在断裂处下方 5cm 斜锯、修平，锯口和其他伤口涂上沥青合剂等防虫防腐剂，但 5 级风害的开割树，则可强割更新；对于半倒和倒伏的中龄树要尽快清理树根周围淤泥，并扶正和培土；对于 3 级以下，6 级和倾倒的风害树一般不做处理，只清理胶园。

沥青合剂可按比例 1.2：1：0.8 的沥青、废机油、高岭土，或按比例 1：1：0.4 的沥青、废机油、松香配制。

7.2.3.3　橡胶树风害的抚育管理

加强抚育管理无论是断干或是倒伏树处理后，都必须加强抚育管理，提高成活率，促进植株尽快抽芽、生根，恢复正常生长。受害开割橡胶树要按复割标准复割，并注意养树，加强施肥管理。

7.2.4　橡胶树的抗风栽培措施

橡胶树抗风栽培措施主要是：营造防护林，改造植胶环境；选配好品种和种植材料；修枝整型，培养抗风树型；适当密植和合理施肥等。这些措施均可减轻或避免橡胶树风害，减少损失。

7.2.4.1　改造植胶环境

有风害（含常风大）地区，要重视风害环境类型区和小环境的划分，选择避风环境植胶，在四周没有屏障的开阔地、顺着风向的河谷两岸和峡谷低洼地、孤立小山的两侧和迎风坡面等容易遭受风害地区，要先营造防护林，改造环境后植胶。

7.2.4.2　选配好品种和种植材料

根据风害环境类型区和小环境，选配适宜的橡胶树品种和种植材料，不仅能有效减轻风害，而且能充分发挥品种的优良特性，达到高产稳产。在风害较大地区宜种品种

'PR107'；高截干种植材料有利于形成树矮、干粗枝细的抗风树型，因而比较抗风。使用籽苗芽接苗种植，由于主根完整，抗风能力强。

7.2.4.3 修枝整形

修枝整形主要是为了减轻橡胶树风害，而对橡胶树树形进行改造作业的总称。实践证明：合理修整后的树形，矮、疏、均、轻，抗风力增强，特别是抗风差的品种，抗风效果非常显著。幼龄橡胶树从小苗开始定向培养抗风的树型。成龄橡胶树修剪应因树制宜，修枝后使树冠均衡，重心降低，有利于向抗风型发展。修枝量控制在树冠叶量的 1/4～1/3。成龄树修枝难度大，一般在重风地区实施，每 3 年左右修枝 1 次。

7.2.4.4 适当密植和合理施肥

一般来说，重风害地区适当密些，即使风害损失，仍可保留较多的植株割胶，以获得较高的单位面积产量。合理施肥，不过多施用氮肥，可以避免树冠过重。

本章阐述了橡胶树寒害、风害的类型、成因和级别的基础上分析了影响寒害、风害的因素及抗逆性栽培措施。

1. 简述橡胶树寒害类型及危害特点。
2. 简要分析橡胶树寒害的防控策略。
3. 分析影响橡胶树抗风能力的主要因素。
4. 如何进行风害级别划分？

1. 热带北缘橡胶树栽培 . 1987. 何康，黄宗道 . 广东科学技术出版社 .
2. 橡胶树栽培管理与采胶实用手册 . 2015. 杜华波 . 云南大学出版社 .
3. 橡胶树树皮结构与发育 . 2015. 田维敏 . 科学出版社 .

参考文献

程军勇，郑京津，窦坦祥，等，2017. 植物抗寒生理特性综述[J]. 湖北林业科技，46(5)：16-20.

陈抒，黄循精，2013. 国内外天然橡胶产供销分析及其趋势预测[J]. 热带农业科学，33(3)：61-71.

陈纪航，陶忠良，邱育毅，2015. 海南岛橡胶树风害坡度的影响特征[J]. 江苏农业科学，43(5)：141-143.

陈纪航，陶忠良，邱育毅，等，2015. 地形与胶园风害的关系——1409 号超强台风"威马逊"对海南胶园风害的调查[J]. 热带生物学报，6(4)：467-473.

杜华波，2015. 橡胶树栽培管理与采胶实用手册[M]. 昆明：云南大学出版社.

杜华波，2018. 橡胶树割胶工基本技能[M]. 北京：中国劳动社会保障出版社.

胡彦师，蔡海滨，安泽伟，2012. 橡胶树新种质抗寒性综合评价[J]. 广东农业科学，39(16)：51-55.

林位夫，2007. 橡胶树抗风减灾栽培措施改进的探讨[J]. 中国热带农业(3)：7-9.

林位夫，2018.2008 年强平流降温橡胶树寒害分析[J]. 世界热带农业信息(11)：23-24.

罗家勤，1995.1992—1993 年强寒潮对几个橡胶无性系及巴西橡胶新种质的寒害调查报告[J]. 云南热作科技(1)：20-22.

李小琴，张凤良，杨湉，等，2019. 橡胶树野生种质资源抗寒性评价及其与生长的相关性分析[J]. 西南林业大学学报(自然科学)，39(2)：44-51.

李土荣，贺军军，吴青松，等，2016. 橡胶树新品系湛试 327-13 抗寒性和产胶能力调查[J]. 热带农业科学，36(6)：6-9.

刘世红，田耀华，2009. 橡胶树抗寒性研究现状与展望[J]. 广东农业科学(11)：26-28.

祁栋灵，王秀全，张志扬，等，2013. 世界天然橡胶产业现状及科技对其推动力分析[J]. 热带农业科学，1(33)：61-66..

祁栋灵，吴志祥，谢贵水，2015. 橡胶树栽培管理技术彩色图说[M]. 北京：中国农业出版社.

田维敏，史敏晶，谭海燕，等，2015. 橡胶树树皮结构与发育[M]. 北京：科学出版社.

吴春太，黄华孙，高新生，等，2012. 21 个橡胶树无性系抗风性比较研究[J]. 福建林学院学报，32(3)：257-262.

韦优，周婧，张晓飞，等，2015. 广西橡胶抗寒育种工作的回顾与展望[J]. 中国热带农业(4)：21-24.

王祥军，张源源，张华林，等，2015. 巴西橡胶树抗风研究进展[J]. 热带农业科学，35(3)：88-93.

王其同，安泽伟，胡彦师，等，2012. 橡胶树抗寒种质遗传多样性分析[J]. 热带农业科学，32(2)：11-14.

王立丰，吴绍华，田维敏，2012. 巴西橡胶树抗寒机制研究进展[J]. 热带作物学报，33(7)：1320-1325.

王树明，付有彪，邓罗保，等，2011. 云南河口 1953 年植胶以来气候变化与橡胶树寒害初步分析[J]. 热带农业科学，31(10)：87-91.

王树明，李芹，钱云，等，2010.2009 年滇东南植胶区橡胶树寒害回访调查报告[J]. 热带农业科技，33(3)：16-22+55.

王秉忠，1989. 橡胶栽培学[M]. 北京：中国农业出版社.

周艳飞，2008. 云南橡胶树栽培[M]. 昆明：云南大学出版社.

周祥，杨松灵，杨文坚，2011. 胶林寒害与橡胶小蠹虫发生为害的关系浅析[J]. 植物保护，37(3)：67-71.

中国产业信息网，2016 年全球橡胶产量分析及发展趋势预测[DB/OL]. http：//www. chyxx. com/industry/201607/430067. html，2016-7-13/2019-8-10.

曾霞，郑服丛，黄茂芳，等，2014. 世界天然橡胶技术现状与展望[J]. 中国热带农业(1)：31-36.

Ambroise Valentin, Legay Sylvain, Guerriero Gea, et al. , 2020. The Roots of Plant Frost Hardiness and Tolerance[J]. Plant & cell physiology，61(1)3-20.